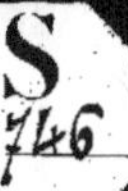

ALBUM
AGRICOLE

Publié sous la direction de **M. Daniel ZOLLA**

Par MM.

A. JENNEPIN & **Ad. HERLEM**

Paris, Librairie Ch. Delagrave, Éditeurs

ALBUM

AGRICOLE

IMPRIMERIE E. CAPIOMONT ET Cie

PARIS
6, RUE DES POITEVINS, 6
(Ancien Hôtel de Thou)

COURS MOYEN ET COURS SUPÉRIEUR

Sous la direction et avec le concours de **Daniel ZOLLA**, professeur à l'École nationale d'agriculture de Grignon.

ALBUM
AGRICOLE

**32 leçons avec texte en regard des planches
contenant 600 figures**

PAR MM.

A. JENNEPIN & Ad. HERLEM

Directeurs d'Écoles publiques

Lauréats de la Société des agriculteurs de France et des agriculteurs du Nord.

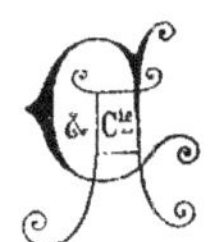

Armand Colin & Cie, Éditeurs

5, rue de Mézières, Paris

1898

Préface des Éditeurs

Nous avions depuis longtemps la pensée de publier pour l'enseignement agricole à l'École primaire, sous forme de tableaux, d'atlas, ou d'album, des leçons très simples, où l'image fût toujours placée en regard de l'objet décrit, du fait observé, du principe exposé.

Deux directeurs d'école, depuis longtemps dévoués à l'enseignement pratique de l'agriculture, MM. Jennepin et Herlem, nous ont apporté une suite intéressante de leçons et de tableaux qui répondait précisément à nos désirs et venait combler une lacune. Nous avons accueilli avec empressement ce consciencieux travail dont le mérite avait été consacré par l'expérience, puisque MM. Jennepin et Herlem s'en servaient, avec succès, depuis plusieurs années, pour leurs classes d'enseignement agricole.

Mais, avec une modestie qui rehausse encore leur mérite, les deux excellents professeurs ont tenu à soumettre leurs leçons à un agronome dont la compétence fût reconnue et dont le nom fît autorité.

C'est alors que M. Daniel Zolla, lauréat de l'Institut et de la Société nationale d'agriculture, professeur à l'École de Grignon, a bien voulu s'occuper de ce livre et, d'accord avec les deux premiers auteurs, en revoir toutes les parties, texte et figures.

L'éminent professeur a pris, sous sa direction, comme collaborateurs, MM. Gay, Claudel et Julien, répétiteurs de l'École nationale d'agriculture et chacun d'eux a présenté ses observations, ses critiques, proposé des retouches, des perfectionnements; un chapitre nouveau « les jardins d'agrément » a été ajouté par M. Magnien, l'habile jardinier-chef de l'École; puis M. Daniel Zolla a tout disposé, tout mis au point, et, de cette multiple collaboration à l'œuvre primitive, il est résulté cet *album agricole* approprié aux besoins de toutes les écoles, aux usages de toutes les régions de notre pays, ou même de l'Europe occidentale, et que nous présentons avec confiance au public scolaire, comme un précieux instrument d'enseignement élémentaire.

Nous appelons l'attention des Maîtres sur les innombrables renseignements théoriques et pratiques que contiennent les légendes explicatives des figures, sur les *Promenades scolaires*, indiquées au bas des pages ainsi que sur le *Lexique* placé à la fin de l'ouvrage et où l'on trouvera l'explication de tous les mots marqués d'un astérisque dans le texte.

Enfin, pour donner satisfaction aux prescriptions des circulaires ministérielles des 24 octobre et 30 novembre 1895, un appendice est consacré aux expériences et aux démonstrations pratiques qui doivent accompagner les leçons.

Nous remercions ici tous ceux qui ont bien voulu contribuer à l'exécution de cet utile album.

A. C. ET Cⁱᵉ.

LE SOL

1. — La terre des champs. — Connaissance des terrains.

1. Le sol. — On appelle sol, cette couche superficielle de la terre qui est remuée par la charrue dans les labours ordinaires.

Le sous-sol vient immédiatement en dessous; il n'est travaillé que par les labours de défoncement*. Ces deux couches peuvent avoir une composition identique* ou une composition différente.

La terre végétale est cette partie pulvérisée* qui peut être traversée par les racines des plantes. Elle comprend toute l'épaisseur entre la surface du sol et une couche impénétrable aux racines. Elle peut donc être égale au sol ou lui être supérieure comme profondeur.

2. Éléments constitutifs du sol. — Les éléments constitutifs du sol sont :

1° La *silice ;*

2° Le *calcaire* (carbonate de chaux);

3° L'*argile* (silicate d'alumine);

4° L'*humus* (matière organique végétale décomposée ou en décomposition). L'humus est riche en carbone.

3. Classification des terres. — Les terres cultivables peuvent se classer, d'après celui des éléments qui y domine, en :

1° Terres siliceuses; — 2° terres calcaires; — 3° terres argileuses; — 4° terres humifères.

Chacun de ces terrains présente des conditions physiques différentes et plus ou moins favorables à la végétation : division ou cohésion des molécules, perméabilité* plus ou moins grande, facilité plus ou moins complète d'absorber ou de retenir les principes nutritifs chimiques nécessaires à la vie de la plante.

Les terrains ne sont pas toujours aussi nettement caractérisés; ils peuvent réunir plusieurs éléments en quantités à peu près égales; ainsi il y a des terrains *argilo-calcaires*, des *sables argileux*. On appelle *terre franche* celle qui, réunissant en quantité convenable les quatre éléments que nous avons énumérés, peut être considérée comme le type des terres cultivables.

4. Connaissance des divers terrains. — Il est nécessaire pour l'agriculteur de connaître la composition des terrains : 1° afin d'en tirer le meilleur parti possible; 2° afin de perfectionner, d'améliorer, s'il y a lieu, le terrain en modifiant ses conditions physiques (amendements, voir IIIe leçon), et surtout en lui donnant les éléments chimiques qui lui manquent (engrais, voir IIIe leçon).

5. Connaissance des terrains par les plantes sauvages qui y croissent spontanément. — On peut reconnaître à première vue les qualités d'un terrain inculte, par sa végétation naturelle.

Dans un terrain *siliceux* on trouvera les fougères, la pensée sauvage, la petite oseille, le genêt commun poussant spontanément.

Un terrain de ce genre conviendra à la culture du seigle et de la pomme de terre, et, en sylviculture, au bouleau commun, au châtaignier commun et aux pins. Il peut devenir productif si l'on y enfouit des engrais verts ou qu'on lui donne des fumiers froids*.

Dans un terrain *calcaire*, où le carbonate de chaux est en excès, fleuriront le coquelicot, l'arrête-bœuf, la gaude, la sauge des prés, les polygalas. Il sera propre à la culture du sainfoin, aux pâturages à moutons, au buis.

Dans un terrain *argileux*, où l'argile est en excès, croissent le tussilage, la chicorée sauvage, la potentille rampante. Il sera favorable au chou, au blé, au trèfle hybride, aux fèves. Les grands végétaux ligneux s'y développent rapidement, mais le bois qu'ils donnent est peu dur; ils peuvent fournir de bonnes perches pour les charbonnages*.

Enfin dans un terrain *humifère*, c'est-à-dire formé en majeure partie de débris de plantes, on trouvera des renoncules, des bruyères, etc. et ces terres conviendront à la culture du chanvre, du houblon après avoir reçu les engrais appropriés.

6. Connaissance des terrains par analyse scientifique. — Pour avoir une connaissance complète et rigoureusement exacte d'un terrain, on a recours à l'analyse chimique que le chimiste* fait dans son laboratoire*. On doit doser toujours l'*azote*, l'*acide phosphorique*, la *potasse* et la *chaux*. Une terre est réputée pauvre quand elle renferme moins de 1 pour 1 000 d'azote, d'acide phosphorique, de potasse, et moins de 1 pour 100 de chaux. Il faut alors l'enrichir au moyen des engrais complémentaires.

7. Connaissance des terrains par les expériences de culture et par l'observation des résultats.

On arrive par la pratique à connaître les qualités et les défauts d'un sol et son aptitude à porter telle ou telle récolte. On observe quelles sont les plantes qui y prospèrent et qui y trouvent les éléments dont elles ont besoin (voir IIIe leçon).

On peut, pour arriver plus vite à un résultat certain, établir de petits champs d'essai et y faire des expériences simultanées et comparatives.

FIG. 1. — **Coupe d'un terrain.** — A, *sol arable* ou couche remuée par la charrue ; — B, *sol végétal :* les racines des plantes s'y enfoncent et y puisent une partie de leur nourriture ; — C, *sous-sol*, de composition très variable : il peut être argileux, sablonneux, calcaire ou entièrement formé de roches nues.

FIG. 2. — **Fougère.** — Plante qui ne donne pas de fleurs, mais qui porte à la face inférieure de chaque partie de la feuille de petits points jaunes qui renferment les graines de la plante. (Terrains siliceux.)

FIG. 3. — **Ajonc marin.** — Arbuste épineux, fleurs jaunes ; se développe dans les landes de l'ouest et du sud-ouest de la France. Il est employé pour la nourriture du bétail, après qu'on l'a broyé pour amortir les épines. (Terrains siliceux, shisteux et granitiques.)

FIG. 4. — **Coquelicot.** — Plante de la même famille que le pavot (papavéracées). Elle croît abondamment dans les champs ; on doit la détruire avant la floraison. (Terrains calcaires.)

FIG. 5. — **Rameau de buis.** — Le buis est un arbuste à feuilles toujours vertes ; son bois est fort dur et est très employé dans l'industrie. (Terrains calcaires.)

FIG. 6. — **Sainfoin.** — Plante qui donne un foin d'excellente qualité. (Terrains calcaires.)

FIG. 7. — **Tussilage.** — Plante vivace dont les fleurs jaunes se montrent au printemps et sont employées en infusion pour calmer la toux. Les feuilles, vertes en dessus, cotonneuses en dessous, ne naissent qu'après les fleurs. (Terrains argileux.)

FIG. 8. — **Fève de marais.** — Cultivée pour son *grain* alimentaire et pour ses tiges qui peuvent être consommées comme fourrage à l'état vert. Réussit dans les terrains argileux.

FIG. 9. — **Trèfle hybride.** — Fleurs blanc rosé ; bon fourrage. Se développe dans les terrains argileux.

FIG. 10. — **Renoncule.** — A l'état vert, les feuilles et les tiges sont âcres, caustiques ; sèches, elles sont inoffensives.

FIG. 11. — Le houblon est une plante dioïque, c'est-à-dire que certains pieds ne portent que des fleurs *fécondantes* (fig. 12) ; d'autres pieds portent les fruits (fig. 14). Ces fruits, appelés *cônes* parce qu'ils rappellent la forme des pommes de pins, sont utilisés dans la fabrication de la bière. (Spontané et cultivé dans les sols humifères.)

LA PLANTE
2. — Les organes de la plante.

De même que les animaux, les plantes naissent, croissent, vivent et meurent; et, comme les premiers, elles ont besoin pour accomplir leur évolution vitale, d'une alimentation appropriée à leur espèce, à leur âge et à leur accroissement. Les végétaux trouvent les matières nécessaires à leur nutrition dans l'air atmosphérique et dans la terre. C'est pourquoi les plantes sont munies de deux systèmes d'organes destinés à pourvoir à leur nourriture : 1° le système descendant, composé de racines, radicelles, dont le rôle est de puiser les aliments renfermés dans le sol; 2° le système ascendant, constitué notamment par les feuilles qui puisent dans l'air les éléments nutritifs qui s'y trouvent.

8. La graine. — Tous les végétaux à fleurs se reproduisent par *graines*. La graine, contenue dans le fruit, renferme un *germe* ou embryon c (fig. 14, I) plongé dans des matières nutritives ou albumen a. La figure 14, II, montre qu'un embryon renferme en petit toutes les parties d'une plante complète. Quelquefois (fig. 15) l'embryon remplit toute la graine, alors les réserves nutritives se trouvent dans les cotylédons A et B.

9. La germination. — Une graine, à qui l'on fournit air, chaleur et humidité, *germe*, c'est-à-dire que l'embryon se développe en se nourrissant de l'albumen ou de la réserve des cotylédons (fig. 14, 15). La *radicule* devient la racine ; la *tigelle*, la base de la tige; les *cotylédons*, les deux premières feuilles, et tout le reste de la plante est formé par la *gemmule*.

10. La racine. — La racine est appelée à remplir la fonction principale de la nutrition des plantes. Les substances propres à l'alimentation des végétaux sont des sels de chaux, de potasse, de soude, et des matières azotées devenues solubles sous la forme de nitrates. La botanique nous apprend que c'est à l'aide de l'action combinée des trois phénomènes suivants que se produit l'assimilation de ces substances nutritives : l'endosmose, la capillarité et l'appel déterminé par les feuilles (Voir Paul Bert : *Sciences physiques et naturelles* : botanique).

La racine provient de la radicule de l'embryon, s'enfonce en terre, produit sur ses flancs des radicelles qui, elles-mêmes, donnent naissance à des radicelles de deuxième ordre et ainsi de suite (fig. 16). La racine, qui fixe la plante au sol, y puise, par les *poils absorbants* (fig. 18, II) que portent ses radicelles, de l'eau avec les sels minéraux qu'elle tient en dissolution. Les racines peuvent être *pivotantes* ou *fasciculées* et se présenter à nous avec la consistance tantôt herbacée, tantôt charnue (elles se gorgent alors de matières nutritives), tantôt ligneuse.

Citons par exemple les racines pivotantes charnues de la carotte (fig. 17), les racines pivotantes ligneuses du chêne (fig. 18, I), les racines fasciculées herbacées des céréales (fig. 19), les racines fasciculées charnues du dahlia (fig. 20), les racines fasciculées ligneuses du hêtre.

11. La tige. — La tige porte les rameaux, les feuilles et les fleurs; elle sert à conduire à toutes ces parties la *sève* puisée dans le sol par la racine.

La tige, ordinairement, se dresse verticalement vers le ciel (fig. 21). Cependant il y a des tiges (fraisier, fig. 22) qui rampent sur le sol. D'autres sont *grimpantes*, elles s'accrochent alors au support par des vrilles (feuilles, stipules ou rameaux transformés : vigne, pois, bryone, fig. 23) ou par des crampons (racines adventives transformées du lierre, fig. 24). Au contraire elles sont *volubiles* lorsqu'elles s'enroulent elles-mêmes autour du support (fig. 25).

Quelques tiges, en forme de plateau, portent des feuilles très serrées les unes contre les autres : ce sont les *bulbes ou oignons* (fig. 26). Il y a aussi des tiges souterraines nommées *rhizomes* (primevère, sceau-de-Salomon, fig. 27). Quelquefois les rameaux souterrains deviennent tuberculeux (pomme de terre, fig. 28).

12. Opérations de culture sur la racine et la tige. — *Bouturage* (fig. 29). — On détache un rameau d'une plante pour lui faire prendre racine.

Marcottage (fig. 30). — On fait prendre racine au rameau avant de le détacher de la plante mère.

Les racines qui, dans certaines circonstances, se développent ainsi sur des rameaux se nomment *racines adventives*.

13. Bourgeons (fig. 31). — A l'extrémité des rameaux, à l'aisselle des feuilles, on voit de petites masses renflées : ce sont les *bourgeons*. Un bourgeon est formé de toutes jeunes feuilles qui enveloppent l'extrémité du rameau et le protègent contre le froid et la sécheresse. Dans le bourgeon d'hiver, les feuilles les plus externes du bourgeon sont transformées en écailles dures et épaisses. — Les *bourgeons à fleurs* (qui donneront des fleurs) sont plus gros, moins effilés que les *bourgeons à bois* (qui produiront un rameau) (fig. 31).

14. Opération de culture sur les bourgeons. *Greffe en écusson* (Voir XXV° leçon). — Elle consiste à insérer un bourgeon sous l'écorce d'une branche au moment où la sève est abondante. Ce bourgeon se greffe à la branche qui, à partir de ce moment, le nourrit comme elle nourrirait un des siens.

Il y a d'autres manières d'opérer : par exemple, la *greffe en fente* et la *greffe par approche*. Mais toujours le principe est le même : faire nourrir un bourgeon ou un rameau détaché d'un végétal par un autre végétal de même espèce.

15. La feuille, sa structure. — Le point où la feuille s'attache à une branche se nomme un *nœud*. L'intervalle entre deux nœuds consécutifs est un *entre-nœud*.

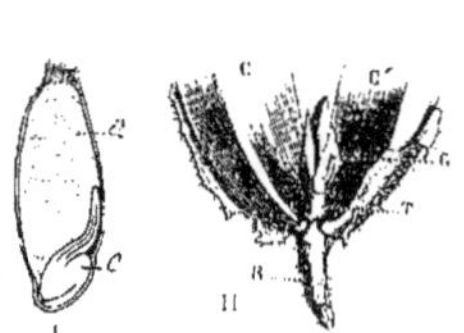

Fig. 14. — I. **Graine à** *albumen*. — *a*, *Albumen*, réserve nutritive. — *e*, Germe ou embryon. — II. **Embryon** sorti de la graine; — R, radicule; — T, tigelle; — C, C', cotylédon; — G, gemmule.

Fig. 15. — **Graine sans albumen** (haricot). — L'embryon est en C, et la matière nutritive est dans les cotylédons A et B.

Fig. 16. — **Germination.** — L'embryon se développe aux dépens de la nourriture qui est dans la graine et devient une plante nouvelle.

Fig. 17. — **Racine pivotante** charnue (carotte); la racine principale se gorge de matières alimentaires.

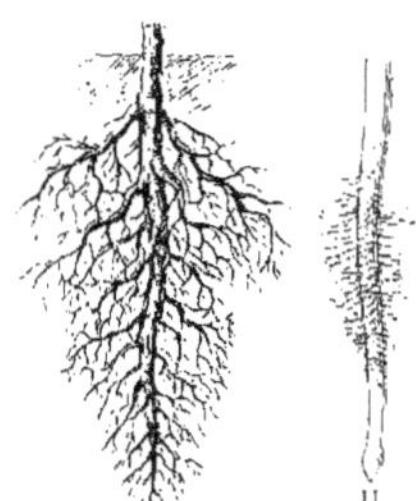

Fig. 18. — I. **Racine pivotante** ligneuse (chêne). — II. Extrémité d'une radicelle avec poils absorbants.

Fig. 19. — **Racine fasciculée.** — Le pivot est tout petit et les racines secondaires sont au contraire très grandes.

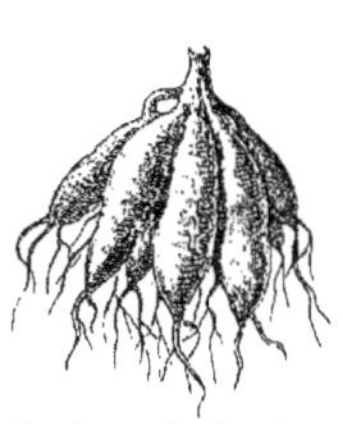

Fig. 20. — **Racine fasciculée tubéreuse de dahlia.** — Les racines secondaires se sont gorgées de nourriture.

Fig. 21. — **Tige d'achillée.** — Millefeuille se dressant verticalement vers le ciel.

Fig. 22. — **Tige rampante de fraisier.** — Les rameaux aériens s'étalent sur le sol et développent de distance en distance des racines adventives. Il y a marcottage naturel.

Fig. 23. — **Tige grimpante de bryone** s'accrochant à un support au moyen de vrilles.

Fig. 24. **Tige grimpante de lierre** s'accrochant à un mur par des racines adventives modifiées. (Crampons.)

Fig. 25. — **Tige volubile du** volubilis s'enroulant de gauche à droite autour d'un support.

Fig. 26. — **Tige souterraine bulbeuse de l'oignon.** — Tige conique très surhaissée portant de nombreuses feuilles (tuniques) gorgées de nourriture).

Fig. 27. — **Tige souterraine rhizomateuse du** sceau-de-Salomon produisant chaque année quelques feuilles aériennes et un rameau à fleurs.

Fig. 28. — **Tige de la pomme de terre** émettant, dans sa partie souterraine, des rameaux grêles qui, en certains endroits, forment des tubercules gorgés de nourriture.

Fig. 29. — **Bouture.** — A, branche de géranium détachée de la plante-mère B, et qui, mise en terre, produit des racines adventives capables de nourrir la branche.

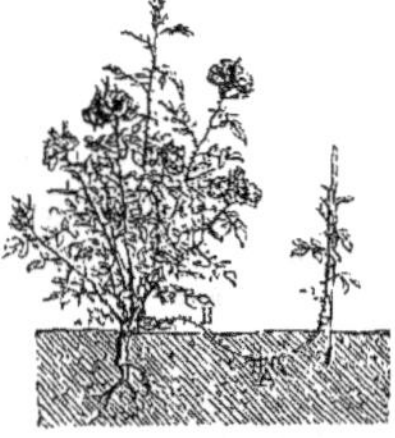

Fig. 30. — **Marcottage.** — Chez certaines plantes la partie enterrée d'une tige produit des racines adventives A, et le sujet ainsi produit peut alors être détaché de la plante-mère B.

Fig. 31. — **Bourgeons.** — A, bourgeon à fleurs; — B, bourgeon à bois.

Une feuille (fig. 32) se compose d'un *limbe*, partie plate rattachée au rameau par la queue ou *pétiole*. Quelquefois la base du pétiole est élargie en *gaine ;* alors la feuille est dite *engainante*. Parfois, aux lieu et place de la gaine il y a deux petites feuilles (saule) : ce sont les *stipules*. Les stipules peuvent être épineuses (faux-acacia, fig. 33). Dans le limbe, il y a des côtes ou *nervures*. Les mailles des nervures sont occupées par un tissu vert, le *parenchyme*.

Quelques feuilles sont divisées en plusieurs *folioles* (frêne, sureau, faux-acacia, (fig. 33). Ces feuilles se nomment *feuilles composées*. Sinon elles sont simples (fig. 32).

Les feuilles sont *alternes* quand il n'y en a qu'une à chaque nœud (fig. 34) ; *opposées* s'il y en a deux (fig. 35, I) ; *verticillées* s'il y en a davantage (fig. 35, II).

16. Fonctions de la feuille. — Les feuilles remplissent quatre fonctions importantes de la vie des plantes : la *respiration* et la *nutrition*, l'*absorption* et la *transpiration*.

La **respiration** et la **nutrition** s'opèrent par les *stomates*, petites ouvertures invisibles à l'œil nu, existant le plus souvent à la face interne et quelquefois sur les deux faces de la feuille. L'air pénètre ainsi dans l'intérieur de la feuille pour la *respiration* et l'*assimilation* de la plante. La plante respire comme les animaux en absorbant de l'oxygène et en dégageant de l'acide carbonique. De plus, sous l'influence des rayons solaires et de la chlorophylle (substance colorante verte), la respiration est masquée dans les organes verts par une autre fonction : l'*assimilation chlorophyllienne*, par laquelle le carbone de l'acide carbonique est retenu pour la nutrition de la plante tandis que l'oxygène est mis en liberté.

L'**absorption** et la **transpiration**. — Quand l'atmosphère est humide, les feuilles absorbent de l'eau. *En revanche, les feuilles transpirent et évaporent des quantités énormes d'eau sous l'influence des rayons solaires.*

17. La fleur. — La fleur est un ensemble de feuilles modifiées qui constitue l'organe de production du fruit et de la graine (fig. 36). La tige, qui se termine par une fleur, est le pédoncule. La fleur complète se compose, de l'extérieur à l'intérieur : des *sépales*, ordinairement verts, dont l'ensemble forme le *calice ;* des *pétales*, généralement colorés, qui forment la *corolle ;* des *étamines* dont l'ensemble forme l'*androcée ;* des carpelles dont l'ensemble constitue le *pistil*.

Le calice et la corolle. — Le calice est *dialysépale* quand les sépales sont libres entre eux ; *gamosépale* quand les sépales sont soudés les uns aux autres. De même la corolle peut être *dialypétale* ou *gamopétale*.

L'androcée. — L'étamine se compose d'un filet grêle au sommet duquel se trouve une partie renflée, l'*anthère*, qui s'ouvre à la maturité et laisse échapper une poussière fine, le *pollen*.

Le **pistil**, se compose de l'*ovaire*, creux à l'intérieur et contenant de petits corps arrondis, les *ovules*. L'ovaire peut être partagé en plusieurs chambres par des cloisons (lis, iris).

L'ovaire est surmonté d'un ou plusieurs styles (fig. 36, II) terminés eux-mêmes par des plates-formes, les *stigmates*.

Il peut y avoir au centre d'une fleur plusieurs ovaires distincts et placés côte à côte (fraisier).

Une fleur ne renferme pas toujours toutes ces parties. Ainsi le saule possède des fleurs qui n'ont pas de pistil et d'autres qui n'ont pas d'étamines. Les premières sont les fleurs *staminées*, les secondes les fleurs *pistillées*.

Si les fleurs staminées et les fleurs pistillées se trouvent sur le même pied, la plante est dite *monoïque*, ex. : le maïs.

Si elles se trouvent sur deux pieds séparés, la plante est *dioïque*, ex. : le saule.

18. Inflorescence. — La façon dont les fleurs sont disposées sur la plante se nomme l'*inflorescence*. La fleur peut être *solitaire*, elle est alors terminale (tulipe) ou axillaire (pervenche, fig. 37) ; mais plus fréquemment les fleurs sont groupées et alors l'inflorescence peut être une *cyme :* il y a la cyme bipare (petite centaurée, fig. 38) et la cyme unipare (consoude, fig. 39) ; un *épi* (esparcette, fig. 40), une *grappe* (groseillier, fig. 41), une *ombelle* (cerisier, fig. 42), un *corymbe* (poirier, fig. 43), un *capitule* (souci, fig. 44). Toutes les autres inflorescences, ne sont que des modifications de ces principaux types (primevère, fig. 45).

19. Fécondation. — Quand le pollen, poussé par le vent ou transporté par les insectes, tombe sur le stigmate d'une fleur de même espèce que celle dont il provient, il y germe, c'est-à-dire émet un tube qui, en s'allongeant, pénètre dans le style et arrive dans la cavité de l'ovaire. Là, il rencontre un ovule dans lequel il entre. On dit alors que l'ovule est fécondé.

20. Fruit et graine. — A partir de ce moment, l'ovaire et l'ovule se transforment : le premier devient le *fruit*, le second, la *graine*.

Le fruit peut être *sec*. Ex. : *cariopse* du blé (fig. 46, A), *akène* du sarrasin (fig. 46, B) *gousse* de haricot (fig. 46, C), de pois, *silique* de colza (fig. 47). Le fruit sec ne renfermant qu'une graine ne s'ouvre pas, si au contraire il en contient plusieurs il s'ouvre quand il est mûr pour les mettre en liberté. Lorsque le fruit est charnu (pêche, cerise, groseille, fig. 48, 49 et 51), la graine n'est mise en liberté que par la décomposition du fruit.

L'enveloppe du fruit comprend 3 parties qui, de l'extérieur à l'intérieur sont : l'*épicarpe*, le *mésocarpe* et l'*endocarpe* (fig. 48 et 50). Il est à remarquer que la fraise n'est pas un fruit (fig. 52). C'est le sommet du pédoncule de la fleur qui est devenu succulent. Les fruits sont les petits grains secs qui sont disséminés sur la fraise.

EXPÉRIENCES ET PROMENADES SCOLAIRES

Expériences. — 1° Placer sous une cloche de verre au soleil une plante bien vigoureuse et feuillue pour démontrer la transpiration de la plante ; — l'eau ruisselle bientôt sous forme de gouttelettes.

Promenades scolaires. — Les élèves concourent à former un *herbier agricole :* 1° céréales ; 2° plantes fourragères (graminées, légumineuses) ; 3° pl. industrielles ; 4° pl. médicinales ; 5° pl. nuisibles.

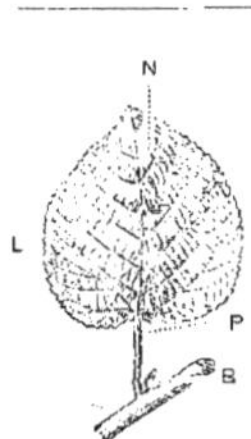

Fig. 32. — **Feuille simple** — L, limbe; — P, pétiole; — N, nervures; — B, bourgeon axillaire, caractéristique de toute feuille.

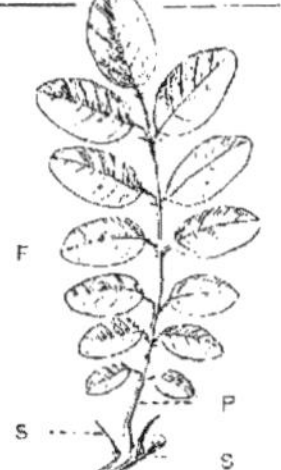

Fig. 33. — **Feuille composée** (faux-acacia). — P, pétiole principal; F, folioles; — SS, stipules épineuses.

Fig. 34. — **Feuilles alternes.** — Il n'y a qu'une feuille à un niveau donné. Elles sont dites alternes parce qu'elles sont alternativement placées sur les côtés de la tige.

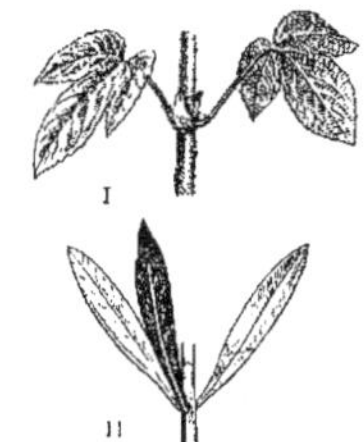

Fig. 35. — I. **Feuilles opposées.** — Il y en a deux à chaque nœud, situées l'une en face de l'autre (érable). — II. **Feuilles verticillées** : plus de 2 feuilles à chaque nœud (laurier-rose).

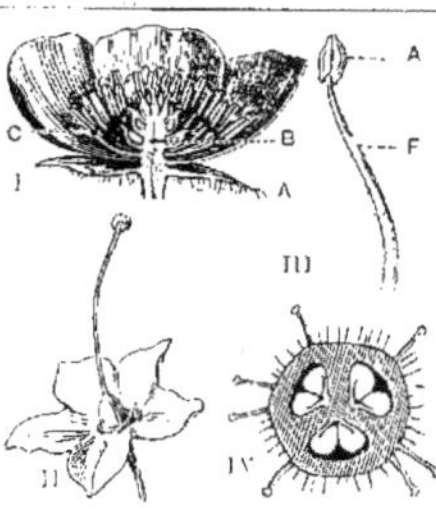

Fig. 36. — I. **Coupe d'une fleur de renoncule.** — A, calice; — B, corolle; — C, étamine. — II. Calice, ovaire et pistil. — III. Étamine; — F, filet; — A, anthère. — IV. Coupe d'un ovaire contenant des graines disposées dans des loges.

Fig. 37. — **Fleur solitaire et axillaire** de la pervenche.

Fig. 38. — Inflorescence de la **petite centaurée** ou cyme bipare. Les fleurs sont solitaires dans leur disposition dichotomique.

Fig. 39. — **Cyme scorpioïde** de la grande consoude.

Fig. 40. — **Épi** de l'esparcette ou sainfoin. — Les fleurs s'échelonnent sans pédoncules le long d'une tige.

Fig. 41. — **Grappes** du groseillier rouge. — Les fleurs s'échelonnent avec pédoncules le long d'une tige.

Fig. 42. — **Ombelle** du cerisier. — Les pédoncules des fleurs partent tous de points très voisins.

Fig. 43. — **Corymbe** de poirier. — C'est une grappe dont les pédoncules inférieurs s'allongent de telle sorte que toutes les fleurs sont sensiblement dans un plan horizontal.

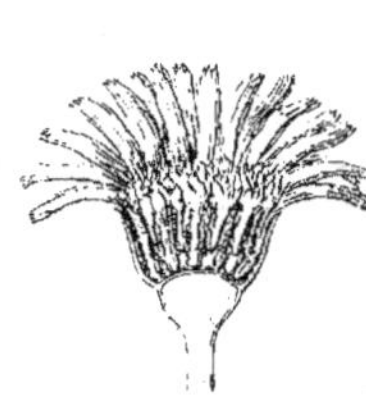

Fig. 44. — **Capitule de souci.** — Les fleurs, sans pédoncules, sont toutes serrées au sommet élargi d'une tige.

Fig. 45. — **Ombelle de cymes unipares** de la primevère. — Inflorescence mixte, car elle tient de l'ombelle et de la cyme unipare.

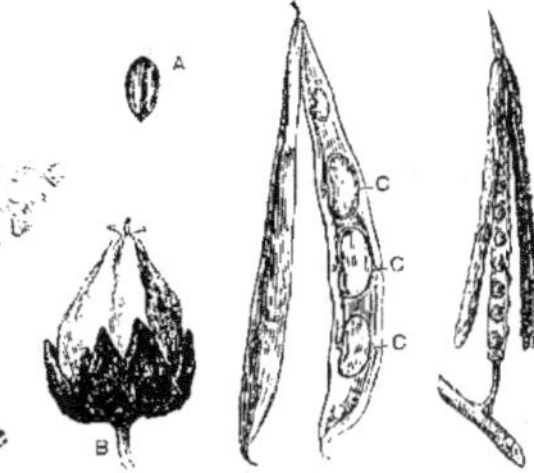

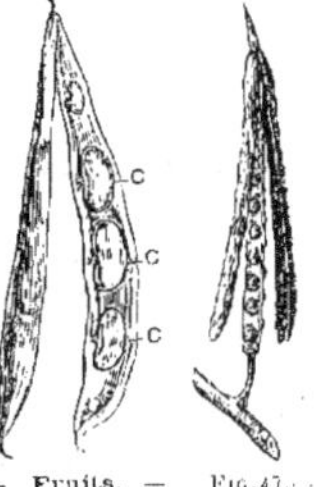

Fig. 46. — **Fruits.** — A, grain de blé, fruit sec appelé *caryopse*; — B, grain de sarrasin appelé *akène*; — C, gousse de haricot, fruit sec déhiscent.

Fig. 47. — **Silique** de colza, fruit sec au moment où il s'ouvre.

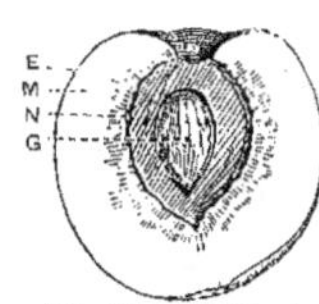

Fig. 48. — **Pêche,** fruit charnu (drupe) à un noyau. — G, graine; — N, noyau ou endocarpe durci; — M, mésocarpe; — E, épicarpe.

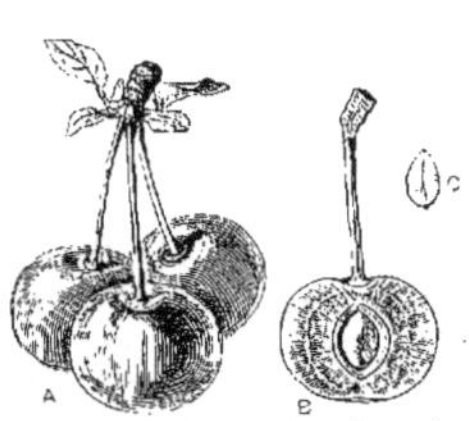

Fig. 49. — A, **Cerises,** fruit charnu à un noyau (drupe). — B, coupe d'une cerise — C, graine contenue dans le noyau.

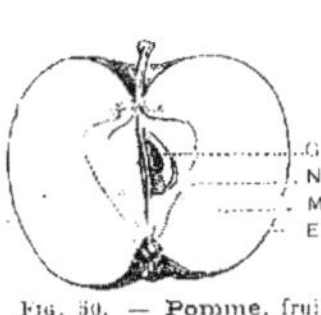

Fig. 50. — **Pomme,** fruit charnu (drupe) à 5 noyaux. — G, graines ou pépins; — N, noyaux membraneux et parcheminés; — M, mésocarpe; — E, épicarpe.

Fig. 51. — **Groseilles,** fruits charnus sans noyaux (baies). — On trouve les graines noyées dans la partie charnue.

Fig. 52. — **Fraise.** — Le sommet du pédoncule est devenu charnu et succulent; il porte à sa surface de petits fruits secs et indéhiscents (akènes).

FERTILISATION DU SOL

3. — Les engrais et les amendements.

21. Éléments de la nutrition des plantes. — Parmi les éléments qui concourent au développement des plantes, quatre ont une importance capitale : ce sont : l'*azote*, l'*acide phosphorique*, la *potasse* et la *chaux*.

Un ou plusieurs de ces éléments font parfois défaut dans le sol et, en outre, les récoltes en consomment une quantité considérable; de sorte que le cultivateur, s'il ne veut pas voir ses terres s'épuiser, doit leur rendre, sous forme **d'engrais**, les éléments enlevés par les récoltes. Il faut restituer au sol, dans un état qui les rende aisément et promptement assimilables, les substances azotées, les phosphates, la chaux et la potasse dont les plantes ont besoin. C'est ce qu'on appelle le principe de la *restitution*.

22. Les engrais. — Les **engrais** sont des substances qui, introduites dans le sol, apportent aux plantes les éléments nécessaires à leur développement. On divise communément les engrais suivant leur origine, en quatre classes : engrais *végétaux*, engrais *animaux*, engrais *mixtes*, engrais *minéraux*.

23. Le fumier. — Le **fumier** est formé d'un mélange de matières animales (déjections) et de matières végétales (litières).

La valeur du fumier dépend beaucoup de son mode de préparation et de conservation.

Au sortir des étables, on installe le fumier soit sur *plate-forme*, soit dans une *fosse*.

La plate-forme. — La plate-forme (fig. 53, 54) est placée à proximité des étables. On doit éviter de l'installer près d'un puits ou d'une citerne pour que des infiltrations* ne viennent pas corrompre l'eau servant à la boisson. La plate-forme peut être double avec fosses à purin.

Le fumier est déposé sur la plate-forme par couches superposées et bien tassées uniformément; le fumier des bêtes bovines, plus pailleux, sert à édifier les bords du tas. Lorsque le tas est à la hauteur voulue (2 mètres à 2^m,50), on le couvre d'une couche de terre ou de gazon de 20 à 30 centimètres d'épaisseur.

Les fosses à fumier. — Les **fosses** à fumier ne doivent pas être bien profondes. Elles sont étanches * et le fond est disposé en pente (fig. 56). On les entoure d'un rebord de pierre ou de glaise battue, enfin d'empêcher les eaux pluviales d'y pénétrer.

Au fond de la fosse, on ménage une ouverture qui permet au purin de s'écouler dans la citerne construite à cet effet.

La fosse et la plate-forme ont chacune leurs avantages et leurs inconvénients : la construction de la fosse coûte cher mais le fumier qu'on y entasse demande moins de soins; l'établissement de la plate-forme se fait avec peu de frais, mais la confection du tas de fumier exige beaucoup plus de travail.

Fosses à purin. — Les fosses à purin servent à recueillir : 1° Les liquides qui s'échappent des tas de fumiers placés sur les plates-formes ou dans les fosses; 2° les urines (purin) qui ne sont pas absorbées par les litières dans les écuries, étables, etc., etc. Des rigoles recueillent et conduisent à la fosse les liquides provenant des tas de fumier. Ce sont également des rigoles placées derrière les animaux qui doivent servir à recueillir les urines. On conduit celles-ci dans la fosse à purin, soit par des canaux à ciel ouvert, soit par des tuyaux en grès vernissé placés au-dessous du sol. Si le tas de fumier était éloigné du logement des animaux, il faudrait établir une fosse à purin spéciale destinée à conserver les urines. On viderait de temps en temps cette fosse et on répandrait le liquide sur le fumier.

La dimension des fosses à purin dépend du nombre des animaux ; mais la profondeur ne dépasse pas généralement 2^m,50 sur 3 mètres ou 4 mètres au plus pour les autres dimensions.

Les parois intérieures doivent être aussi étanches que possible.

Pompes à purin. — On peut se servir de l'une des deux pompes indiquées (fig. 57 et 58). On doit arroser *souvent* les tas de fumier.

24. Le purin. — Le **purin** est la partie liquide que les litières et les fumiers ne peuvent absorber entièrement.

Il constitue l'engrais de ferme le plus riche en azote et en potasse, le plus facile à transporter et cependant, il est le plus négligé, surtout dans la petite culture.

On doit le recueillir dans des fosses ou citernes (fig. 57) établies près des étables et des fumiers.

Le purin convient surtout aux prairies et aux plantes sarclées. Avant de l'employer, on l'étend de 4 à 6 fois son volume d'eau et on le répand par un temps humide.

En été, on arrose les fumiers avec le purin, à l'aide d'*écopes* et d'écuelles (fig. 59) ou avec la lance de la pompe (fig. 57).

Quand on transporte le purin en petite quantité, on peut se servir de la *tine* (fig. 60), ou du *tonneau-brouette* (fig. 61). Pour le transporter en grande quantité, on emploie le *tonneau à purin* (fig. 58).

On doit recueillir le purin avec soin, afin d'empêcher son écoulement dans la rue : il y a là deux avantages : augmentation des engrais et protection de l'hygiène publique.

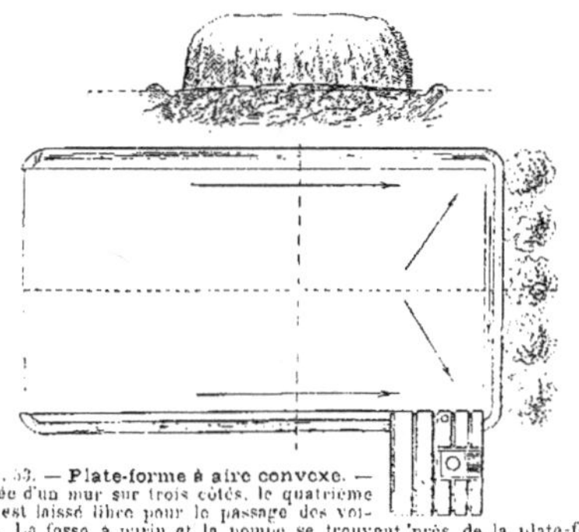

Fig. 53. — **Plate-forme à aire convexe.** — Bordée d'un mur sur trois côtés, le quatrième côté est laissé libre pour le passage des voitures. La fosse à purin et la pompe se trouvent près de la plate-forme.

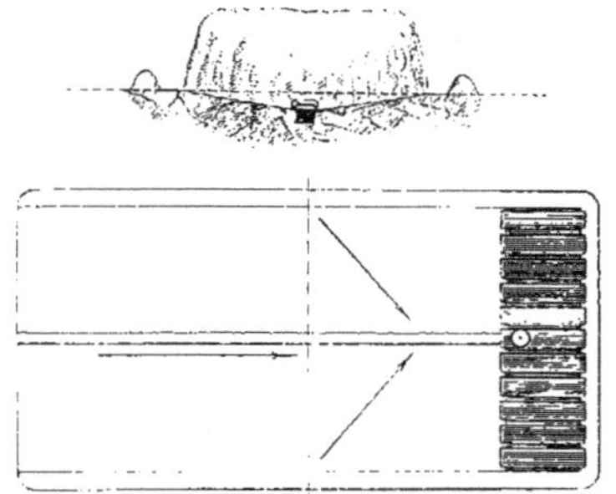

Fig. 54. — **Plate-forme à aire concave.** — Fosse à purin avec pompe à l'extrémité de la plate-forme.

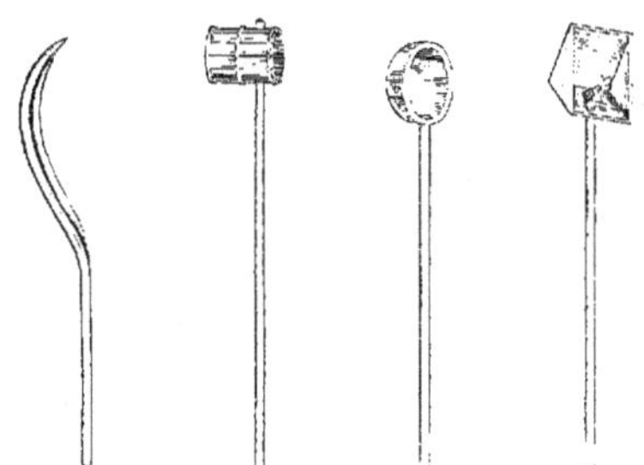

Fig. 55. — Plan d'une fosse à fumier avec fosse à purin.

Fig. 56. — **Fosse à fumier**, avec fosse pour recueillir le purin.

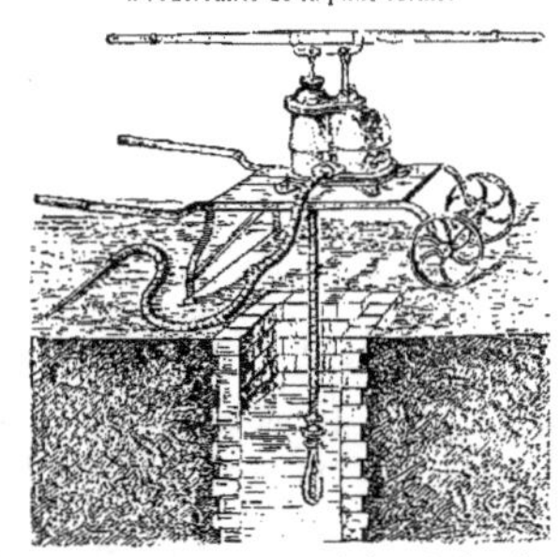

Fig. 57. — **Citerne à purin.** — On recueille le purin dans des citernes près des plates-formes ou des fosses à fumier. Avec une pompe, on peut le retirer facilement pour le répandre sur le fumier, ou le transporter sur les prairies. La pompe indiquée ici est la pompe *Noël*.

Fig. 59. — **Écopes.** — Pour répandre le purin à la main, on se sert d'écopes de différentes formes.

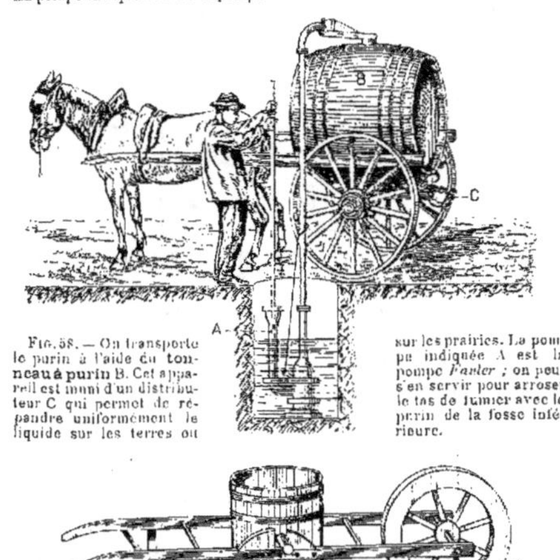

Fig. 58. — On transporte le purin à l'aide du **tonneau à purin** B. Cet appareil est muni d'un distributeur C qui permet de répandre uniformément le liquide sur les terres ou sur les prairies. La pompe indiquée A est la pompe *Fasler* ; on peut s'en servir pour arroser le tas de fumier avec le purin de la fosse inférieure.

Fig. 60. — Pour transporter de petites quantités de ce liquide, on se sert de la **tine** A, avec brancards mobiles D, E.

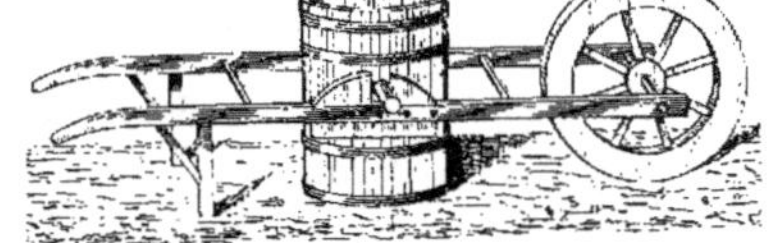

Fig. 61. — On peut aussi se servir du **tonneau-brouette.**

25. Engrais végétaux. — Les engrais végétaux sont formés de matières provenant des plantes, non mêlées à des matières animales ou minérales.

Les engrais végétaux sont : les engrais verts, les feuilles, les goémons*, les tannées*, les résidus de brasserie, les marcs de pommes et de raisins.

26. Engrais animaux. — Les engrais animaux sont composés de débris d'origine animale, riches en azote. Citons : les déjections humaines, la poudrette*, le sang desséché, les chairs, les os, les cornes, les plumes, les laines, etc., etc.

Engrais flamand. — L'engrais flamand provient des matières fécales* humaines que l'on recueille dans des fosses spéciales; cet engrais est très énergique.

On l'emploie à l'état liquide ou à l'état solide, sous le nom de *poudrette*, ou enfin en *compost*.

On peut le transporter dans les champs à l'aide du tonneau à purin ; mais avant de le tirer des fosses, il faut le désinfecter.

A cet effet, on emploie pour 3 hectolitres :

Poussier de charbon	12ᵏ·
Plâtre cru	1
Sulfate de fer	1

Ces substances étant pulvérisées, on les jette dans la fosse et on remue le tout avec une perche.

27. Engrais mixtes. — On peut citer les *gadoues*, ou boues de ville, qui représentent les débris ou déchets de cuisine, balayures des villes, etc., etc.

28. Engrais verts. — Les engrais verts sont constitués par certaines plantes que l'on enfouit dans le sol au moment où elles sont en pleine floraison.

Les plantes qui conviennent le mieux à cet usage sont celles dont le feuillage est abondant, qui végètent rapidement, qui puisent dans l'air la plus grande partie de leur azote (sarrasin, moutarde, lupin, trèfle).

29. Engrais chimiques. — Les engrais chimiques se divisent en *engrais azotés*, en *engrais phosphatés* et en *engrais potassiques*.

Engrais azotés. — Les engrais azotés sont :

1° Le *sulfate d'ammoniaque* qui convient aux plantes exigeantes en azote, comme le blé et surtout dans les sols argileux.

2° Le *nitrate* ou *azotate de soude* que l'on emploie au printemps.

Le nitrate de soude, comme le sulfate d'ammoniaque, s'emploie en couverture sur les céréales qui, au sortir de l'hiver, sont souffreteuses, à la dose d'environ 150 kilos à l'hectare.

Engrais phosphatés. — Les engrais phosphatés s'emploient dans les sols qui manquent d'acide phospho-rique. On peut citer les phosphates fossiles, les super-phosphates et les scories de déphosphoration. Ces engrais doivent être très finement moulus.

Le phosphate naturel, mêlé aux litières, à raison de un kilogr. par jour et par tête de gros bétail, produit le meilleur effet.

Engrais potassiques. — L'engrais potassique le plus employé en agriculture est le *chlorure de potassium*. Il est utilisé dans la culture de la vigne, de la pomme de terre, des prairies naturelles ou artificielles, etc., etc.

30. Engrais composés. — Il est rare que l'on doive employer uniquement des engrais azotés, ou des phosphates, ou des sels de potasse. Dans la plupart des cas, on compose un mélange de ces trois catégories d'engrais, d'après la richesse du sol et les exigences des plantes.

31. Les amendements. — Les amendements sont des matières qui, mêlées au sol, en modifient la composition physique et rendent assimilables les éléments utiles qu'ils renferment.

La chaux. — La chaux s'obtient par la calcination* des pierres calcaires dans des fours spéciaux. Quand on rencontre des pierres calcaires à proximité d'une exploitation agricole, on établit des fours économiques (fig. 63). La chaux s'emploie à raison de 30 à 50 hecto-litres par hectare. On la dépose sur le sol par petits tas (fig. 62) que l'on répand pour l'enfouir, lorsqu'elle s'est délitée. Elle convient aux terrains pauvres en calcaires, acides ou humifères.

La marne. — La marne est aussi un **amendement**, elle se trouve naturellement dans certains sols. C'est un mélange de calcaire et d'argile se délitant* facilement et se pulvérisant sous l'influence des agents atmosphé-riques. On trouve aussi mêlés à la **marne**, en proportion variable de la silice, de la magnésie, du plâtre, de l'oxyde de fer, etc. La marne s'emploie comme la chaux et convient aux mêmes terrains.

Le plâtre. — Le plâtre, répandu au printemps, en couverture*, sur le trèfle, la luzerne, le sainfoin et en général sur les légumineuses, donne ordinairement de bons résultats. On l'emploie à raison de 400 à 500 kilo-grammes par hectare.

Écobuage. — L'écobuage consiste à détacher, à l'aide de *houes* ou *écobues* (fig. 65), de larges tranches de terre ou de gazon que l'on fait d'abord dessécher à l'air et que l'on réunit en tas formant un fourneau (fig. 64). On mé-lange ensuite les cendres et la terre calcinée au sol. L'éco-buage modifie heureusement les propriétés physiques des terres très argileuses ou tourbeuses. On applique l'écobuage aux vieilles prairies infestées de mousses et aux landes couvertes de plantes difficiles à extirper.

PROMENADES SCOLAIRES

I. Constater l'utilité des engrais en étudiant leurs effets.

II. Examiner les différents modes de fumure usités dans la commune; suivre les expériences relatives à l'emploi des fumiers, tentées sur diverses cultures par des cultivateurs de la localité.

III. Visiter les *fermes* où l'on soigne le mieux le fumier et y étudier les différents systèmes de conservation des engrais.

IV. Visiter des cultures pour lesquelles on emploie des engrais chimiques et assister à l'épandage de ces engrais.

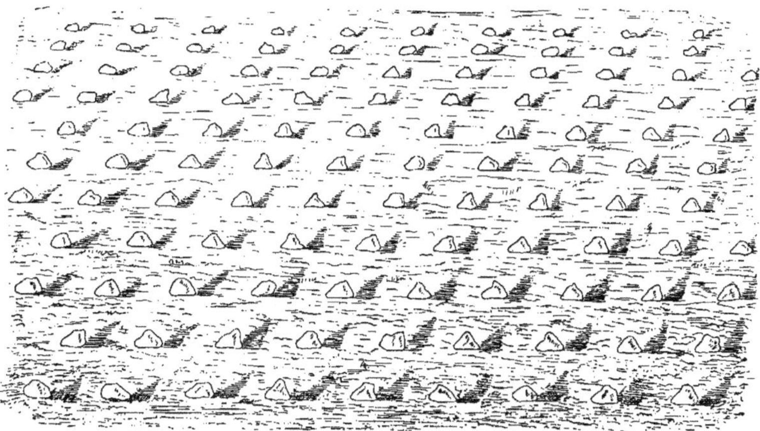

Fig. 62. — **Disposition d'un chaulage.** — La chaux est déposée sur le sol en petits tas éloignés les uns des autres de 3 mètres à 3^m,50. Si on craint les pluies, ces tas sont recouverts de terre. — La chaux absorbe l'humidité du sol, elle se délite, se réduit en une poussière qui est de la chaux éteinte, on l'étale et on l'enfouit par un labour.

Le chaulage ne doit pas être fait inconsidérément, comme cela arrive trop souvent. Il ne faut pas perdre de vue que la chaux favorise la nitrification * des matières azotées du sol et les rend immédiatement assimilables par les plantes; par conséquent elle appauvrit les terrains en azote. Le chaulage, très utile dans les terrains riches en matières organiques, devient *épuisant* dans les terrains pauvres en matières azotées. Il est donc indispensable que, dans les années qui suivent un chaulage, le cultivateur restitue au sol, par une bonne fumure, les éléments fertilisants que la chaux a mis en liberté pour la nourriture des plantes.

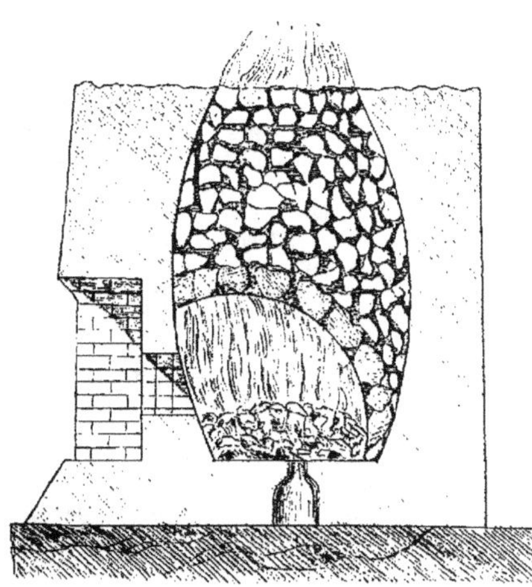

Fig. 63. — **Four à chaux.** — Pour faire de la chaux, on entasse des pierres calcaires dans un four disposé à cet effet. Le combustible se trouve à la partie inférieure. On y met le feu, et au bout d'un certain temps, on a de la chaux vive. La chaux ordinaire n'est, en effet, que du carbonate de chaux décomposé par la chaleur et ayant perdu son acide carbonique.

Fig. 64. — **Écobuage.** — Pour faire l'écobuage, on enlève les gazons avec une sorte de houe qu'on appelle l'écobue. Ces mottes de terre et de gazon sont empilées de façon à former une sorte de cône. On a eu soin de disposer des fagots ou des herbes sèches à l'intérieur. On les allume par l'ouverture laissée à la partie inférieure et on laisse brûler. C'est pour indiquer plus clairement la disposition des mottes de gazon qu'on leur a, dans la figure ci-dessus, donné la forme et la régularité de pierres soigneusement taillées.

Fig. 65. — **Écobue,** houe servant à détacher les mottes de terre et de gazon pour l'écobuage.

LES EAUX

4. — Assainissement du sol : drainage, irrigations.

32. Assainissement. — L'assainissement a pour but de débarrasser le sol des eaux qu'il renferme en trop grande abondance ; eaux qui empêchent l'air de pénétrer dans le sol, qui retardent la végétation, pourrissent les racines et s'opposent à la décomposition des engrais.

Le procédé d'assainissement le plus simple consiste à creuser, *à ciel ouvert*, des canaux collecteurs dans les parties les plus basses de la prairie. Des rigoles, creusées dans le sens de la pente reçoivent les eaux surabondantes et les conduisent dans les canaux collecteurs. On ne pratique plus guère aujourd'hui l'assainissement par rigoles, à cause des multiples inconvénients qu'il présente.

Un autre procédé consiste à établir des tranchées au fond desquelles on dépose des cailloux, des fagots, etc. (fig. 71).

Mais le système le plus parfait est le *drainage* au moyen de tuyaux en terre cuite.

33. Drainage. — Pour drainer un terrain, on établit d'abord le *plan* de drainage. Lorsque le plan est dressé, on le jalonne sur le terrain, puis à l'aide d'outils spéciaux (fig. 72), on procède à l'ouverture des tranchées auxquelles on donne une pente convenable.

On commence par les tranchées principales d'une profondeur de $0^m,75$ à $1^m,50$ et une largeur de $0^m,40$ à l'ouverture et de $0^m,08$ à $0^m,16$ à la partie inférieure. Au fond de ces tranchées, on place les *drains collecteurs* en les emboîtant et en les reliant par des manchons.

On creuse ensuite pour les petits drains des tranchées comme ci-dessus, mais plus étroites et espacées de 8 à 15 mètres environ, selon la nature du sol et la quantité d'eau qu'il renferme ; on dépose au fond les tuyaux que l'on raccorde également au moyen de manchons étroits ou couvre-joints d'un diamètre sensiblement plus large que les tuyaux, afin de donner plus de résistance et de régularité au conduit, tout en permettant à l'eau d'y pénétrer facilement.

Le *tuyau collecteur* doit, autant que possible, déboucher dans un fossé ouvert ou dans un cours d'eau.

Les tuyaux de drains ordinaires ont de 30 à 35 millimètres de diamètre intérieur, sur 30 centimètres de longueur. Les tranchées sont remplies avec la terre qu'on a extraite.

34. Irrigation. — L'eau dissout les matières dont la plante se nourrit en les puisant dans le sol par les racines. Des quantités énormes d'eau doivent traverser les tissus d'un végétal pour lui apporter et y déposer les substances indispensables à son développement. Quand la terre est privée d'eau, elle devient stérile.

L'irrigation supplée à l'insuffisance des pluies et renouvelle la réserve d'humidité des sols où l'eau n'est pas retenue par l'argile et dont le sous-sol est trop perméable. En outre, l'irrigation apporte avec l'eau des éléments fertilisants que celle-ci dépose dans le sol irrigué.

On pratique, surtout en France, l'irrigation des prairies en utilisant les cours d'eau et les sources.

On distingue trois modes d'irrigation : par *submersion*, par *déversement*, par *infiltration*.

Irrigation par submersion. — L'irrigation par **submersion** consiste à amener les eaux sur la prairie et à les y laisser séjourner quelque temps (fig. 66).

Ce procédé est le plus simple, mais il ne convient qu'aux sols à surface régulière et à très faible pente.

Irrigation par déversement. — L'irrigation par déversement comprend trois systèmes : 1° irrigations par rigoles de niveau (fig. 67) ; 2° irrigations par rigoles en épi ; 3° irrigations par planches en ados (fig. 68).

1° **Irrigation par rigoles de niveau**. — L'irrigation par rigoles de niveau convient aux terrains qui ont une pente régulière de deux centimètres par mètre. On amène l'eau à la partie la plus élevée du sol à irriguer, dans une rigole de distribution qui suit la pente, d'où elle passe dans d'autres rigoles perpendiculaires à la pente. Elle se déverse naturellement sur la surface qui se trouve au-dessous de chaque rigole.

2° **Irrigation par rigoles en épi**. — Le nom qui lui est donné explique suffisamment ce système d'irrigation qui consiste dans la disposition des rigoles en forme d'épi. La fig. 76 qui se rapporte au drainage explique également la disposition des rigoles pour irrigation en épi.

3° **Irrigation par planches en ados**. — L'irrigation par **planches en ados** consiste à faire arriver l'eau dans une rigole ménagée au sommet de deux plans en ados disposés symétriquement. L'eau, en débordant, arrose les deux côtés en pente, et bientôt toute la prairie par une succession de rigoles du même système. Les eaux sont reçues en bas dans un canal collecteur.

Ce procédé exige beaucoup de main-d'œuvre pour la préparation du sol.

Irrigation par infiltration. — L'irrigation par infiltration est appliquée pour les céréales dans le midi de la France et dans les pays chauds. L'eau circule dans des rigoles d'où elle s'infiltre dans le sol sans se déverser sur le champ (fig. 69).

Époque des irrigations. — On irrigue les prairies au printemps pour hâter le développement des plantes et, en hiver, plus spécialement pour recueillir les matières fertilisantes apportées par les eaux.

PROMENADES SCOLAIRES

I. Visiter une prairie qui a été drainée ; en visiter une autre qui ne l'a pas été et constater la différence des produits.

II. Examiner différents systèmes d'irrigation et en faire constater les effets au point de vue de la végétation.

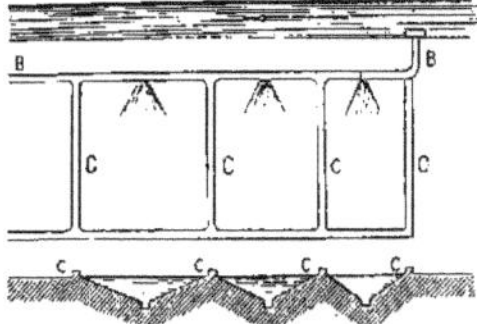

FIG. 66. — **Irrigation par submersion.** — L'eau est amenée par un canal de dérivation B sur des surfaces entourées de digues C.

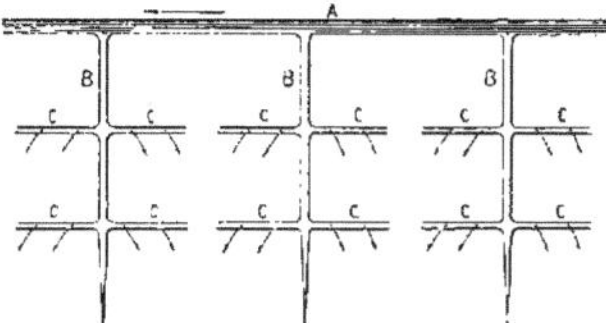

FIG. 67. — **Irrigation par déversement.** — Rigoles de niveau. L'eau est amenée par un canal A, elle passe dans des rigoles de distribution B, puis dans des rigoles déversantes C perpendiculaires à la pente d'où elle coule sur la prairie.

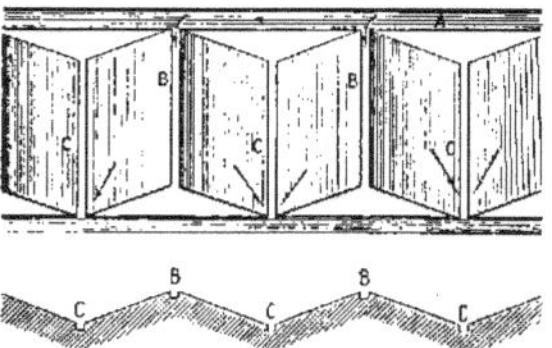

FIG. 68. — **Irrigation par ados.** Lorsque la pente est insuffisante, on établit des ados. L'eau est amenée dans la rigole B qui suit la crête de l'ados, se déverse sur les ailes et est recueillie par des rigoles d'assainissement C.

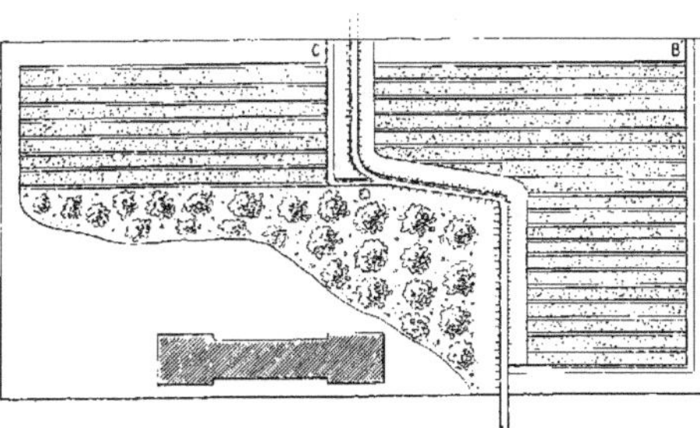

FIG. 69. — **Irrigation par infiltration.** — Lorsqu'on veut irriguer des terres arables couvertes de récoltes, on ne peut faire déverser l'eau sur le sol. On la fait circuler dans des rigoles profondes, plus ou moins rapprochées, d'où elle s'infiltre dans le sol.

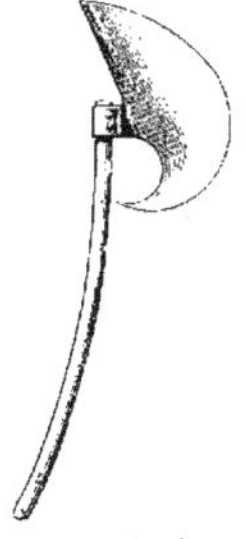

FIG. 70. — **Hache à gazon.** — Pour creuser les rigoles, on se sert souvent d'un outil formé d'un manche un peu courbé et d'une lame en forme de croissant.

FIG. 71. — **Assainissement du sol.** On dépose des pierres ou des fagots au fond des tranchées de façon à laisser un canal AB pour la réception et la conduite des eaux surabondantes, puis on remplit la tranchée de terre.

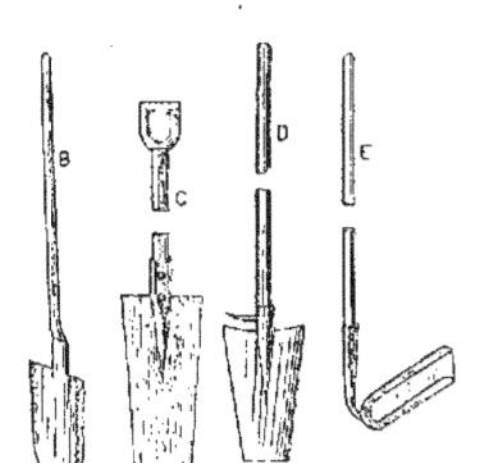

FIG. 72. — **Principaux outils de drainage.** — B, pelle; — C, D, bêches; — E, drague plate.

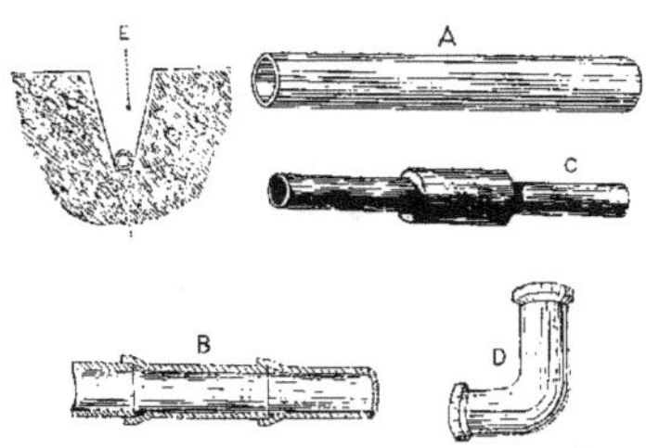

FIG. 73. — **Tranchée ouverte et tuyaux de drainage.** — E, tranchée; — A, tuyau simple; — C, tuyaux avec manchon; — B, tuyaux à emboîtement; — D, tuyau coudé.

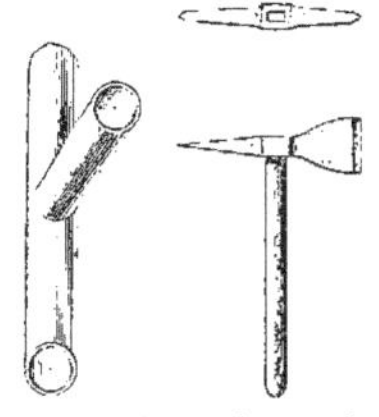

FIG. 74. — **Raccordement des tuyaux de drainage.** — Pour raccorder les petits drains avec les collecteurs, on se sert d'un marteau dont la tête forme pointe.

FIG. 75. — **Regard.** — Lorsqu'on exécute un drainage, on établit çà et là, sur le parcours des collecteurs, des regards qui permettent de s'assurer que les drains fonctionnent bien.

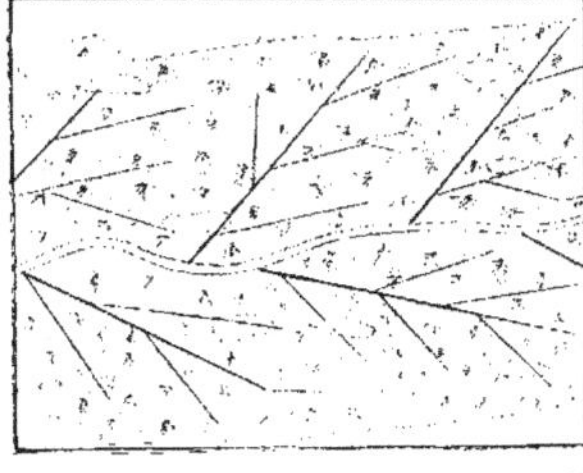

FIG. 76. — **Plan de drainage d'une pièce de terre.** Les petits drains conduisent les eaux dans les drains collecteurs qui, à leur tour, les versent dans un fossé creusé à la partie la plus basse du sol ou dans un ruisseau.

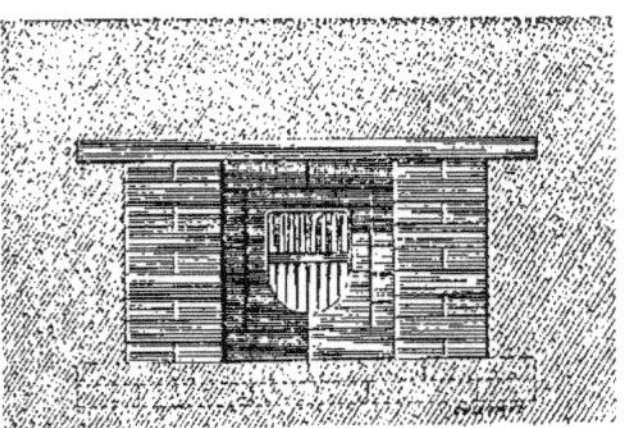

FIG. 77. — **Bouche d'évacuation.** — Les drains qui débouchent dans un fossé ou dans un canal doivent avoir leur extrémité garantie par un grillage et quelques grosses pierres.

MATÉRIEL AGRICOLE

5. — Labours et instruments de labour.

35. Labours. — Les labours ont pour but : 1° de diviser la terre afin de la rendre plus perméable * aux agents atmosphériques ; 2° de la rendre plus meuble* ou plus poreuse afin de faciliter l'absorption des engrais et le développement des racines ; 3° d'enfouir les engrais, les amendements et les mauvaises herbes afin d'en faciliter la décomposition ; 4° de ramener à la surface les couches inférieures du sol afin de les soumettre à l'action de l'air ; 5° de ramener le *sous-sol* à la surface du sol pour être mélangé à celui-ci lorsque ce dernier manque d'un des éléments qui se trouve dans le sous-sol comme cela arrive souvent pour le calcaire.

Les labours s'exécutent à bras d'homme dans la culture des jardins ou des parcelles de terre de peu d'étendue.

Dans les champs on fait les labours avec des charrues.

On distingue trois sortes de labours à la charrue : 1° le labour à *plat*, qui donne une surface unie et convient aux sols sains et suffisamment profonds ; 2° le labour en *billons*, qui forme des bandes de terre bombées, séparées par des sillons destinés à faciliter l'écoulement des eaux : il convient aux terres humides à l'excès et aux sols peu profonds ; 3° le labour en *planches* qui divise la surface du champ en planches plus ou moins larges séparées par des rigoles ; chacun de ces trois labours est plus ou moins employé selon les régions.

Au point de vue de la profondeur, on distingue le labour *superficiel* (0ᵐ,12 de profondeur) ; le labour *ordinaire* (0ᵐ,15 à 0ᵐ,20 de profondeur) ; le labour *profond* (0ᵐ,25 à 0ᵐ,50 de profondeur).

La profondeur des labours doit être appropriée non seulement à la nature du sol, mais aussi aux plantes qu'on y cultive ; ainsi les labours sont moins profonds pour les céréales que pour les plantes à racines pivotantes.

36. La charrue. — La charrue est l'instrument par excellence du cultivateur. Il importe donc qu'elle soit bien construite, car de là dépend, en partie, la perfection du travail.

L'araire. — L'araire (fig. 78) ou charrue simple qui, dans beaucoup de pays, est employé à tous les labours dans les terres de consistance moyenne, est un instrument léger. Cette charrue se distingue des autres en ce qu'elle ne possède pas de roues ou avant-train. Elle est employée de préférence aux autres charrues dans les cas où l'on doit labourer des sols peu profonds à la surface desquels le sous-sol, parfois très dur, vient affleurer*.

Charrue simple ou avec avant-train. — La charrue simple ou avec **avant-train** (fig. 79) n'est, en réalité, qu'une modification de l'araire auquel on a ajouté un avant-train.

L'avant-train se compose d'une paire de roues sur l'essieu desquelles repose un bâti qui supporte l'age de la charrue. Cette charrue exige de la part du laboureur moins d'adresse et occasionne moins de fatigue que l'araire ; elle est employée de préférence dans les sols suffisamment profonds.

Charrue brabant-double. — La **charrue brabant-double** (fig. 80) se compose, en quelque sorte, de deux charrues fixées l'une sur l'autre et portées par un seul age. Quand le laboureur est arrivé au bout d'une raie, il retourne l'age, revient sur ses pas et trace une nouvelle raie dont la terre est renversée dans le même sens que celle de la précédente.

Charrue fouilleuse. — La **charrue fouilleuse** (fig. 81) n'a pas d'oreille ou versoir ; elle sert à remuer et à ameublir la terre sans la retourner. On l'emploie lorsque l'on veut pratiquer des labours profonds sans ramener la terre du sous-sol à la surface.

Charrue déboiseuse. — Cette **charrue** s'emploie pour les défrichements de bois ou de terres incultes.

Charrue vigneronne. — La **charrue vigneronne** (fig. 82) remplace la pioche pour la culture de la vigne.

Cette charrue permet, grâce à sa construction spéciale, de labourer entre les pieds de vigne sans les blesser.

Buttoir. — Le **buttoir** (fig. 83) sert à former une petite butte ou un ados* prolongé de chaque côté des plantes semées en lignes espacées d'au moins 0ᵐ,50. Ces buttes entretiennent l'humidité dans les sols légers et favorisent la production des racines adventives.

Extirpateur. — L'**extirpateur** (fig. 84) est principalement employé pour le déchaumage * après la récolte des céréales. Il est préférable pour effectuer ce travail de se servir d'instruments spéciaux appelés déchaumeuses (fig. 86). On l'emploie en général pour les labours superficiels.

Scarificateur. — Le **scarificateur** (fig. 85) est surtout destiné à briser la croûte durcie qui se produit sur le sol dans l'intervalle de temps qui sépare les labours des semailles.

Charrue à vapeur. — La **charrue à vapeur** (fig. 87) s'emploie dans la grande culture en terrain plat.

PROMENADES SCOLAIRES

I. Conduire les élèves dans une ferme où l'on trouvera un outillage perfectionné ; expliquer, sur place, le fonctionnement des instruments.

II. Parcourir le territoire pour étudier sur place les différentes sortes de labours.

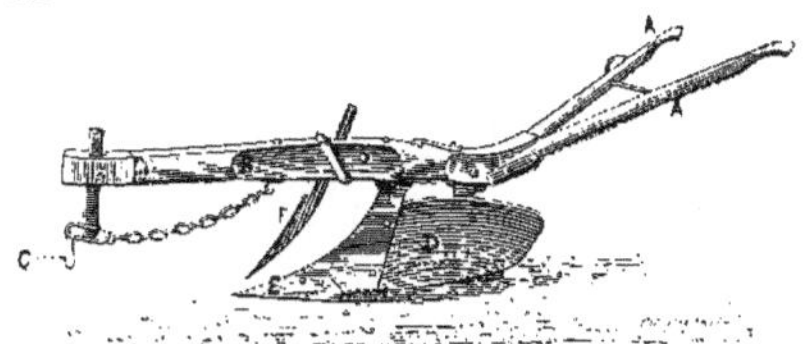

Fig. 78. — **Araire**. — A, *mancherons* à l'aide desquels on maintient la charrue; — B, *age* ou *flèche*; — C, *crochet* d'attelage; — D, *versoir* qui retourne et rejette la terre; — E, *soc* qui, à cause de sa forme aiguë pénètre dans la terre pour la sectionner; — F. *coutre*, qui coupe la terre verticalement pour faciliter le travail du soc.

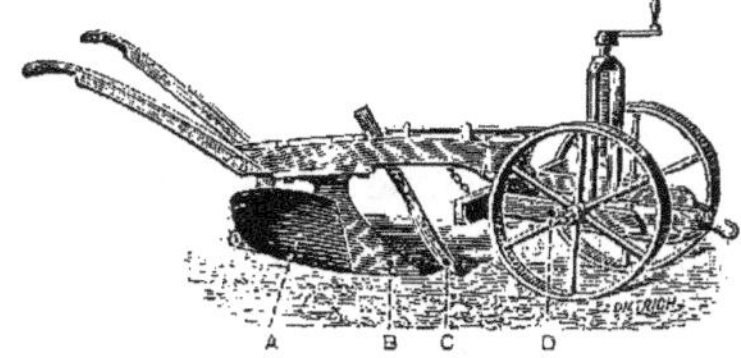

Fig. 79. — **Charrue à avant-train**. — Beaucoup plus fixe que l'araire, elle est plus facile à conduire. L'une des roues de l'avant-train se trouve toujours dans le sillon, tandis que l'autre roue est sur la partie du champ qui doit être labourée et qu'on appelle *guéret*. — A, versoir; — B, soc; — C, coutre; — D, avant-train.

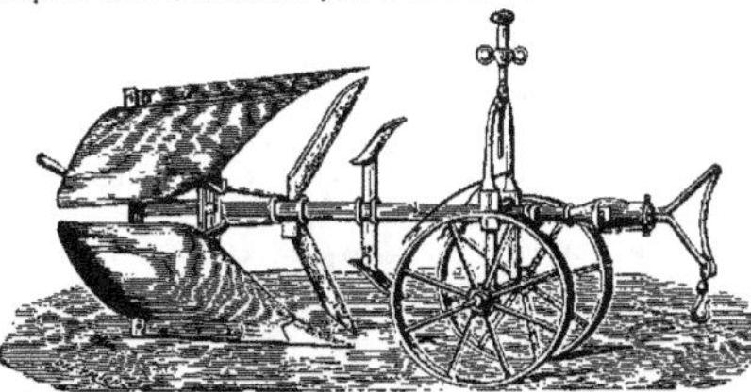

Fig. 80. — **Brabant-double**. — Le Brabant-double a l'avantage de ne pas faire perdre de temps au laboureur puisque, arrivé au bout de la raie, on tourne le brabant en lui faisant faire un mouvement de bascule et on revient dans la même raie; il est de plus très fixe et n'a pas besoin d'être maintenu lorsqu'il est bien réglé et que le sol n'est pas trop rocailleux.

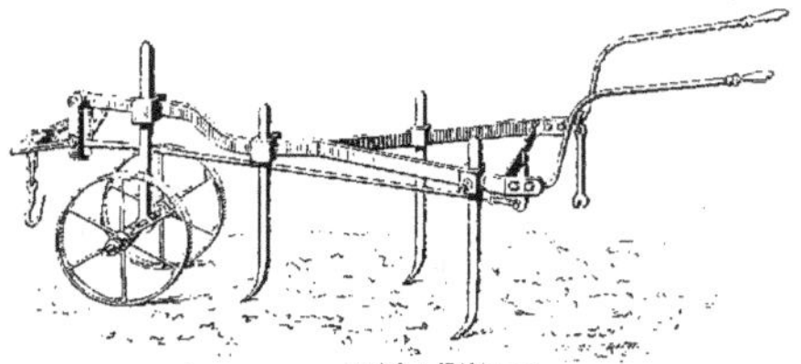

Fig. 81. — **Fouilleuse**. — S'emploie pour fouiller le sous-sol quand il est mauvais, pour l'ameublir sans le ramener à la surface.

Fig. 82. — **Charrue vigneronne**. — Dans cette charrue, le soc et le versoir sont déviés très à gauche du plan de l'age, ce qui permet d'approcher de très près les pieds de vigne.

Fig. 83. — **Buttoir**. — Formé d'un soc triangulaire réuni à deux versoirs que l'on peut écarter ou rapprocher l'un de l'autre à volonté.

Fig. 84. — **Extirpateur**. — L'extirpateur possède des dents munies à leur extrémité d'un soc large en forme de flèche. Dans cette figure, les dents d'arrière sont des dents d'extirpateur. Les dents d'avant sont des dents de scarificateur.

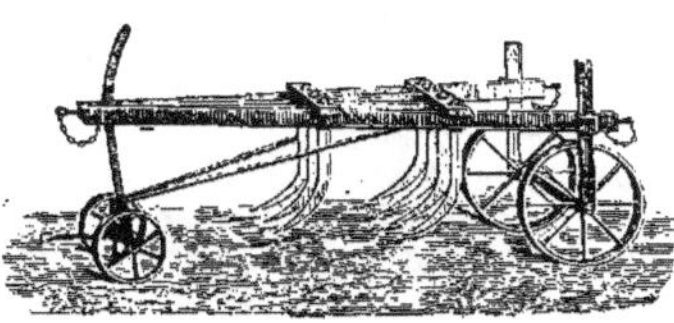

Fig. 85. — **Scarificateur**. — A la même disposition que l'extirpateur, mais les dents ont des socs pointus.

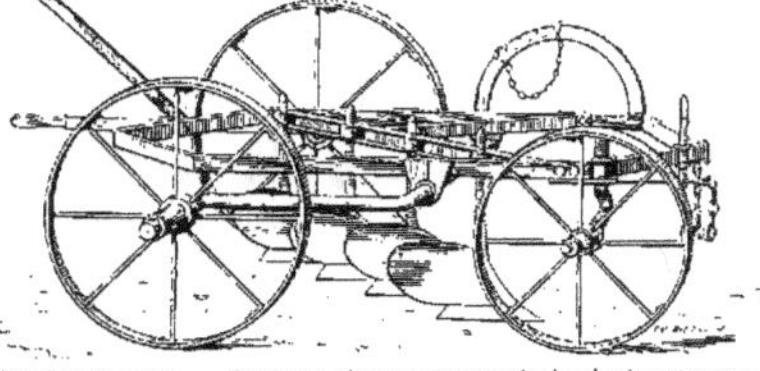

Fig. 86. — **Déchaumeuse**. — C'est une charrue composée de plusieurs socs munis de leurs versoirs qui, dans le travail, font chacun leur raie. Ces socs sont disposés sur un bâti triangulaire ou quadrangulaire. Cet instrument est d'un usage fort commode pour les labours très légers.

Fig. 87. — **Charrue à vapeur**. — Charrue très puissante faisant plusieurs raies profondes à la fois. Elle est généralement mise en mouvement par une ou plusieurs machines locomobiles placées à la lisière du champ et mettant en mouvement des câbles en acier qui servent à la traction. Exige une grande dépense de force et est rarement avantageuse.

MATÉRIEL AGRICOLE

6. — Binage, hersage, roulage et instruments employés.

37. Binage. — Le binage a pour but : 1° de *diviser* superficiellement la surface du sol entre les rayons d'une plante semée en lignes, afin de soumettre la couche arable aux agents atmosphériques ; 2° de *prévenir* la sécheresse qui atteint bientôt les sols compacts en vertu du phénomène de la capillarité*; 3° de détruire les mauvaises herbes. Cette dernière opération porte le nom spécial de *sarclage*.

Les binages exercent une influence si favorable sur la végétation qu'on a pu dire : *biner* un terrain, c'est le *fumer* sans *fumier*, c'est l'arroser sans eau.

Contrairement à ce que pensent certains cultivateurs, le binage, non seulement n'amène pas le dessèchement du sol, mais il l'empêche, en arrêtant l'effet de la capillarité.

Instruments de binage à la main. — Les instruments de binage à la main sont : la *binette* (fig. 88), la serfouette (fig. 89), le *crochet*, le *sarcloir* (fig. 90).

Instruments de binage à cheval. — Dans la grande culture, la plupart des binages s'opèrent à l'aide de *houes à cheval.*

La houe Bajac (fig. 91) est employée utilement pour le binage des céréales et surtout des betteraves ; elle procure une grande économie de main-d'œuvre.

38. Hersage. — Le hersage a pour but : 1° de compléter les labours, en divisant et en ameublissant la surface des terrains retournés par la charrue ; 2° d'*extirper* les racines traçantes et les mauvaises herbes, non complètement enfouies ; 3° d'égaliser la surface du sol avant l'ensemencement, d'enterrer les semences à la profondeur voulue et de les répartir convenablement lorsque l'ensemencement a été fait à la main.

Instruments de hersage à la main. — Les instruments de hersage à la main sont : le *râteau* (fig. 92), la *fourche crochue* et la *fourche ordinaire.*

Instruments de hersage à cheval. — Les **herses** sont de formes variées, suivant les localités, les sols et les cultures.

Pour qu'une herse soit parfaite, il faut que chaque dent trace une raie distincte et bien nette, que les raies soient également espacées et en nombre égal à celui des dents.

Il y a deux genres de herses : les *herses rigides* qui conviennent aux sols plats et unis, et les *herses articulées* qui peuvent s'appliquer aux terrains mamelonnés et accidentés. Il y a toujours avantage, dans tous les cas, à employer les herses articulées.

Les herses doivent être d'autant plus lourdes que le hersage a besoin d'être plus énergique. Pour égaliser le sol, par exemple, après les labours d'hiver et avant de semer, il faudra employer de grosses herses. Les petites herses devront être réservées au hersage des jeunes céréales.

Herses rigides. — Parmi les **herses rigides**, on cite : la *herse triangulaire* (fig. 93) et la *herse Valcourt* (fig. 94), supérieure à la première, en ce qu'elle présente l'avantage de pouvoir modifier à volonté la largeur des trains, en changeant le point d'attache du palonnier* sur la chaîne qui ferme la herse en avant.

Herses articulées. — Parmi les différents systèmes de **herses articulées**, on cite : la *herse à chaînons* (fig. 95), la *herse articulée perfectionnée* (fig. 96). Ce genre de herses est construit de manière à permettre aux instruments de suivre toutes les inégalités du terrain en produisant partout un effet utile.

Herses spéciales. — Il existe différents systèmes de herses spéciales à certaines cultures, telles que la herse à billons, la herse à émousser* les prairies, etc.

Dans les localités où on laboure en billons, on se sert de herses courbes.

39. Roulage. — Le roulage suit le hersage, soit avant, soit après l'ensemencement.

Avant l'ensemencement, le roulage a pour but d'achever le travail de la herse, en nivelant le sol et en le préparant à un nouveau hersage pour l'ensemencement.

Après l'ensemencement, le roulage a pour effet d'enterrer les graines et de tasser le sol pour qu'il conserve l'humidité qui doit activer la germination.

Au printemps, on raffermit aussi à l'aide d'un roulage les récoltes que la gelée a déchaussées ou les gazons des prés humides qui ont été également soulevés par les gelées.

Instruments de roulage à la main. — Dans la culture des jardins, on aplanit et on affermit le sol à l'aide des *sabots à planche* (fig. 97) et du *rouleau à main.*

Instruments de roulage à cheval. — Les **rouleaux** à cheval sont de formes nombreuses ; on distingue surtout : les *rouleaux-plombeurs* (fig. 98), les *rouleaux cannelés* (fig. 99), les *rouleaux squelettes* ou *brise-mottes* Crosskill (fig. 100).

40. Différents modes d'ensemencement. — On sème à la volée ou en lignes. Le semis à la volée se fait à bras d'homme ou au semoir mécanique dit « à la volée ». Le semis en lignes se fait toujours au semoir mécanique spécial dit « en lignes ».

Le semis à la volée présente plusieurs inconvénients : 1° irrégularité dans la distribution de la semence ; 2° inégalité dans l'enfouissement des graines ; 3° impossibilité de biner et difficulté de sarcler.

Le semoir mécanique (fig. 103) présente les avantages suivants : 1° régularité dans la distribution de la semence ; 2° espacement symétrique des lignes, ce qui facilite le sarclage et permet le binage ; 3° économie de semence.

Fig. 88. — **Binette.** — Sert à exécuter les binages à la main entre les lignes d'un semis.

Fig. 89. — **Serfouette.** — Se compose d'un crochet et d'une binette. Sert à extirper les mauvaises herbes : en opérant leur binage avec le crochet, on enlève les mauvaises plantes que la lame de binette ne peut atteindre entre les plantes semées.

Fig. 90. — **Sarcloir.** — Dans le binage, on gratte la terre ; dans le sarclage, on supprime simplement les nouveaux plants ; on fait cette opération avec le sarcloir. Le binage sert donc de sarclage en même temps.

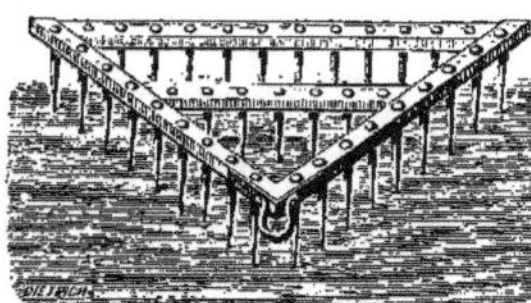

Fig. 93. — **Herse triangulaire.** — Composée d'un bâti triangulaire en bois, traversé par une autre pièce de bois et sur lequel sont plantées des dents en bois ou en fer. Est très peu employée actuellement.

Fig. 97. — **Sabots à planche.** — Planche munie d'une courroie pour la maintenir au pied, employée uniquement dans les jardins pour fouler la terre.

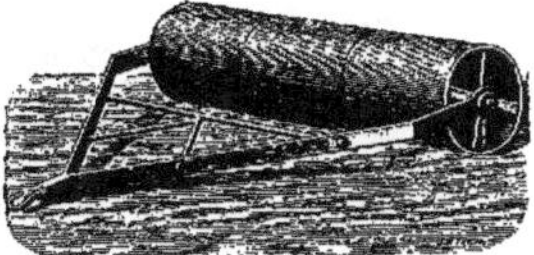

Fig. 98. — **Rouleau plombeur.** — Sert à unir le sol et à le tasser, il écrase les mottes par son propre poids. Est construit en bois ou en fonte, actuellement on n'en fait plus du tout en bois.

Fig. 101. — **Le semis à la volée à la main** se fait surtout dans la petite culture.

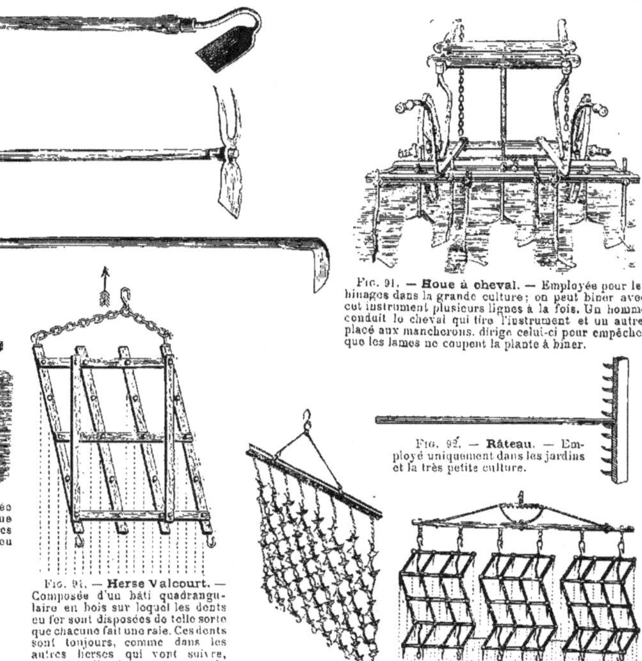

Fig. 91. — **Houe à cheval.** — Employée pour les binages dans la grande culture ; on peut biner avec cet instrument plusieurs lignes à la fois. Un homme conduit le cheval qui tire l'instrument et un autre, placé aux mancherons, dirige celui-ci pour empêcher que les lames ne coupent la plante à biner.

Fig. 92. — **Râteau.** — Employé uniquement dans les jardins et la très petite culture.

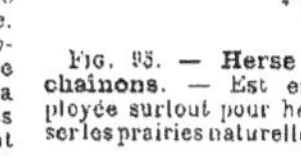

Fig. 94. — **Herse Valcourt.** — Composée d'un bâti quadrangulaire en bois sur lequel les dents en fer sont disposées de telle sorte que chacune fait une raie. Ces dents sont toujours, comme dans les autres herses qui vont suivre, inclinées d'arrière en avant ; le hersage est ainsi plus énergique. On dit alors qu'on herse en *accrochant*. Si on veut faire un hersage moins énergique, on change la chaîne de tirage de côté et les dents deviennent inclinées d'avant en arrière : on dit qu'on herse en *décrochant*.

Fig. 95. — **Herse à chaînons.** — Est employée surtout pour herser les prairies naturelles.

Fig. 96. — **Herse articulée.** — Composée de plusieurs herses indépendantes les unes des autres ; dans ces herses tout est en fer : bâti, dents, barre d'attache.

Fig. 99. — **Rouleau cannelé.** — Agit de la même façon que le rouleau plombeur ; son action est cependant un peu plus énergique.

Fig. 102. — **Semoir mécanique à la volée** permet de faire beaucoup de travail ; l'ensemencement est plus régulier qu'à la main. Il existe aussi de tels semoirs pour les engrais.

Fig. 100. — **Rouleau Crosskill.** — Formé de disques dentelés, mobiles et indépendants sur un axe commun ; il émiette et pulvérise les mottes et presse fortement le sol par son propre poids.

Fig. 103. — **Semoir en lignes.** — Les graines contenues dans la caisse A sont versées par des cuillers dans des tubes B qui les amènent à terre. Ces tubes portent des socs qui ouvrent les sillons dans lesquels tombe la graine ; la terre retombe d'elle-même au fond du sillon et recouvre la graine.

3

MATÉRIEL AGRICOLE

7. — Récoltes : Instruments et machines employés.

41. Récolte des foins. — Pour couper les foins dans la petite et dans la moyenne culture, on se sert de la *faux ordinaire* (fig. 104).

Les faux doivent être tenues en bon état de propreté et surtout bien affûtées*. A cet effet, le faucheur est obligé d'avoir à sa disposition un *marteau* (fig. 103), une *enclume*, un *coffin* (fig. 105) contenant un peu d'eau et une *pierre à aiguiser*.

C'est dans le coffin qu'il trempe la pierre à aiguiser avant d'affûter la lame de son instrument.

Lorsque le foin est coupé, il faut le *faner* afin de le faire sécher. On fane à l'aide de *fourches*, en bois ou en fer, du *râteau* en bois (fig. 106).

La fenaison doit, en général, se faire avec célérité : l'incertitude du temps, les orages fréquents du mois de juin en font une loi. Il faut donc que la dessiccation se produise rapidement, afin que le foin puisse être rentré promptement dans le fenil*, avec sa couleur encore verte, sa plus grande valeur alimentaire, son goût parfumé qui le fait rechercher par les animaux.

Aussi, dans la grande culture, a-t-on remplacé les instruments de récolte et de fanage à bras par des machines plus puissantes traînées par des chevaux. Ces machines sont : la *faucheuse mécanique* (fig. 107), la *faneuse mécanique* (fig. 108) et le *râteau à cheval* (fig. 109).

Fauchaison des foins. — Cette opération doit se faire au moment où commence la floraison du plus grand nombre des plantes qui constituent la prairie. Si l'on fauche *trop tard*, les foins deviennent durs, perdent leurs feuilles, sont peu nourrissants ; si l'on fauche *trop tôt*, au contraire, les foins perdent en quantité, en poids, mais sont plus succulents.

En règle générale, les *prairies sèches* doivent être fauchées les premières ; les *prairies marécageuses* ou *humides* se fauchent ensuite.

42. Récolte des céréales. — On donne le nom de *récoltes* aux diverses opérations faites en vue d'enlever au sol les plantes agricoles que l'on veut soustraire aux influences des intempéries et des causes de destruction.

La *récolte* des produits herbacés fournis par les prairies se nomme *fenaison* ; celle des céréales porte le nom de *moisson*.

Le *froment* et le *seigle* doivent être coupés quand leurs tiges et leurs épis deviennent jaunes, c'est-à-dire un peu avant la complète maturité des grains ; *l'orge*, quand elle est mûre, que ses épis s'inclinent ; *l'avoine*, quand la paille jaunit, qu'une bonne partie des graines est mûre.

En résumé il faut toujours couper les céréales un peu avant leur complète maturité et laisser s'achever celle-ci en moyettes ; de la sorte on évitera l'égrenage qui produit toujours une très grande perte lorsque l'on n'a pas pris cette précaution.

La *faucille* n'est plus guère employée aujourd'hui que dans les terrains pierreux ou accidentés, qui ne permettent pas à des instruments plus expéditifs de fonctionner utilement. Dans certaines régions cependant, en Bretagne, par exemple, c'est le seul instrument employé pour les récoltes.

La *sape* ou *piquet* et son *crochet* (fig. 110) exigent une certaine adresse pour être maniés par les ouvriers. L'ouvrier sapeur qui, comme le moissonneur à la faucille, recueille à lui seul les chaumes qu'il coupe et les dispose en javelles, produit un travail journalier beaucoup plus grand.

La *faux armée* (fig. 111) demande une assez grande force pour être habilement manœuvrée.

En outre, le faucheur doit être suivi d'un aide qui, avec une faucille, réunit au fur et à mesure les tiges abattues et les met en javelles.

L'avoine et l'orge ne se fauchent pas *en dedans* comme le blé, mais *en dehors*. Le faucheur forme, dans ce cas, des lignes qu'on appelle *andains*.

La faux fonctionne mal dans les blés versés ; dans ce cas, on se sert de la sape ou de la faucille avec plus d'avantage.

43. Moissonneuse mécanique. — Dans la moyenne et dans la grande culture, on coupe les céréales à l'aide de la *moissonneuse mécanique* (fig. 112).

Avec cette machine on peut abattre de 4 à 5 hectares par jour.

Il existe des moissonneuses, qui non seulement coupent les céréales, mais les lient en même temps. Elles portent le nom de *moissonneuses-lieuses*.

Ces instruments puissants offrent de grands avantages aux cultivateurs qui peuvent se les procurer : économie de temps et de main-d'œuvre, enlèvement plus rapide des récoltes.

44. Récolte de la betterave et de la pomme de terre. — On commence l'arrachage des betteraves dans la dernière quinzaine de septembre, dès que les feuilles jaunissent et se fanent.

L'arrachage se pratique à la main à l'aide de la *fourche à deux dents*, de la *bêche simple* ou de la *bêche à deux oreilles* (fig. 113), du *crochet*.

Mais l'arrachage avec ces instruments à bras est une opération longue et dispendieuse ; dans les grandes exploitations, on commence à se servir avantageusement de l'*arracheur mécanique* (fig. 114), instrument léger, donnant un travail rapide et très satisfaisant.

Par une heureuse transformation de l'arracheur de betteraves on a obtenu l'*arracheur de pommes de terre* (fig. 115), instrument simple, très commode, qui procure une notable économie de main-d'œuvre, mais qui demande à être habilement conduit.

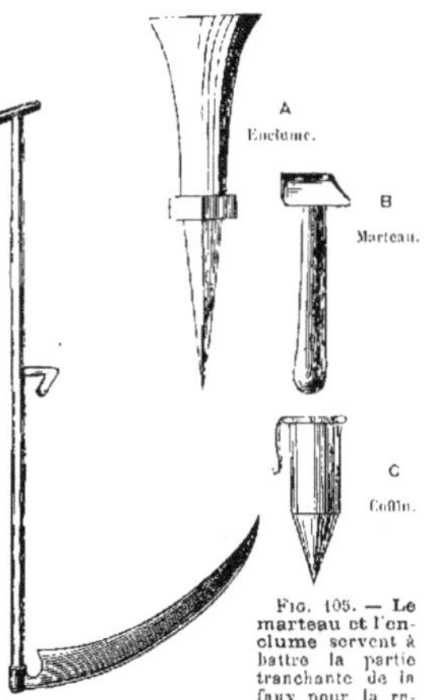

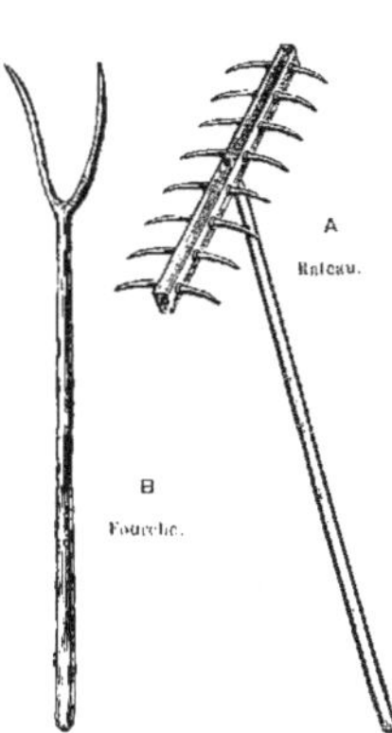

Fig. 107. — **Faucheuse mécanique.** — A, scie, animée d'un mouvement de va-et-vient pendant la marche; — B, patin en bois qui met en andains le foin coupé; — C, levier, sert à soulever la scie lorsque l'ouvrier voit une grosse pierre sur le sol; — D, siège; — E, caisse à outils; — F, palonnier de tirage.

Fig. 105. — **Le marteau et l'enclume** servent à battre la partie tranchante de la faux pour la redresser avant de l'aiguiser, le coffin contient l'eau qui humecte la pierre à aiguiser.

Fig. 106. — **Râteau** en bois, sert à ramasser le foin sur le sol. *Fourche* en bois ou en fer employée pour étaler le foin que la faux a déposé en andains sur le sol; sert aussi à charger le foin dans les voitures.

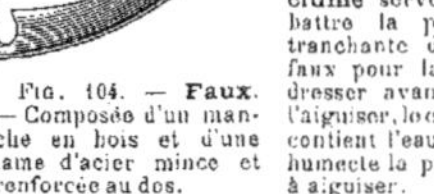

Fig. 104. — **Faux.** — Composée d'un manche en bois et d'une lame d'acier mince et renforcée au dos.

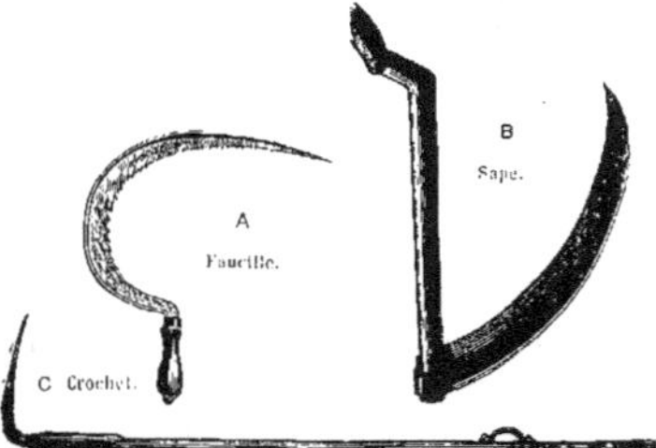

Fig. 110. — **Faucille** A composée d'un manche en bois et d'une lame en forme de croissant; pour couper les céréales elle est souvent dentelée; pour les prairies son tranchant est toujours uni. — B, sape. Sorte de petite faux à manche très court employée surtout dans la région du Nord. Se manie d'une main comme la faucille. De l'autre on ramasse les céréales coupées avec le crochet C.

Fig. 108. — **Faneuse mécanique.** — L'herbe est retournée et éparpillée par les fourches B qui sont animées d'un mouvement de rotation grâce aux engrenages placés en A.

Fig. 109. — **Râteau à cheval.** — A, dents d'acier qui ramassent le foin; — B, levier qui sert à soulever les dents; — D, siège.

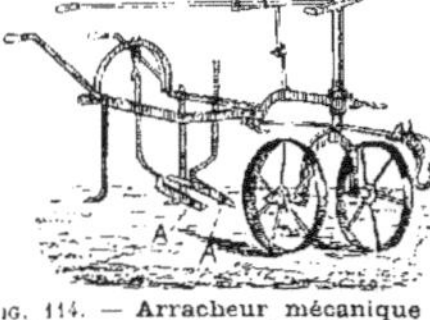

Fig. 114. — **Arracheur mécanique pour betteraves.** — Les dents A entrent en terre de chaque côté de la racine et la soulèvent en l'arrachant du sol.

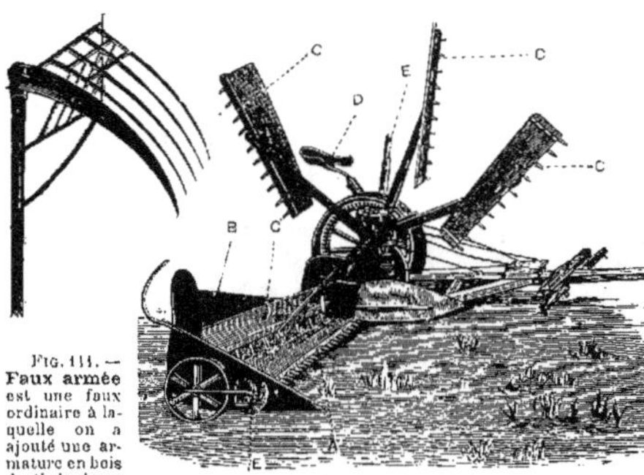

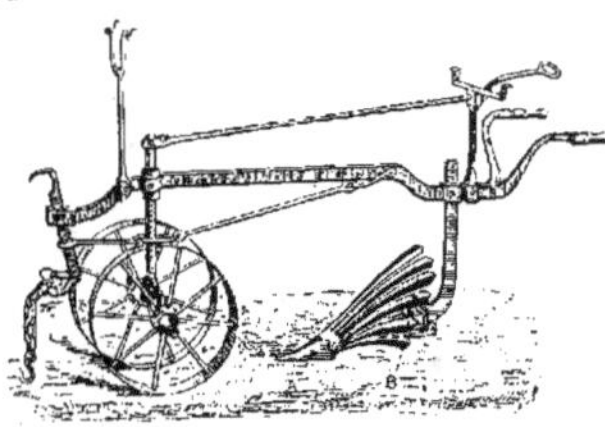

Fig. 111. — **Faux armée** est une faux ordinaire à laquelle on a ajouté une armature en bois destinée à ramasser la céréale en même temps qu'elle est coupée.

Fig. 112. — **Moissonneuse mécanique.** — A, scie; B, tablier qui reçoit les céréales; — C, râteaux qui prennent les céréales sur le tablier pour les déposer en javelles; — D, siège; — E, levier destiné à soulever la scie.

Fig. 113. — **Fourche à deux dents. Bêche simple. Bêche à deux oreilles.** — Ces instruments à bras fournissent un bon travail lorsque le sol est suffisamment meuble, mais l'arrachage se fait cependant moins vite qu'avec les instruments mécaniques spéciaux.

Fig. 115. — **Arracheur de pommes de terre.** — A, soc; — B, versoir spécial à claire-voie pour rejeter les pommes de terre de chaque côté.

MATÉRIEL AGRICOLE

8. — Conservation des récoltes; instruments d'intérieur de ferme.

45. Moyettes. — Lorsque les céréales ont été fauchées un peu avant leur complète maturité, il est nécessaire de les laisser séjourner quelque temps sur le sol, pour que les tiges se dessèchent et que le grain achève de mûrir. A cet effet on relève les *javelles* et on les dispose en *moyettes* : ce procédé est à recommander ; il active le séchage et soustrait la récolte aux dangers de l'humidité du sol ou des pluies prolongées. L'avoine est rarement mise en moyettes ; cette plante ne craint pas l'humidité comme les autres céréales ; les agriculteurs estiment même que, lorsqu'elle est en andains, une petite pluie accroît sa qualité en faisant noircir l'enveloppe du grain (lorsqu'il s'agit d'avoine noire) et en jaunissant la paille. Aussi ne se presse-t-on pas, comme pour le blé et le seigle, de la mettre à l'abri des intempéries aussitôt qu'elle est coupée. On la laisse en andains sur le sol pendant quelques jours et lorsqu'elle est sèche on la bottelle directement, on la met en diziaux (tas de 10 gerbes) et on la rentre ensuite dans les granges.

On distingue la *moyette ordinaire* (fig. 116), la *moyette flamande* (fig. 117) et la *moyette picarde* (fig. 118).

46. Battage des céréales. — Le battage a pour but de séparer le grain de la paille. Cette opération se fait au moyen du fléau ou de la batteuse mécanique.

Le battage au *fléau* (fig. 119) n'est guère usité aujourd'hui ; il est lent et fatigant. On ne le conserve que dans quelques petites fermes où il permet d'occuper, pendant l'hiver, les ouvriers employés pendant l'été aux travaux agricoles : on emploie aussi fréquemment le battage dit « au *Tonneau* » dans lequel l'ouvrier tenant la gerbe par le pied frappe énergiquement les épis sur un tonneau pour les égrener. La paille est ensuite **peignée** au moyen d'un instrument approprié et peut alors servir à faire des liens ou des paillassons. Cette opération se fait surtout avec la paille de seigle.

Battage à la machine. — Il existe plusieurs systèmes de batteuses mécaniques ; mais toute batteuse se compose de trois organes principaux : la *table*, les *cylindres* et le *batteur*, auquel on ajoute un *vanneur*.

La figure ci-dessous indique toutes les parties d'une machine à battre.

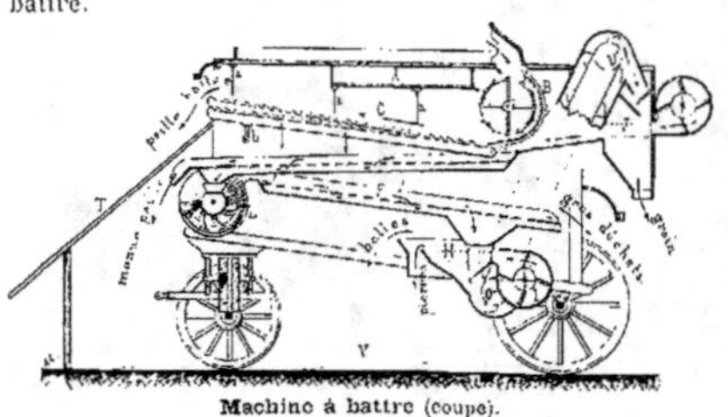

Machine à battre (coupe).

Les flèches placées sur la figure indiquent déjà la marche de l'opération du battage.

La gerbe déposée à plat sur la table supérieure vient en B entre le batteur cylindrique et le contre-batteur qui tourne rapidement. Le grain est détaché par le choc et vient sortir à l'endroit indiqué sur la figure. Un ventilateur l'a débarrassé des balles et des gros déchets. Quant à la paille, elle remonte sur le secoueur C et tombe sur le plan incliné T.

La force motrice destinée à mettre en mouvement les machines à battre varie avec les moyens dont le cultivateur dispose : tantôt c'est un manège à cheval avec plan incliné (fig. 121), tantôt c'est une chute d'eau ou la vapeur (fig. 120). On commence aujourd'hui à employer dans certains cas les moteurs à pétrole.

47. Nettoyage des graines. — On nettoie les céréales par le *vannage*. Le vannage sépare le bon grain des menues pailles, des balles, des graines de plantes nuisibles, des pierrailles auxquelles il est mélangé.

Le vannage se pratiquait autrefois à l'aide du *van* (fig. 122) en osier tressé et muni de deux poignées.

Aujourd'hui on n'emploie plus que le *tarare* (fig. 123) ; mais le tarare ne donne qu'une catégorie de grains et si l'on veut avoir des grains bien purs, bien nets, ou si l'on se propose de diviser le grain en plusieurs qualités, soit pour la semence, soit pour la vente, on les passe ensuite au *trieur*.

48. Le trieur. — Le trieur (fig. 124) est composé d'un cylindre en tôle percé de trous de différents diamètres et tournant sur un axe légèrement incliné. Il est muni d'une trémie destinée à recevoir le grain. De la trémie, les graines tombent dans le cylindre dont le mouvement de rotation les fait lentement avancer ; elles passent ainsi dans chaque division du trieur, marquée par les dimensions des trous destinés à donner passage aux grains selon leur grosseur. Le premier récipient reçoit la poussière, les petites graines, l'ivraie, etc. ; le deuxième récipient reçoit les graines rondes et les criblures destinées aux volailles ; le troisième, les graines longues : avoine, orge ; le quatrième, le petit blé ; le cinquième, le bon grain. Les pierrailles sont expulsées par l'extrémité inférieure du cylindre.

Le trieur est indispensable pour obtenir des semences de choix (blé, orge, avoine). En semant exclusivement des gros grains, sains et lourds, on augmente très sensiblement les rendements.

On a imaginé aussi des machines à *ébourrer*, à *égrener* le trèfle, la luzerne, la minette (fig. 125), auxquelles on peut ajouter l'*égrenoir mécanique* à bras (fig. 126). Tous ces instruments sont très commodes et donnent des graines de choix.

Fig. 116. — **Moyette ordinaire.** — Pour établir une moyette ordinaire on réunit un certain nombre de gerbes qu'on lie près des épis; on écarte les pieds des tiges de façon à donner à la moyette de la stabilité et une certaine pente pour empêcher l'eau de pénétrer.

Fig. 117. — La moyette flamande. — Diffère de la précédente en ce qu'elle possède en plus une sorte de toiture formée d'une gerbe liée près du pied des tiges. Les épis de la moyette sont ainsi parfaitement abrités.

Fig. 118. — La **moyette picarde** est une véritable petite meule formée d'un nombre assez grand de gerbes et recouverte d'une toiture.

Fig. 120. — La **Batteuse mécanique** produit un grand travail et une grande économie de main-d'œuvre.

Fig. 121. — **Machine à battre avec plan incliné.** — A, cage à plan incliné formé de traverses fixées à deux courroies, c'est sur ce plan incliné qu'on met le cheval. En marchant pour le remonter il fait tourner la poulie qui met en mouvement le cylindre batteur; — B, tablier de la machine où les gerbes sont engrenées; — C, claie sur laquelle vient tomber la paille; — D, sortie du grain.

Fig. 122. — Le **Van.** — Le van est une sorte de panier en osier muni de deux poignées, et fort peu employé aujourd'hui. Il est remplacé partout avec avantage par le tarare.

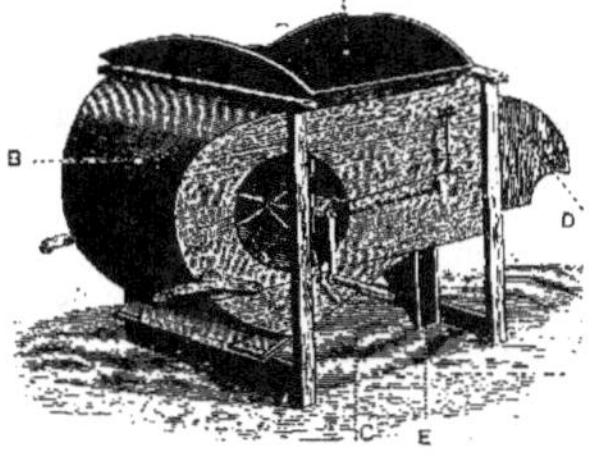

Fig. 123. — **Tarare.** — A, trémie qui reçoit le grain à nettoyer; — B, ventilateur à ailettes; — C, manivelle qui, tout en activant le ventilateur, donne à un système de grilles à mailles de différents diamètres, sur lesquelles tombe le grain, un mouvement de va-et-vient. La poussière s'en va en D. Le grain nettoyé sort en E.

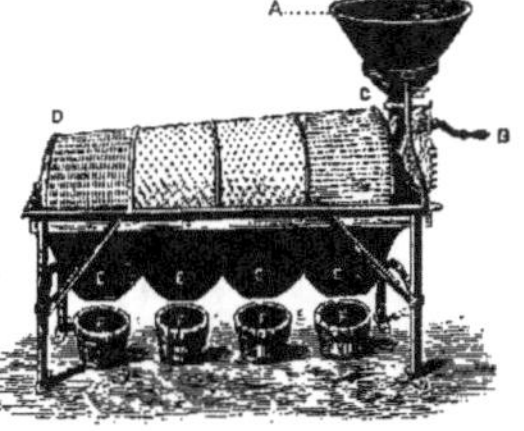

Fig. 124. — Le **Trieur** permet, grâce à sa disposition spéciale, de séparer en différentes catégories de grosseur les graines d'un même tas, et d'éliminer en même temps les mauvaises graines qui s'y pourraient trouver mélangées. — A, trémie; — B, manivelle; — C. D. cylindre trieur; — E, divisions du trieur; — F. récipients.

Fig. 126. — L'**Égrenoir mécanique** à bras donne un aussi bon travail que la machine à égrener.

Fig. 119. — Le **Fléau** se compose d'un rondin A, attaché par une courroie en cuir sur le manche B, long de 1m,50 environ.

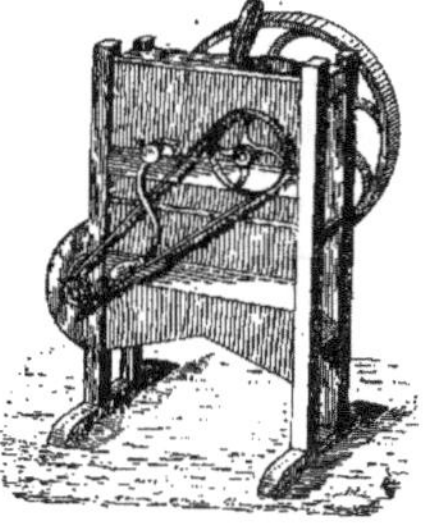

Fig. 125. — **Machine à égrener.** — L'égrenage à l'aide des machines est expéditif et produit un excellent travail. S'emploie pour les petites graines.

Conservation des récoltes (*suite*).

49. Les meules à l'air libre. — Les foins sont encombrants et les fenils* ne sont pas toujours suffisants pour les recevoir ; il en est souvent de même des céréales : de là la nécessité de recourir aux meules à l'air libre.

On distingue les *meules temporaires* (fig. 127), les *meules permanentes ordinaires* (fig. 128) et les *meules permanentes à courant d'air* (fig. 129).

Pour installer une meule, on doit choisir un terrain sec et élevé, autour duquel on creuse une rigole destinée à préserver le foin de l'humidité.

Avant d'installer une meule permanente, il convient de déposer, sur le sol qu'elle doit occuper, des fagots de bois, des fascines ou un bon lit de paille.

Lorsque l'on veut rentrer tous les foins séchés au fenil et que la place est insuffisante, on peut se servir d'instruments spéciaux appelés *presses à fourrages* (fig. 131) qui, par une compression énergique, réduisent le foin à un très faible volume et le transforment en balles cubiques dont la manutention est assez facile.

50. Ensilage. — Lorsque le mauvais temps empêche la fauchaison des prés, ou lorsque étant fauché, il survient des pluies persistantes qui ne permettent pas de faner l'herbe, on doit avoir recours à l'*ensilage*.

L'ensilage consiste à conserver les foins verts, maïs, fourrages, trèfles, etc., etc., en les entassant, soit à l'air libre (fig. 130), soit en lieu couvert, ou en les mettant en *silos* ou fosses creusées dans la terre, dans un sol sec, d'accès facile.

Pour la mise en silos (fig. 132) on amène l'herbe fraîchement coupée ; on la tasse par lits à l'aide de planches chargées de pierres. Dès qu'un lit pressé est réduit au *tiers* de sa hauteur primitive, on en dépose un second que l'on tasse de la même façon que le précédent, et ainsi de suite jusqu'à ce que le silo soit complètement rempli ; alors on le recouvre d'une couche de terre de $0^m,40$ à $0^m,60$ d'épaisseur que l'on bat fortement.

Lorsque le silo a été entamé, il faut avoir soin de soustraire à l'air la partie entamée.

Le maïs, l'avoine, le seigle verts peuvent être ensilés avec profit.

Les animaux recherchent les foins ensilés ; mais il est prudent de les mêler dans les rations, avec des racines, des pailles hachées, etc.

Instruments d'intérieur de la ferme.

51. Instruments à bras ou à manège. — Les instruments d'intérieur de la ferme sont :

Le *hache-paille* (fig. 133) qui peut fonctionner à bras ou à l'aide d'un moteur mécanique. La paille et les fourrages grossiers hachés peuvent être ainsi utilisés économiquement dans l'alimentation des animaux.

L'*aplatisseur de grains* (fig. 134) et l'*aplatisseur concasseur* combinés (fig. 135), appliqués aux céréales, aux féveroles, aux pois, aux graines de maïs, etc., préparent aux animaux une nourriture plus assimilable, plus digestive, au grand profit de leur bon entretien et de leur engraissement.

Le *laveur de racines* (fig. 136) permet de ne donner aux animaux que des racines saines et débarrassées de toutes les impuretés qui pourraient les incommoder.

Le *coupe-racines dépulpeur* (fig. 137) fournit des tranches de racines que l'on mélange avec la paille hachée ou les balles de blé. Ce mélange, qu'on laisse fermenter un peu, constitue une excellente nourriture pour les animaux de l'espèce bovine et de l'espèce ovine.

Le *broyeur de tubercules cuits* (fig. 138) est employé par les cultivateurs qui font entrer les tubercules et les racines cuites dans l'alimentation et l'engraissement des bestiaux.

Mais dans ces dernières années, la mécanique a mis à la disposition des cultivateurs un grand nombre d'instruments et de machines ; les uns sont destinés à faciliter la manutention de la nourriture des animaux domestiques ; les autres ont pour but de remplacer le travail de l'homme par celui des bœufs, des chevaux, voire même par la vapeur.

On ne saurait trop préconiser l'emploi de ces instruments mécaniques dans une ferme quelque peu importante.

La base économique de l'utilisation des instruments mécaniques est le *manège*, que les chevaux font fonctionner.

A l'aide de courroies de raccordement, il est facile d'actionner toutes les petites machines dont nous venons de parler et qui sont susceptibles de rendre au fermier les services les plus variés.

Ajoutons aux instruments qui viennent d'être décrits :

Le *pétrin mécanique* (fig. 139), dont l'usage se répand dans les grandes fermes où l'on a un personnel nombreux à nourrir. Avec cette machine, on opère avec promptitude et facilité et l'on obtient un pétrissage d'une pâte homogène*, longue, régulière, bien aérée et travaillée à point.

Le *fourneau économique* (fig. 140) a l'avantage d'être mobile et de pouvoir être transporté près des étables, où doit être distribuée la nourriture. On l'emploie surtout pour la cuisson des tubercules et des racines destinés aux bestiaux.

La *bascule* (fig. 141) est très utile au fermier qui élève des animaux pour la vente au poids.

PROMENADES SCOLAIRES

Visiter les fermes voisines et se faire expliquer le maniement et l'utilité des machines et des instruments employés dans l'exploitation.

Faire voir un grenier bien disposé pour la conservation des grains. Étudier les méthodes d'ensilage des fourrages.

Fig. 127. — Les Meules temporaires séjournent peu de temps à l'endroit où on les établit.

Fig. 128 — Les Meules permanentes sont munies d'une toiture en paille qui les préserve des intempéries.

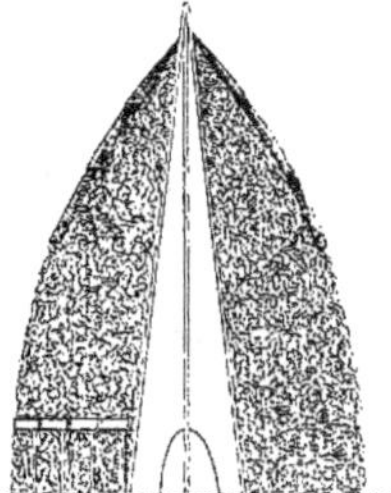

Fig. 129. La Meule permanente à courant d'air est établie dans le but d'empêcher l'échauffement du foin.

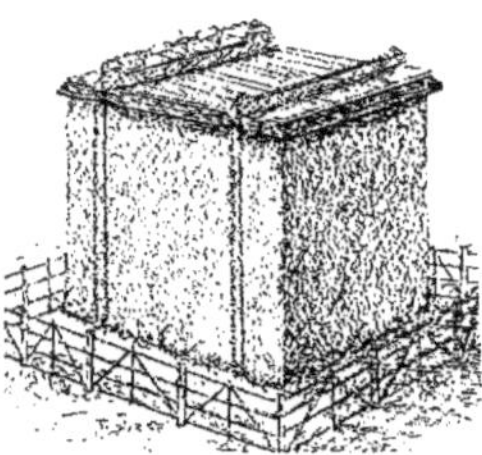

Fig. 130. L'Ensilage à air libre conserve au foin toutes ses qualités et ne demande pas de grands frais.

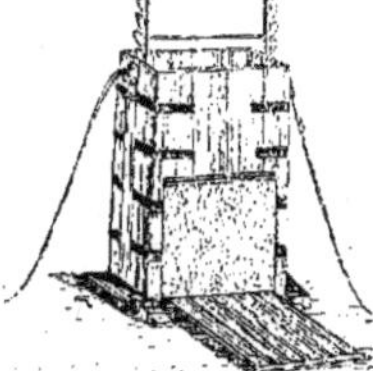

Fig. 131. — La Presse à fourrage est surtout utilisée pour réduire le foin sec à un petit volume lorsqu'on dispose de fenils insuffisants pour loger toute la récolte. Il existe maintenant des presses à fourrages mues par la vapeur.

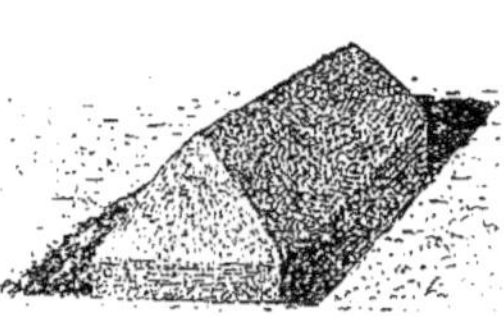

Fig. 132. — Les silos sont établis sur des terrains secs, tout autour du silo on creuse un fossé dont on rejette la terre sur la matière ensilée.

Fig. 133. — Le Hache-paille sert à réduire en fragments très petits la paille ou le foin : on emploie surtout cet instrument pour préparer ainsi ces aliments lorsqu'ils doivent être mélangés avec un autre aliment contenant beaucoup d'eau comme la betterave ou les pulpes.

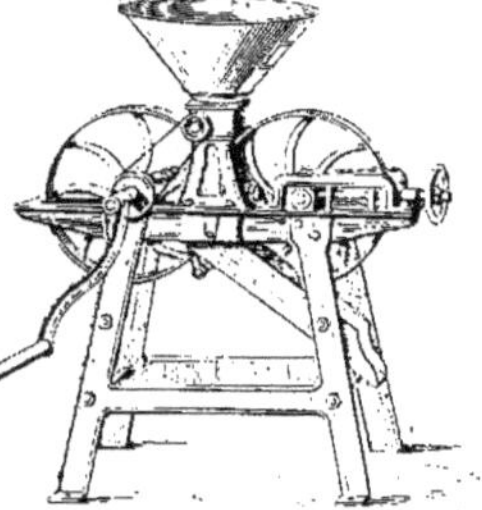

Fig. 134. — L'Aplatisseur est composé de deux cylindres en fonte lisse, frottant l'un contre l'autre en tournant en sens inverse et entre lesquels passe le grain à aplatir.

Fig. 135. — L'Aplatisseur-concasseur est un instrument qui aplatit et concasse à la fois les grains. Dans le concasseur, les cylindres au lieu d'être lisses sont munis de dents qui broyent le grain.

Fig. 137. — Coupe-racines. — Les racines doivent être coupées avant d'être données aux animaux.

Fig. 136. — Le Laveur de racines à bras est très commode lorsque les racines sont trop sales pour être consommées ainsi.

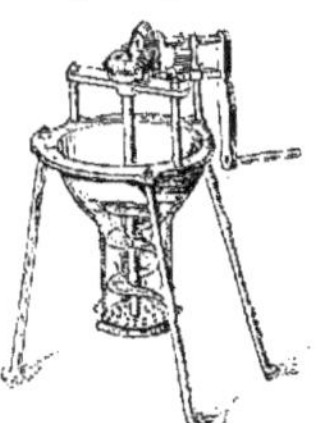

Fig. 138. — Broyeur de tubercules cuits. — Employé surtout pour les pommes de terre cuites qui sont ainsi broyées, mieux acceptées par les animaux.

Fig. 139. — Le Pétrin mécanique donne une pâte homogène, bien aérée et bien travaillée.

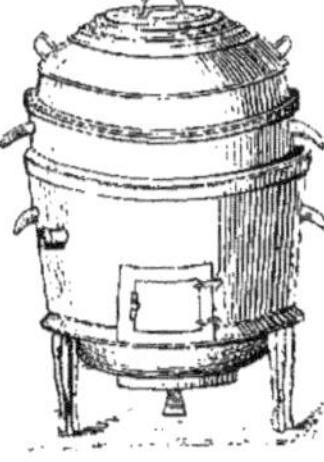

Fig. 140. — Fourneau. La cuisson des farines et tubercules les rend plus assimilables. Employé surtout pour la cuisson des tubercules.

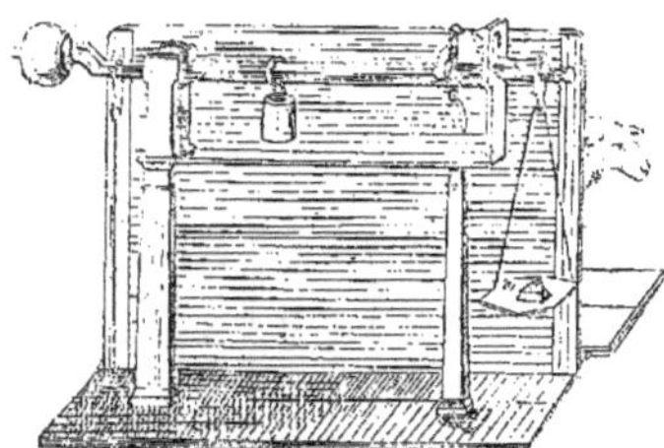

Fig. 141. — Bascule à bestiaux. — Avant de vendre un animal, l'agriculteur devra toujours le peser, pour pouvoir mieux discuter son prix.

CÉRÉALES

9. — Culture et usages.

52. Assolement et rotation. — Principe de l'assolement. — La récolte de toute plante cultivée enlève chaque année au sol une grande quantité d'éléments nutritifs spécialement propres à la végétation, et que la plupart des engrais sont impuissants à lui restituer en une année; d'un autre côté, certains végétaux à racines courtes puisent leurs principes fertilisants à la surface du sol seulement, tandis que d'autres, à racines profondes, vont chercher leur nourriture dans les basses couches du sol; enfin diverses plantes, dites *épuisantes* ou *salissantes*, épuisent le sol et favorisent la croissance des mauvaises herbes; tandis que d'autres en empêchent le développement tout en enrichissant le sol et sont appelées *améliorantes* ou *nettoyantes*. D'où la nécessité d'alterner les cultures sur le même terrain et d'adopter un ordre de succession raisonné des récoltes : c'est ce qu'on appelle la *rotation* ou cours de *culture*. La division des terres cultivées d'une exploitation agricole se fait en autant de parties égales qu'il y a d'années dans la rotation, au bout desquelles on reprend le même ordre de culture qu'on a suivi en commençant.

Assolement. — L'assolement* biennal (2 rotations) et l'assolement triennal (3 rotations), basés sur la jachère*, sont encore en usage aujourd'hui. L'assolement quadriennal, basé sur l'alternance*, convient bien à la petite et à la moyenne culture : 1re ANNÉE : plantes sarclées, etc.; 2e ANNÉE : blé, seigle, etc.; 3e ANNÉE : trèfles, etc. ; 4e ANNÉE : orge, avoine.

Assolement propre aux terrains pauvres : 1re ANNÉE : pommes de terre ou betteraves : 2e ANNÉE : blé ; 3e ANNÉE : trèfles ; 4e ANNÉE : blé, puis navets dérobés* ; 5e ANNÉE : avoine.

Les assolements peuvent être modifiés, notamment dans le choix des plantes qui conviennent le mieux aux terrains et aussi pour les plantes industrielles, suivant les débouchés* qu'offrent leurs produits.

53. Définition. — On appelle **céréales** des plantes que l'on cultive pour leur grain, et pour leur paille qui est utilisée dans l'alimentation des animaux.

Les principales céréales sont : le *blé* ou *froment*, le *seigle*, l'*avoine*, le *maïs* ou *blé de Turquie*, le *sarrasin* ou blé noir, le *riz*, le *millet commun*.

54. Le blé. — Le blé est la plus précieuse des céréales, celle qui occupe en agriculture la place la plus importante.

On divise les variétés de blé en deux grandes classes : 1° les *blés à grain nu*, dont le grain se sépare aisément de la paille ; 2° les *blés vêtus*, dont le grain adhère à ses enveloppes.

Dans le groupe des blés à grain nu, on distingue : 1° les *blés tendres* (fig. 142 à 148); 2° les *blés poulards* (fig. 149, 150), qui ne redoutent ni les sols froids, ni les sols humides; 3° les *blés durs* (fig. 151, 152), qui sont sensibles au froid; ils sont cultivés sur les rivages de la Méditerranée et de la mer Noire.

Le groupe des blés vêtus (fig. 153 à 155) comprend : 1° les *épeautres* (fig. 153), à épi long et mince, à paille creuse et abondante; 2° les *amidonniers* (fig. 154), qui diffèrent des épeautres par leur épi compact, aplati ; ils sont cultivés dans les parties montagneuses de l'Europe centrale; 3° les *engrains* (fig. 155); cultivés dans les terres médiocres et qui sont peu productifs.

Au point de vue de l'ensemencement, on classe les blés en *blés d'hiver*, qui se sèment en septembre-octobre, et en *blés de printemps*, qui se sèment en février-mars.

55. Amélioration des blés. — On améliore les blés par la sélection et par le croisement.

Mais, dans le choix des semences perfectionnées, il ne faut pas perdre de vue qu'elles donnent des résultats plus favorables dans les lieux d'origine que sous un autre climat. D'ailleurs on peut toujours sélectionner les variétés parfaitement acclimatées.

56. Sol qui convient à la culture du blé. — Pour déterminer la nature des sols qui conviennent au blé, il faut tenir compte du climat. Dans les pays froids et humides, les terrains argileux conservent trop d'humidité au printemps et se prêtent peu à cette culture.

Les meilleures terres à blé sont les terres franches et les terres de consistance moyenne. Dans les pays chauds, ce sont les sols compacts qu'il faut choisir, parce qu'ils retiennent bien l'humidité nécessaire à la végétation du blé.

57. Engrais. — Le fumier de ferme est l'engrais le plus employé; mais comme souvent il n'est ni assez abondant, ni assez riche en azote, acide phosphorique, etc., etc., on le complète par des engrais chimiques.

Dans la rotation du blé, l'engrais se donne habituellement pour la plante sarclée qui précède l'ensemencement de la céréale.

Quand, à la suite de la première récolte, quelques-uns des principes fertilisants du blé ont été absorbés, on donne à la terre un engrais complémentaire, au printemps, lorsque le sol est débarrassé de son excès d'humidité.

Pour obtenir une bonne récolte, on ajoute, au printemps, de 100 à 150 kilos par hectare de nitrate de soude, ou 100 kilos de sulfate d'ammoniaque, ou encore de 150 à 200 kilos de sang desséché, si les céréales sont d'un vert jaune et paraissent languissantes.

L'expérience seule indique l'utilité de ces fumures complémentaires.

58. Préparation du sol. — Si le sol est envahi par les mauvaises herbes, le labourage est suivi d'une façon au scarificateur; ensuite on herse pour recouvrir la graine.

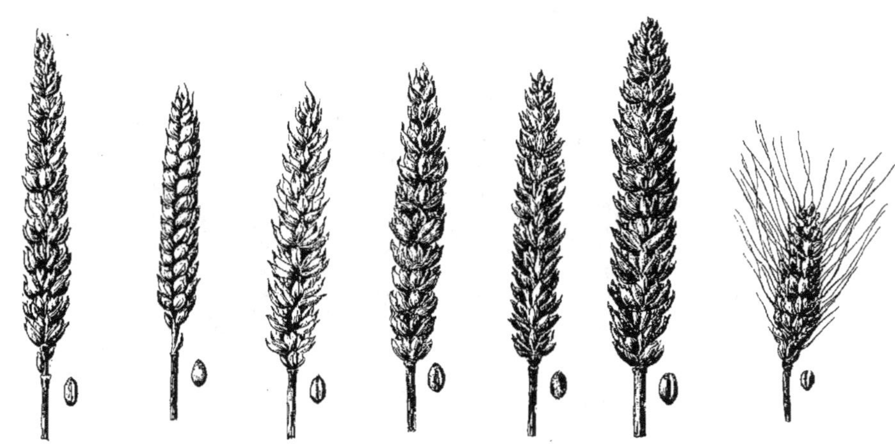

FIG. 142. — Blé blanc de Flandre ou blé de Bergues. — Epi blanc ou pyramide, paille haute. Grain blanc de qualité supérieure.

FIG. 143. — Blé Shireff à épi carré. — Epi blanc compact paille courte ; raide, convient aux terres fortes et profondes.

FIG. 144. — Blé de Noë ou blé bleu. Epi blanc, lâche, grain fauve, bâtif, prend facilement la rouille.

FIG. 145. — Blé de Bordeaux. — Rouge inversable. Epi moyen, rouge brun, grain rouge. Très productif.

FIG. 146. — Blé Dattel. — Epi rouge, grain blanc, bon blé, productif.

FIG. 147. — Blé Victoria d'automne. — Epi blanc, paille haute, grain jaune rougeâtre.

FIG. 148. — Blé Hérisson. — Epi barbu, court, grain petit, rouge cuivre, c'est un blé d'automne et de printemps.

FIG. 149. — Blé Petanielle blanche. — Gros épi blanc à barbes caduques, grain blanc.

FIG. 150. — Blé de Miracle. — Epi rameux, grain blanc ou jaunâtre.

FIG. 151. — Blé de Médéah. — Epi noirâtre ; barbes violettes.

FIG. 152. — Blé de Pologne. — Epi long, à balles pour ainsi dire foliacées.

FIG. 153. — Épeautre ordinaire — Epi blanc, lâche, sans barbes, grain vêtu, s'accommode des terres maigres, résiste aux climats rudes.

FIG. 154. — Ami donnier blanc. — Epi compact, barbes longues, grain vêtu.

FIG. 155. — Engrain commun. — Epi compact, axe fragile, grain vêtu.

Pour les blés de printemps, on laboure dès que la récolte précédente est enlevée ; à l'entrée de l'hiver, on donne un labour profond ; avant la semaille, on passe au scarificateur et l'on termine par un roulage suivi d'un hersage.

59. Choix de la semence; chaulage. — On doit choisir pour semence des grains bien sains, bien conformés et triés ; tous les petits grains doivent être éliminés (Voir VIIIᵉ leçon) ; puis, on plonge les semences dans un lait de chaux ou de préférence dans une dissolution de sulfate de cuivre (nᵒ 32).

60. Semence à employer par hectare. — La quantité de semence à employer par hectare, change avec la variété, l'époque de l'ensemencement, la nature du sol. En général, il faut de 1ʰˡ, 5 à 2ʰˡ, quand on sème à la volée et un tiers en moins, si l'on sème au semoir. Plus on sème tard, plus il faut augmenter la quantité de semence.

61. Profondeur des semis. — Dans les terres fortes, on enterre le grain de 2 à 5 centimètres de profondeur et dans les terres légères de 5 à 8 centimètres. Les blés de printemps sont enterrés plus profondément que ceux d'hiver (Voir la VIIᵉ leçon).

62. Époque des semailles. — Sous le climat de Paris, dans le N., le N.-E. et le N.-O de la France, on estime que le commencement d'octobre est l'époque la plus favorable pour les semailles d'automne, et le commencement de mars pour les semailles de printemps.

63. Soins à donner aux blés pendant la végétation. — Après l'ensemencement, on creuse dans le sens de la pente du sol des rigoles destinées à l'écoulement des eaux. Après l'hiver, on donne un hersage, si le sol est trop rassis*, et offre à sa surface une croûte imperméable à l'air. Si à la suite des gelées, les blés ont été déchaussés, on roule vers la fin de mars. Enfin on débarrasse les blés des chardons et de toutes les mauvaises herbes.

64. Le seigle. — On cultive le *seigle d'hiver* (fig. 156) dans la région du nord ; le *seigle de mars* (fig. 157) a la paille plus fine et moins longue que celle du précédent.

Le seigle sert à la nourriture et à l'engraissement des animaux, soit seul, cuit ou concassé, ou mêlé aux féveroles, aux pois, etc. Parfois, on mêle encore un peu de farine de seigle à celle du blé, pour faire du pain.

65. Sols qui conviennent au seigle. — Les sols légers, maigres, calcaires, siliceux conviennent parfaitement à la culture du seigle, pourvu qu'ils ne soient pas trop humides. Après l'écobuage (nᵒ 32), on obtient presque toujours une superbe récolte de seigle.

66. Engrais. — Les engrais employés pour le blé, conviennent également au seigle ; mais ils peuvent être moins azotés.

67. Le méteil. — On nomme *méteil* un mélange de blé et de seigle que l'on sème dans les terrains peu fertiles. Cette culture tend à disparaître.

68. L'orge. — L'orge donne un grain qu'on emploie à la fabrication de la bière. L'orge concassée sert aussi à la nourriture et à l'engraissement des bestiaux, de la volaille. Quant à la paille de cette céréale, on l'utilise comme celle du blé.

Variétés. — On distingue l'*orge escourgeon* d'hiver (fig. 158), qui supporte bien le froid et est cultivée comme orge d'hiver, mais en sol substantiel ; l'*orge hexagonale*, qui offre six rangées de grains et est semée tantôt en hiver, tantôt au printemps (fig. 159) ; l'escourgeon de printemps, petite orge ou orge des sables, peut mûrir même lorsqu'on la sème au printemps ; l'*orge commune* à 2 rangs ou *pamelle* est estimée des brasseurs* ; l'*orge chevalier* (fig. 160) est productive, elle doit être semée de très bonne heure au printemps.

Engrais. — L'orge demande des engrais riches en acide phosphorique, en potasse et en azote. Les engrais liquides paraissent bien s'adapter à la rapidité de sa végétation. On répand ces engrais sur l'avant-dernier hersage qui précède l'ensemencement.

69. L'avoine. — L'avoine (fig. 161 à 162 *bis*) n'est plus utilisée dans l'alimentation de l'homme que sous forme de gruau*. Son grain est la base de la nourriture des chevaux de travail ; on le donne aussi aux moutons et aux volailles. La paille d'avoine est aussi nutritive que celle du blé ; elle convient au gros bétail et aux moutons.

Variétés. — L'avoine commune d'hiver est rustique et donne de bons produits ; l'*avoine commune* de printemps produit moins et mûrit plus tard ; cependant elle est plus cultivée dans nos climats ; l'*avoine de Hongrie* donne un assez bon rendement. A l'exception de certaines variétés qui demandent un terrain riche, l'avoine peut végéter dans les sols médiocres, pourvu qu'ils ne soient ni trop acides, ni trop calcaires.

Engrais. — On ne fume ordinairement pas l'avoine ; mais si la récolte paraît languir, on donne une fumure d'engrais chimique en couverture.

70. Riz, millet, maïs, sorgho. — Le *riz* (fig. 166 *bis*) n'est cultivé en France que dans une terre d'alluvion* fertile, sur les bords d'une dérivation de l'Aude, et en Camargue.

Le *millet* (fig. 164) exige une terre légère, de bonne qualité ; il redoute les mauvaises herbes, aussi doit-on le sarcler souvent.

Le *maïs* (fig. 163) est cultivé, dans le Nord, comme plante fourragère. Dans le midi, on le cultive pour son grain qui est employé à la nourriture de l'homme et des animaux.

Le *sorgho* (fig. 165) est également cultivé dans le Nord, comme plante fourragère.

71. Le sarrasin. — Le sarrasin (fig. 166) ou *blé noir* donne un grain qu'on utilise encore en Bretagne pour la nourriture de l'homme. Il peut remplacer l'orge et le maïs pour la nourriture des chevaux, des bœufs et des porcs, après qu'il a été légèrement concassé. On cultive aussi cette plante comme engrais vert.

PROMENADES SCOLAIRES

1. Examiner dans une ferme des céréales et des grains. Conserver dans des flacons des échantillons de grains pour apprendre à les reconnaître.

Fig. 156. — **Seigle commun ou de Champagne ou d'hiver.** — C'est cette variété que l'on cultive ordinairement.

Fig. 157. — **Seigle de mars ordinaire.** — Grain gros, petite paille courte, précoce.

Fig. 158. — **Orge carrée d'hiver ou escourgeon d'hiver.** — Productive, mûrissant de bonne heure.

Fig. 159. — **Orge hexagonale.** — Épi court, gros et large, ayant les six rangs égaux. Assez rare en France.

Fig. 160. — **Orge chevalier.** — Grain de première qualité. Épi à deux rangs.

Fig. 161. — **Avoine grise de Houdan.** — Panicule étalée, paille moyenne, grain grisâtre, productive.

Fig. 162. — **Avoine noire de Hongrie.** — Panicule large, unilatérale, paille forte. Très productive, mais grain léger.

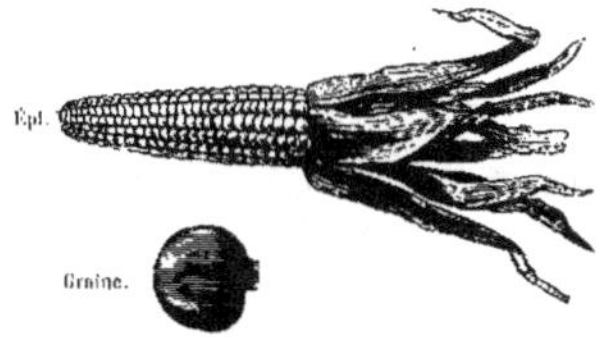

Fig. 163 *bis*. — **Maïs.** — Épi et graine.

Fig. 166 *bis*. — **Riz** cultivé dans le midi de la France, dans des terrains submersibles à volonté.

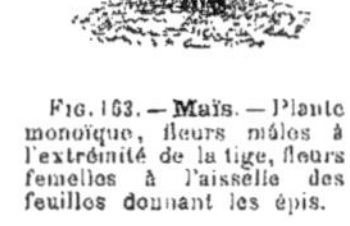

Fig. 162 *bis*. — **Avoine jaune de Flandre**, dite des Salines. Paille jaune et élevée, grain long et bien plein; très productive.

Fig. 163. — **Maïs.** — Plante monoïque, fleurs mâles à l'extrémité de la tige, fleurs femelles à l'aisselle des feuilles donnant les épis.

Fig. 164. — **Millet commun.** — Cette plante est surtout cultivée pour son grain qui sert à la nourriture des oiseaux de volière.

Fig. 165. — **Sorgho à balais.** — Cultivé pour ses panicules qui servent à faire des balais et pour son grain avec lequel on nourrit les volailles.

Fig. 166. — **Sarrasin argenté ou gris**, appelé aussi blé noir. — Fleurs blanches, grain lisse, trigone, utilisé pour la nourriture de l'homme, du bétail et des volailles.

CÉRÉALES
10. — Maladies, Plantes, Animaux et Insectes nuisibles.

72. La carie. — La carie* (fig. 167) est une maladie des céréales qui transforme l'intérieur du grain en une poussière noirâtre, d'une odeur de poisson gâté.

Le charbon. — Le charbon (fig. 168-171) se développe sur la fleur des céréales et la rend stérile.

On préserve les céréales de ces maladies par le *chaulage* ou le sulfatage des semences. Pour chauler un hectolitre de semence, on la mouille avec un lait de chaux obtenu en délayant 10 kilos de chaux vive dans 100 litres d'eau. Pour sulfater un hectolitre de semence, on dissout 25 grammes de sulfate* de cuivre dans 5 litres d'eau *tiède;* on saupoudre ensuite avec 2 kilos de chaux éteinte. On peut encore immerger les grains cinq minutes dans une solution contenant 500 à 1 500 grammes de sulfate de cuivre par hectolitre d'eau. Avoir soin : 1° de bien brasser le mélange pour que les grains soient humectés; 2° de faire sécher ensuite en étalant; 3° de ne pas se servir d'eau *chaude* qui ferait perdre aux grains leur faculté germinative ; 4° de ne pas préparer les grains plus de 48 heures avant la semaille pour éviter qu'ils ne germent avant d'être enterrés.

L'ergot du seigle. — L'ergot du seigle (fig. 172) est causé par un petit champignon qui se développe dans le tissu du grain et transforme celui-ci en une excroissance allongée, ayant la forme de l'ergot du coq. On préserve le seigle de cette maladie en criblant soigneusement la semence pour éviter de semer les ergots. Détruire ceux-ci par le feu ou les vendre aux pharmaciens et ne les point jeter au fumier, ni les donner aux volailles. Détruire aussi les graminées adventices des champs; car elles nourrissent également ce champignon.

La rouille. — La rouille attaque les feuilles et les tiges des céréales qu'elle tache de points d'un rouge brun. Cette maladie est occasionnée par un champignon microscopique dont le développement est favorisé par les brouillards, les temps humides et le voisinage de l'épine-vinette et autres plantes diverses.

Pour préserver le blé de la rouille, il faut recourir aux variétés de blé les plus résistantes contre le mal, c'est-à-dire les variétés précoces et les blés de printemps. Détruire les épines-vinettes qui avoisinent les champs et sarcler les borraginées et les graminées sauvages.

La pourriture du collet. — La pourriture du collet ou *mal de pied* est causée par le séjour des eaux stagnantes*, qui fait pourrir les racines et le collet de la plante. On évite cette maladie par l'assainissement du sol.

73. Plantes nuisibles. — Les plantes nuisibles doivent être détruites avec soin. On détruit le *chiendent* (fig. 173) par des labours et des hersages souvent répétés en temps sec; on coupe les *chardons,* au mois d'avril, à l'aide de l'échardonnoir ; on arrache à la main, au mois de mai, les *coquelicots,* l'*ivraie,* le *chrysanthème des moissons,* la *sanve* ou *moutarde sauvage,* le *mélampyre* (fig. 174), etc. Pour détruire la sanve et les coquelicots, répandre, avec un pulvérisateur, une dissolution de sulfate de cuivre (5 kilos de sulfate par 100 litres d'eau).

74. Les insectes nuisibles. — Les *larves du hanneton* ou *vers blancs* dévorent les racines des plantes pendant toute la belle saison. Pour s'en débarrasser, on sarcle souvent, on déchaume les céréales dès qu'elles sont récoltées, ou cultive des plantes sarclées; mais le plus sûr est de détruire le hanneton.

Le *carabe* ou *zabre bossu* (fig. 175) se cache pendant le jour sous les pierres et sous les mottes de terre. Pendant la nuit, il grimpe jusqu'à l'épi qu'il ronge; sa larve s'attaque aux racines et aux tiges des jeunes céréales. La chenille de la *noctuelle des moissons* (fig. 176) vit aux dépens du blé, depuis sa levée jusqu'à sa récolte.

La femelle de la *cécydomie* (fig. 177) dépose ses œufs sur les épis, avant la floraison; les larves s'attaquent au grain de blé dont elles sucent la sève, et le font ainsi avorter.

La femelle de la *céphe pygmée* (fig. 178) introduit ses œufs dans le chaume du blé ou du seigle, un peu au-dessous de l'épi; les larves descendent dans l'intérieur du chaume qu'elles dévorent jusqu'au collet de la racine, où elle se filent un coron pour y passer l'hiver.

La femelle du *taupin* des moissons (fig. 179) dépose ses œufs au pied des plantes; les larves se nourrissent des racines des céréales.

Le *chlorops* (fig. 180) s'attaque à la tige et au grain. Le *puceron* du blé suce les épis en juin et juillet.

Pour la destruction de ces nombreux insectes, on ne peut que conseiller la protection des oiseaux insectivores et de leurs couvées. L'alternance des cultures peut aussi contribuer à anéantir ces insectes en les privant de la plante qui les nourrit.

75. Insectes dans les greniers. — Le *charançon* du blé, l'*alucite,* la *teigne* des grains (fig. 181-184), sont des insectes qui, à l'état larvaire, dévorent les grains dans les greniers. On se préserve de ces insectes par des *pelletages* et des *vannages* répétés.

76. Autres ennemis des céréales. — Les rongeurs, tels que les *souris,* les *campagnols,* les *mulots* (fig. 185) et certains oiseaux granivores, tels que les *ramiers,* les *tourterelles,* etc., font grand tort au cultivateur. On doit les détruire à l'aide de pièges ou les éloigner à l'aide d'épouvantails.

Les *limaces grises* dévorent les céréales dès qu'elles lèvent (fig. 186); on les éloigne en répandant de la chaux vive sur les champs infestés.

PROMENADES SCOLAIRES

I. Diriger les promenades vers les champs dont les récoltes sont attaquées par des maladies ou ravagées par des insectes.

II. Au printemps, provoquer le hannetonnage et l'échenillage : encourager ces opérations par tous les moyens possibles.

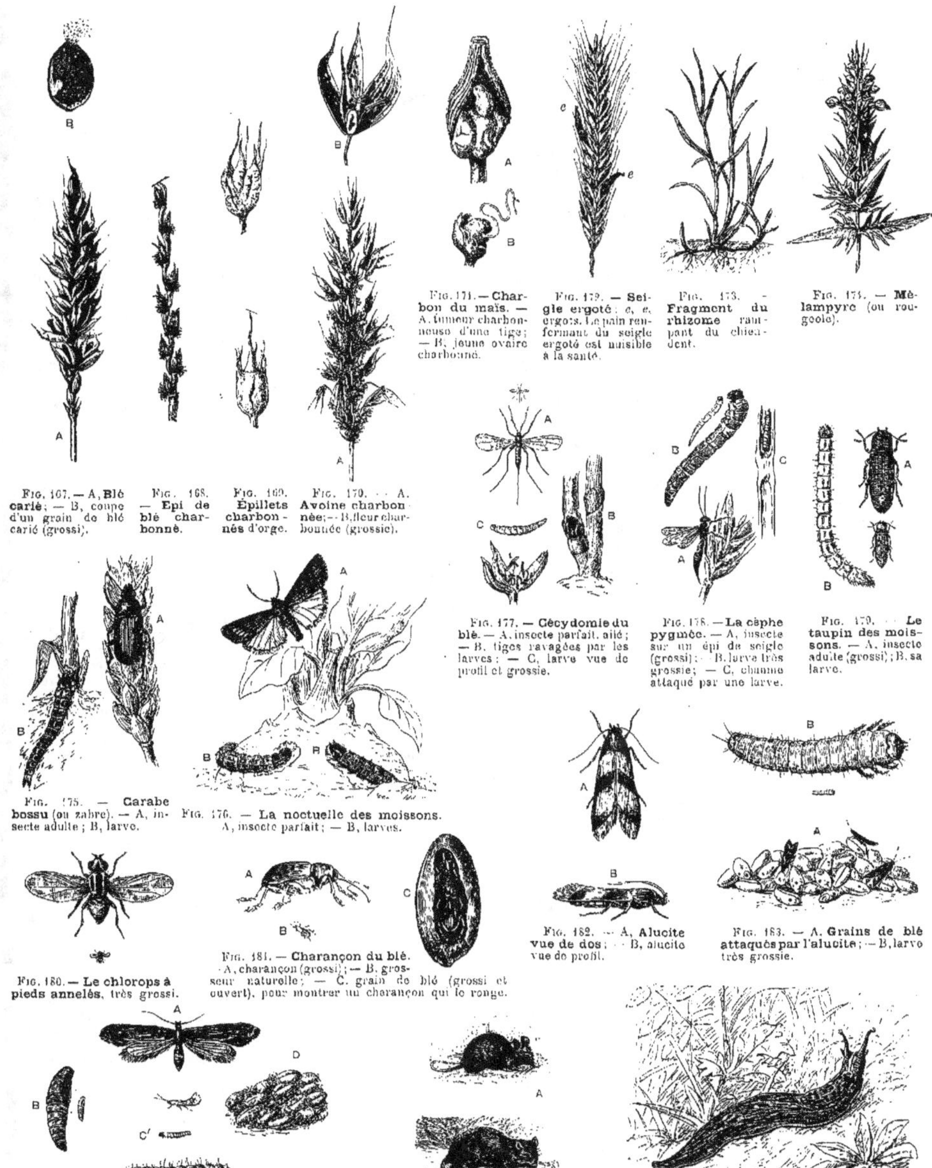

FIG. 167. — A, **Blé carié**; — B, coupe d'un grain de blé carié (grossi).

FIG. 168. — **Epi de blé charbonné.**

FIG. 169. — **Épillets charbonnés d'orge.**

FIG. 170. — A. **Avoine charbonnée**; — B, fleur charbonnée (grossie).

FIG. 171. — **Charbon du maïs.** — A, tumeur charbonneuse d'une tige; — B, jeune ovaire charbonné.

FIG. 172. — **Seigle ergoté**: e, e, ergots. Le pain renfermant du seigle ergoté est nuisible à la santé.

FIG. 173. — **Fragment du rhizome rampant du chiendent.**

FIG. 174. — **Mélampyre** (ou rougeole).

FIG. 175. — **Carabe bossu** (ou zabre). — A, insecte adulte; B, larve.

FIG. 176. — **La noctuelle des moissons.** A, insecte parfait; — B, larves.

FIG. 177. — **Cécydomie du blé.** — A, insecte parfait, ailé; — B, tiges ravagées par les larves; — C, larve vue de profil et grossie.

FIG. 178. — **La cèphe pygmée.** — A, insecte sur un épi de seigle (grossi); B, larve très grossie; — C, chaume attaqué par une larve.

FIG. 179. — **Le taupin des moissons.** — A, insecte adulte (grossi); B, sa larve.

FIG. 180. — **Le chlorops à pieds annelés**, très grossi.

FIG. 181. — **Charançon du blé.** A, charançon (grossi); — B, grosseur naturelle; — C, grain de blé (grossi et ouvert), pour montrer un charançon qui le ronge.

FIG. 182. — A, **Alucite** vue de dos; B, alucite vue de profil.

FIG. 183. — A. **Grains de blé attaqués par l'alucite**; — B, larve très grossie.

FIG. 184. — **Teigne des grains.** — A, insecte parfait; — B, chrysalide; — C, chenille (grossie); — C', chenille de grandeur naturelle; — D, grains attaqués.

FIG. 185. — A, la souris — B, le mulot.

FIG. 186. — **Limace grise.**

PRAIRIES

11. — Prairies naturelles.

77. Définitions. — Les prairies **naturelles** ou **permanentes** sont des surfaces, généralement fertiles, engazonnées par un grand nombre de plantes pour une durée illimitée. Ces prairies sont naturelles ou créées par le semis. Dans ce dernier cas on s'attache à associer deux tiers de plantes graminées pour un tiers de plantes légumineuses.

Les prairies temporaires sont au contraire des surfaces dans lesquelles on associe judicieusement un petit nombre de graminées et de légumineuses pour une durée variant entre trois et dix ans.

Le *pâturage*, l'*herbage*, l'*embouche* sont des prairies dont les herbes sont consommées en vert, sur place.

78. Choix du terrain propre à la création d'une prairie naturelle. — Pour être *enherbés*, on choisit de préférence : 1° les terrains qui sont frais et humides et par conséquent peu propres à être mis en culture ; 2° les terrains dont la pente n'est pas suffisante pour donner un écoulement facile aux eaux pendant la mauvaise saison ; 3° les terrains qu'on peut facilement irriguer ; 4° ceux dont la pente rapide présente des difficultés pour la culture ; 5° enfin les vallées susceptibles d'être inondées et ravinées.

79. Préparation du sol et ensemencement. — Le choix du terrain étant fait, on le défriche, on le nivelle, on l'assainit, s'il y a lieu, et on l'ameublit par le labour et le fumier ; puis on l'ensemence de graines saines et sélectionnées, mélangées selon la nature du sol ; mais il faut absolument proscrire les graines provenant des balayures des fenils.

Les semis rationnels se font en trois fois : le premier semis comprend les grosses graines que l'on enterre par un très fort hersage ; le deuxième semis comprend les petites graines légères que l'on enterre par un hersage léger, et le troisième comprend les graines fines et lourdes que l'on se contente d'appliquer au sol par un simple roulage.

80. Qualification des prairies. — Une prairie *sèche* est celle qui occupe ordinairement une pente ou un plateau ; une prairie *fraîche* est celle qui peut être facilement irriguée ; une prairie est *marécageuse* si l'eau y séjourne une partie de l'année.

Les vaches et les bœufs préfèrent un pâturage frais où l'herbe abonde ; les moutons, un pâturage sec où l'herbe est courte, dure et parfumée ; les chevaux aiment une herbe succulente, exempte d'humidité.

81. Soins d'entretien des prairies. — Au printemps, on sarcle, on herse, on roule et l'on détruit les taupinières ; on met en bon état les rigoles, on applique des matières fertilisantes, pulvérulentes * ou liquides : le purin surtout étendu d'eau.

82. Arrosages et irrigations. — Les meilleures eaux sont celles qui proviennent des terrains en pente : elles arrivent sur les prés chargées de matières fertilisantes.

Celles qui auraient lavé des terrains ferrugineux* seraient beaucoup moins bonnes. Quand on peut disposer d'une rivière, il y a toujours profit à employer ses eaux en irrigation, dût-on faire quelques dépenses pour l'installation de la prise d'eau.

83. Engrais. — Les prairies naturelles demandent un engrais *court*, *pulvérulent* ou *liquide*. Les *composts*, les *boues de ville*, les *cendres d'os*, les *cendres de bois* (2 à 5 hls à l'hectare), les *plâtras*, les *scories de déphosphoration* (500 à 1000 kilos à l'hectare), l'*engrais flamand*, etc., sont répandus avant l'hiver.

84. Plantes propres à la formation des prairies. — Les principales plantes qui entrent dans la formation des prairies à base de graminées sont :

L'agrostide stolonifère : donne un foin savoureux et fin, abondant dans les sols frais, mais peu productif en terrains secs ; très tardive.

L'avoine fromental ou fenasse : terrains frais et substantiels ; redoute l'eau stagnante ; plante hâtive de grand mérite, demandant à être fauchée de bonne heure.

Avoine jaunâtre : terrain calcaire substantiel ; précoce.

La brize : fourrage peu productif mais succulent et savoureux ; terrains légers et siliceux.

Le brome des prés : fourrage abondant, demande à être fauché de bonne heure, sinon ses barbes, rudes et longues, peuvent incommoder les animaux ; terrains silico-argileux et calcaires.

La canche gazonnante : fourrage peu productif, dur, mais très nutritif à l'état vert ; terrains compacts.

La crételle des prés : fourrage peu abondant, mais fin et hygiénique ; doit être fauché de bonne heure ; tous les terrains, mais préfère les sols riches en humus.

Le dactyle pelotonné : fourrage gros mais précoce, nutritif, doit surtout être consommé en vert : terrains argilo-calcaire et argilo-siliceux.

La fétuque des prés : pâturage excellent pour les moutons ; sols frais et compacts riches en matière organique.

La fléole des prés : foin gros, dur, mais nutritif ; faucher avant la floraison ; s'accommode de tous les terrains ; bons rendements sur sols silico-argileux humides.

La flouve odorante : précoce, peu productive et peu nutritive ; mais donne une odeur aromatique agréable ; peu difficile sur le choix des terrains.

La houlque : pâturage excellent ; mais foin médiocre ; terrains frais ou humides.

Le pâturin des prés : foin fin, excellent ; une des meilleures plantes pour prairies et pâturages ; terrains compacts, riches en matières organiques.

Paturin commun : mêmes qualités mais plus tardif et demande sols frais.

Le ray-grass ou ivraie vivace : foin gros, très productif, de bonne qualité ; demande à être pâturé de bonne heure ou à être fauché au moment de la floraison ; sols argileux, marneux ou calcaires, mais frais.

Le ray-grass d'Italie : assez précoce ; foin gros, moyennement productif ; sols peu consistants, mais frais.

Le vulpin des prés : foin gros, mais excellent et précoce, aromatique et nutritif ; productif ; prairies fraîches et riches en humus.

Les trèfles, blancs, hybrides, des prés et des sables (Anthyllide) : excellent fourrage.

Le lotier corniculé : bonne légumineuse des sols marneux.

La lupuline ou minette : légumineuse des sols compacts argilo-calcaires.

Le sainfoin : légumineuse des prairies hautes et des sols calcaires peu profonds.

La serradelle : fourrage fin ; terres sablonneuses et sèches.

Fig. 187. — Agrostis traçante ; g, graines (fruits).

Fig. 188. — Fromental ou avoine élevée. — g, graines (fruits).

Fig. 189. — Avoine jaunâtre.

Fig. 190. — Brize tremblante.

Fig. 191. — Brome des prés. — A, Épillet (grossi) ; — g, graines (fruits).

Fig. 192. — Canche gazonnante. — A, épillet (grossi) ; — g, graines (fruits).

Fig. 193. — Crételle des prés. — A, Inflorescence (grossie) ; — g, graines (fruits).

Fig. 194. — Dactyle pelotonné. — g, graines (fruits).

Fig. 195. — Fétuque des prés. — A, épillet (grossi) ; — g, graines (fruits).

Fig. 196. — Fléole des prés ou timothy. — A, inflorescence (grossie) ; — g, graines (fruits).

Fig. 197. — Flouve odorante. — A, inflorescence ; — g, graines (fruits).

Fig. 198. — Houlque laineuse. — A, inflorescence ; — g, graines (fruits).

Fig. 199. — Paturin des prés.

Fig. 200. — Ray-grass vivace ou ray-grass anglais (ivraie vivace). — A, inflorescence (grossie) ; — B, épillet (grossi) ; — g, graine (fruit).

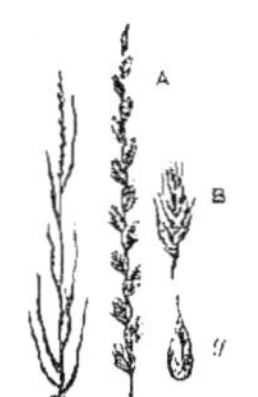

Fig. 201. — Ray-grass d'Italie ou ray-grass bisannuel. — A, inflorescence (grossie) ; — B, épillet (grossi) ; — g, graine (fruit).

Fig. 202. — Vulpin des prés. — A, inflorescence (grossie) ; — g, graine (fruit).

Fig. 203. — Lotier corniculé.

Fig. 204. — Minette ou luzerne lupuline.

Fig. 205. — Serradelle.

Fig. 206. — Trèfle blanc ou trèfle rampant.

Fig. 207. — Trèfle hybride.

Fig. 208. — Trèfle des prés ou trèfle rouge.

PRAIRIES

12. — Prairies artificielles.

85. Définition. — Les prairies artificielles* (à base de légumineuses*) sont celles dont la durée est limitée à un petit nombre d'années. En général, les prairies artificielles ne sont composées que d'une seule espèce de plante : trèfle, luzerne, etc.

Importance des prairies artificielles. — Les prairies artificielles constituent une précieuse ressource dans les pays où la nature du sol ne permet pas l'établissement de prairies naturelles. Elles donnent, dès la première année, une abondante récolte de fourrages : leur produit en *vert* vient avant celui des prairies naturelles et au moment où il est le plus utile au cultivateur ; enfin, elles améliorent le sol et le préparent favorablement pour la récolte qui leur succédera (Voir p. 24).

86. Composition des prairies artificielles. — Les légumineuses qui entrent surtout dans la composition des prairies artificielles sont : la *luzerne*, le *sainfoin*, la *lupuline*, le *trèfle*, l'*anthyllis*, la *vesce*, la *féverole* ; le *pois-fourrage*, le *lotier corniculé*.

La luzerne (fig. 209) est une des meilleures plantes à employer pour la création des prairies artificielles. Elle plaît aux bestiaux tant en vert qu'en sec.

Le sainfoin ou esparcette (fig. 210) est excellent à l'état vert et convient à tous les animaux auxquels il n'occasionne pas la météorisation. Séché, le sainfoin est moins estimé.

La lupuline ou minette (fig. 211) constitue un pâturage précoce, excellent pour les vaches et les moutons qu'elle ne météorise que rarement.

Le trèfle incarnat ou farouch (fig. 212) donne un bon fourrage vert pour le printemps : il n'occasionne pas la météorisation.

Le trèfle violet ou commun (fig. 213) donne un excellent fourrage vert pour les bœufs de travail ou à l'engrais ; mais il peut occasionner la météorisation. A l'état sec, il convient à tous les animaux.

Le trèfle blanc ou triolet (fig. 214) constitue un excellent pâturage pour les bestiaux et les moutons ; il résiste bien à la sécheresse et ses fleurs sont très mellifères*.

La vesce cultivée (fig. 215) donne un fourrage abondant, surtout mangé en vert par les chevaux.

L'anthyllis ou trèfle jaune (fig. 216) est un excellent fourrage rustique et recherché des vaches et des moutons. On le fauche lorsqu'il est en pleine fleur.

La gesse ou jarosse (fig. 217) est un fourrage rustique, excellent en vert et en sec, estimé des vaches, des moutons et des bêtes à l'engrais, mais se défier des graines qui renferment un principe toxique.

La féverole (fig. 218) est précieuse à l'état vert pour les chevaux et les bêtes à cornes. Le grain concassé ou réduit en farine est surtout destiné aux animaux à l'engrais.

Le pois-fourrage (fig. 219) donne, en vert et en sec, un fourrage nutritif, recherché par les moutons, les vaches et les bœufs.

Le lotier corniculé (fig. 203) est très rustique, très nutritif et recherché par les animaux. Sa graine est difficile à récolter.

87. Terrains favorables aux prairies artificielles. — Tous les terrains conviennent aux prairies artificielles ; cependant la *luzerne* affectionne une terre profonde et calcaire ; le *sainfoin*, une terre légère et calcaire ; les *trèfles*, une terre argilo-calcaire et fraîche.

88. Météorisation. — La météorisation est une indigestion occasionnée par une accumulation de gaz qui se produit dans le rumen ou panse. Elle est caractérisée par le gonflement du flanc gauche et par une gêne extrême de la respiration. On administre aux animaux météorisés de l'éther, de l'ammoniaque, ou bien on pratique, à l'aide du *trocart* la ponction* du rumen (fig. 220, 221).

89. Plantes nuisibles aux prairies artificielles. — La cuscute ou teigne (fig. 222) est une plante parasite* des luzernes et des trèfles. Pour s'en débarrasser, on fauche rez de terre les places envahies, on les couvre de paille que l'on brûle ; ou bien on arrose avec une dissolution de sulfate de fer.

L'orobanche (fig. 223) est aussi une plante parasite qui doit être arrachée dès son apparition afin de prévenir la maturité de ses graines.

90. Insectes nuisibles. — Les insectes nuisibles aux prairies artificielles sont : la **larve** du hanneton, la **courtilière** (fig. 224), l'*apion du trèfle* (fig. 225), le *criquet* (fig. 226), auxquels il convient d'ajouter les limaces (fig. 227).

Les moyens pratiques pour combattre ces ennemis sont : 1° de protéger les oiseaux ; 2° de répandre de la chaux vive en poudre sur les terrains attaqués par les limaces ; de faucher et de faner les fourrages avant la floraison.

91. Assimilation de l'azote de l'air par les légumineuses. — Les légumineuses ont la faculté de puiser dans l'air du sol l'azote élémentaire qui leur est nécessaire pour la formation de leurs tissus ; mais cette propriété ne se manifeste que si les racines des plantes sont garnies de nodosités* remplies de bactéries*.

De plus, on a reconnu que les légumineuses, en apportant au sol de l'azote puisé dans l'atmosphère, enrichissaient la terre en matière azotée. Ces observations justifiant le nom de *plantes améliorantes* donné depuis longtemps aux légumineuses.

Fig. 209. — **Luzerne cultivée.** — Terrains sains et profonds.

Fig. 210. — **Esparcette** ou **sainfoin.** — Terrains calcaires, même peu profonds et secs.

Fig. 211. — **Minette** ou **luzerne lupuline.** — Tous terrains frais.

Fig. 212. — **Trèfle incarnat** ou **farouch.** — Terrains sains et de moyenne consistance.

Fig. 213. — **Trèfle violet.** — Terrains calcaires et frais.

Fig. 214. **Trèfle blanc** ou **Trèfle rampant.** — Tous terrains frais.

Fig. 215. — **Vesce cultivée.** — Tous terrains.

Fig. 216. — **Anthyllis** ou **trèfle jaune des sables.** — Sables calcaires ou siliceux.

Fig. 217. — **Gesse cultivée.** — Tous terrains.

Fig. 218. — **Féverole.** — Terrains de moyenne consistance.

Fig. 219. — **Pois-fourrage** ou **pois des champs.** — Terrains substantiels et secs.

Fig. 220. — A. **Trocart** ; — ponction du rumen sur un animal météorisé.

Fig. 221. — **Trocart** pour la ponction.

Fig. 222. — **Port de la cuscute.** — A, tige de luzerne ; — c,c, cuscute ; — r,r, suçoirs.

Fig. 223. — **Orobanche.** — Arracher cette plante aussitôt son apparition.

Fig. 225. — **Apion du trèfle** (très grossi).

Fig. 224. — **Courtilière** (réduite de moitié).

Fig. 226. — **Criquet voyageur** adulte.

Fig. 227.
Limaces. — Les limaces mangent les tiges et les feuilles des plantes cultivées.

PLANTES RACINES

13. — Betterave, Carotte, Panais, Navet, Chicorée.

92. La betterave. — La betterave est une plante bisannuelle* cultivée pour sa racine pivotante, charnue, alimentaire et saccharine*.

Variétés. — On les classe en trois groupes :

1° **Betteraves potagères**, parmi lesquelles on recommande la *grosse rouge* (fig. 228) et la *rouge de Castelnaudary* (fig. 229);

2° **Betteraves fourragères**, parmi lesquelles on cite la *disette* (fig. 230), *mammouth* (fig. 231), *ovoïde des Barres* (fig. 232), *géante de Vauriac, Tankar, globe jaune* (fig. 233 à 235);

3° **Betteraves industrielles** dont les plus estimées sont *collet rose* (fig. 236), *collet vert Brabant* (fig. 237), *améliorée Vilmorin* (fig. 238), *blanche de Silésie*, Simon-Legrand, Desprez, Klein Wanzleben, Dippe* (fig. 239 à 241).

93. Betteraves à sucre. — La culture des betteraves à sucre ne peut être rémunératrice que si la variété cultivée est riche en matière saccharine. *Faire des betteraves riches* doit être l'objectif et le but final de la culture de la betterave à sucre.

On atteindra ce résultat par le choix de graines de betteraves riches bien connues et qui ont fait leurs preuves dans le sol de la localité, par une culture raisonnée et *l'emploi judicieux des engrais complémentaires.*

94. Terres à betteraves. — Les terres qui conviennent à la culture de la betterave sont les terres franches, profondes et fraîches, riches en matières azotées et phosphatées et à sous-sol perméable*.

95. Préparation du sol. — Après avoir pratiqué le déchaumage et, avant la venue de l'hiver, on fume à raison de 30 à 35 000 kilos de fumier bien décomposé par hectare; on enterre ce fumier à la charrue et à 25 ou 30 centimètres de profondeur. Au printemps, on donne un ou deux labours superficiels, suivis d'un fort hersage et d'un roulage.

96. Assolement. — L'assolement doit être *quadriennal*, autant que possible, et c'est celui qu'on adopte généralement dans le nord de la France :

1° Année : *betteraves* avec fumier et engrais chimique;
2° Année : *blé* ;
3° Année : *fourrages* (trèfle, vesce, etc.);
4° Année : *céréale* de printemps.

97. Engrais complémentaires. — Comme engrais complémentaire, on emploie, à l'hectare, au moment des semailles, 300 kilos de nitrate de soude et 500 kilos de superphosphate de chaux que l'on enterre, à l'aide de l'extirpateur, à une profondeur de 10 à 15 centimètres. Quand on ne peut disposer d'une quantité suffisante de fumier, on emploie un engrais organique capable de donner au sol les 90 kilos d'azote assimilable* que devrait lui fournir le fumier. On trouve cet équivalent dans le tourteau de colza, de sésame* ou d'arachide*; mais cette fumure ne dispense pas de l'engrais chimique à répandre au moment des semaille.

98. Semailles. — On sème la betterave en lignes du 1er au 15 avril, selon la contrée. Avant de semer la graine, on peut la plonger dans l'eau, ou mieux dans du purin ou dans une dissolution d'engrais pendant 24 à 48 heures : ce bain provoque une levée plus régulière et plus hâtive. On complète l'opération du semis par un roulage afin de tasser la terre autour de la semence et d'en favoriser ainsi la germination.

99. Soins d'entretien. — On bine superficiellement dès que les premières feuilles de betterave apparaissent; puis lorsque la racine est grosse comme un tuyau de plume, on bine une seconde fois et l'on procède au démariage* : cet éclaircissage ou plaçage se fait à la main ou à l'aide de la binette. Sur les lignes, la distance des betteraves sera de 30 centimètres pour les variétés sucrières et de 40 à 50 centimètres pour les autres. On bine une troisième fois en juin-juillet. On doit s'abstenir d'effeuiller les betteraves en pleine croissance : cette opération nuirait aux racines et diminuerait leur poids de 20 à 30 %.

100. Récolte. — La récolte a lieu en septembre-octobre, lorsque les feuilles commencent à jaunir. On procède à cette opération en employant la bêche, la fourche, l'arracheuse à cheval (Voir leçon 7).

On décollette* les betteraves à la naissance des premières feuilles et l'on met les racines en petits tas, afin de ne pas les laisser trop exposées à l'air, en attendant leur transport, soit à la fabrique de sucre, soit à la cave ou au silo, quand elles sont destinées à l'alimentation des animaux de la ferme.

101. Conservation. — En raison de leur altération rapide, si on les laisse exposées aux intempéries de l'air après l'arrachage, on conserve en cave ou en silos (fig. 132) les betteraves potagères ou fourragères, ainsi que les betteraves à sucre qui ne sont pas immédiatement transportées à la fabrique.

102. Mesure de la richesse en sucre. — Pour mesurer la densité et la richesse saccharine du jus de betterave, on se sert du *densimètre* (fig. 242) et du *saccharimètre* (fig. 243).

103. Maladies de la betterave. — Les maladies de la betterave sont : la *frisolée*, la *brûlure*, la *rouille*, la *pourriture*, la *chlorose* ou jaunisse. On prévient ces maladies par un assolement rationnel, par des labours profonds, une fumure saine et raisonnée, par le choix judicieux des graines et l'élevage soigné des *porte-graines*.

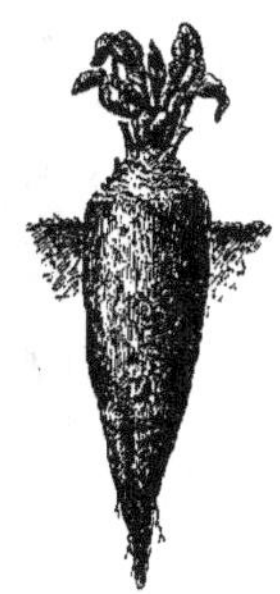

FIG. 228. — **Betterave grosse rouge.** — Racine presque complètement enterrée; de bonne qualité potagère.

FIG. 229. — **Betterave rouge de Castelnaudary.** — Racine allongée, bonne qualité potagère.

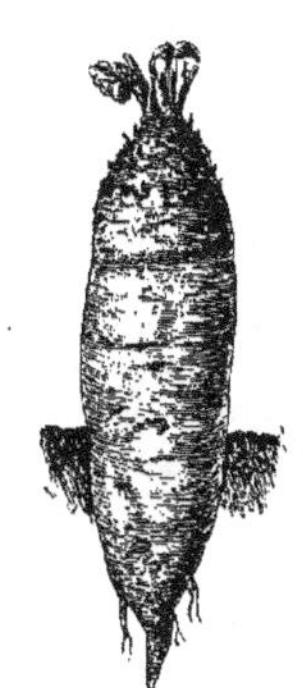

FIG. 230. — **Betterave disette blanche à collet vert ou betterave de Puilboreau.** — Racine hors de terre; fourragère.

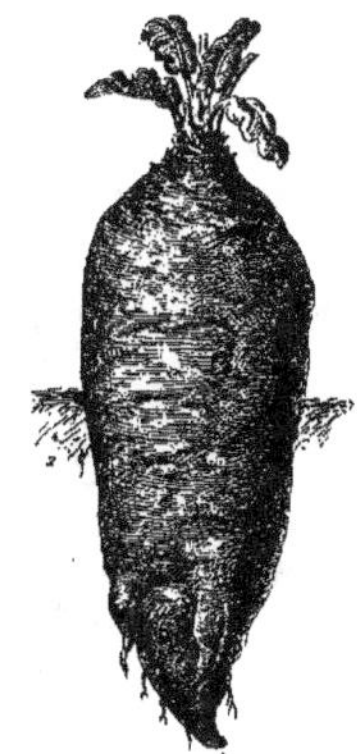

FIG. 231. — **Betterave Mammouth.** — Racine aux trois quarts hors de terre. Rose. Variété à très grand produit, mais exigeant un sol riche; fourragère.

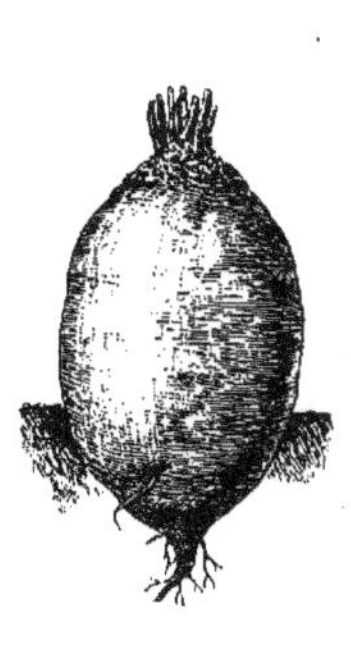

FIG. 232. — **Betterave ovoïde des Barres.** — Racine jaune, en grande partie hors de terre. Demi-longue. Très productive; fourragère.

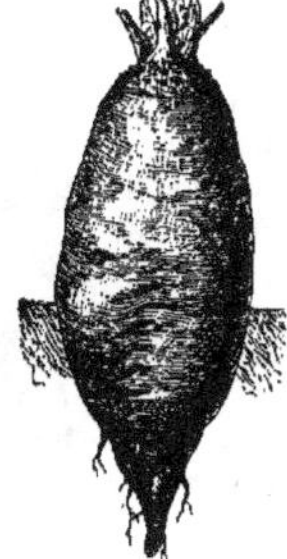

FIG. 233. — **Betterave géante de Vauriac.** — Racine jaune, peu enterrée, régulière. Très grands rendements; fourragère.

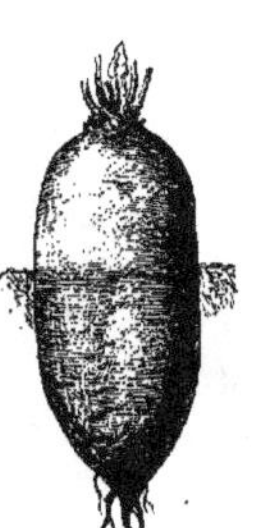

FIG. 234. — **Betterave Tankar.** — Racine jaune, presque cylindrique, très productive; fourragère.

FIG. 235. — **Betterave jaune globe.** — Racine à peu près sphérique, productive et de bonne conservation; fourragère.

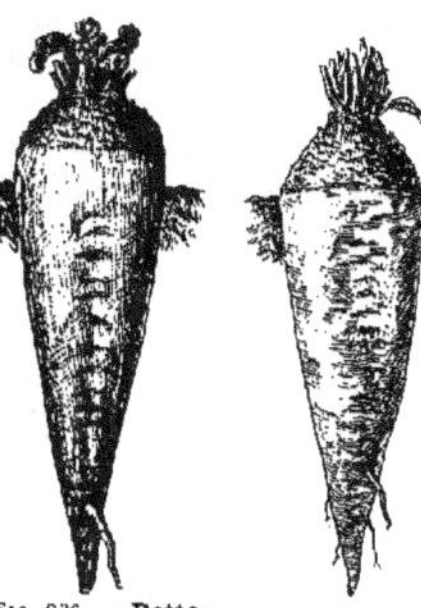

FIG. 236. — **Betterave à sucre à collet rose.** — Très productive; pourrait être utilisée comme betterave fourragère.

FIG. 237. — **Betterave à sucre à collet vert Brabant.** Richesse moyenne en sucre. Productive.

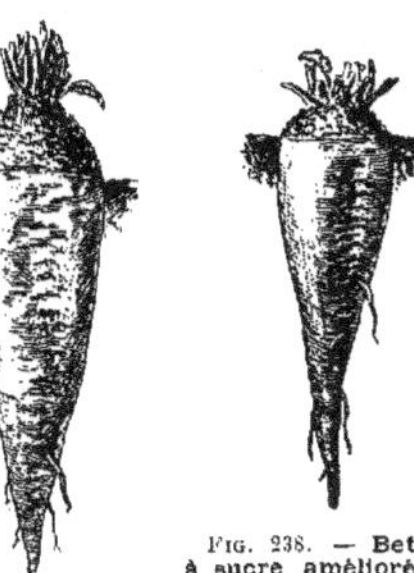

FIG. 238. — **Betterave à sucre améliorée Vilmorin.** — Betterave blanche complètement enterrée, longue, en tire-bouchon. Belle variété: c'est le vrai type de la betterave à sucre. Très riche en sucre.

FIG. 239. — **Betterave à sucre Simon-Legrand** (améliorée blanche). Très riche en sucre. Belle forme.

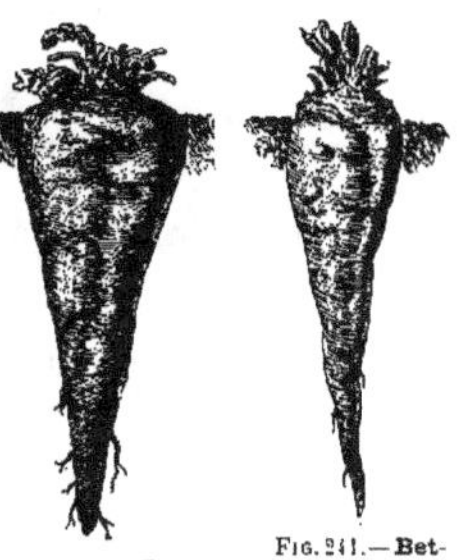

FIG. 240. — **Betterave à sucre Klein-Wanzleben.** — Originale. Variété allemande, riche en sucre. Bons rendements. Racine blanche en forme de tire-bouchon.

FIG. 241. — **Betterave à sucre Dippe frères.** (Impériale-de-Dippe). Racine longue, bien pivotante, très enterrée; peau rugueuse.

FIG. 242. — **Densimètre.** — Le densimètre sert à prendre la densité des jus de betterave.

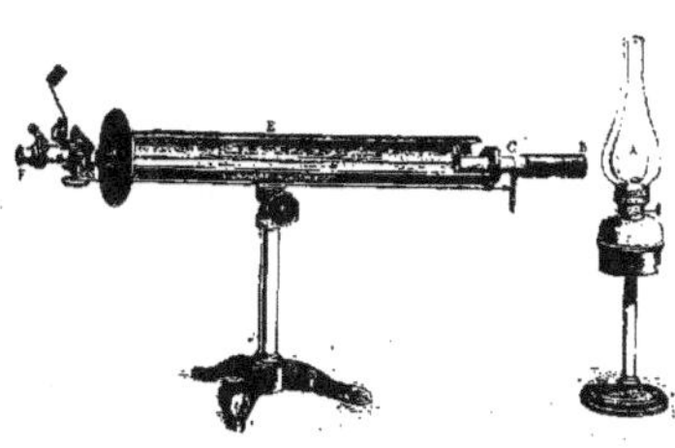

FIG. 243. — **Saccharimètre.** — Appareil qui permet de reconnaître la présence du sucre dans un liquide et d'évaluer sa proportion par la déviation plus ou moins grande que le liquide analysé fait subir au plan de polarisation de rayons de lumière polarisée. — A, lampe à lumière monochromatique; — B, lentille; — C, polariseur contenant un prisme en spath; — D, diaphragme recouvert sur une moitié par une plaque de quartz; — E, cylindre s'ouvrant à charnière et où l'on dépose dans un tube de verre le liquide à analyser; — F, oculaire.

104. Insectes nuisibles. — Les insectes nuisibles à la betterave sont l'atomaire, le sylphe opaque, le casside nébuleuse, le ver blanc, les larves du taupin et de la noctuelle, les iules, les nématodes (fig. 244 à 249).

On se préserve de ces insectes de différentes manières : en roulant énergiquement le sol pour l'atomaire. En ramassant les larves et en détruisant les insectes parfaits pour les autres.

On a conseillé aussi l'emploi du sulfure de carbone, et de l'arsenite de cuivre vert de Scheele pour détruire le sylphe opaque.

Employer des plantes-pièges pour les nématodes.

105. Autres plantes racines. — La *carotte* (fig. 250 à 254), le *panais* (fig. 255, 256), le *navet* (fig. 257, 258), le *chou-navet* (fig. 259), le *chou-rave* (fig. 261), le *turneps*, le *rutabaga* (fig. 260) et la *chicorée à café* (fig. 262) sont des plantes sarclées qui se cultivent toutes pour leurs racines pivotantes et alimentaires. Elles veulent un climat tempéré, un sol profond, frais et fertile, mais léger, perméable et bien propre, sur vieille fumure. Ces plantes ameublissent la terre, la nettoient et sont par conséquent une bonne préparation pour la culture du blé. Elles se sèment toutes au printemps.

On les divise en *plantes potagères* et en *plantes fourragères*. Toutes, sauf la chicorée, peuvent servir à la nourriture du bétail.

Toutes se sèment comme la betterave. Dans le nord et le sud-ouest de la France, la carotte et le navet sont parfois semés en culture dérobée.*

106. Culture. — On donne un labour profond avant l'hiver et un labour superficiel au printemps suivant, puis des hersages et des roulages destinés à diviser et à bien préparer le sol.

107. Soins d'entretien. — On donne un premier binage lorsque la plante est sortie de terre ; on éclaircit le plant 15 ou 20 jours plus tard. En outre, on doit pratiquer un ou deux binages supplémentaires pour détruire les mauvaises herbes. Il est à remarquer que la carotte et la chicorée seront plus serrées sur les lignes que les autres plantes racines.

108. Récolte et conservation. — Ces plantes se récoltent et se conservent comme la betterave, c'est-à-dire en *cave* ou en *silos* (fig. 132).

109. Usages. — Certaines variétés entrent dans les préparations culinaires ; les autres, mélangées au foin, fournissent au bétail un aliment recherché, sain et nutritif.

110. Ennemis. — Les ennemis de ces plantes sont : les *vers blancs*, les *courtilières*, les *escargots* (fig. 263), les *limaces grises*, la *chenille de la piéride* (fig. 264, 265), l'*altise* ou *puce de terre* (fig. 266), le *forficule* (fig. 267). Les moyens préservatifs à employer consistent à pro-

téger les animaux insectivores, les oiseaux et les insectes utiles (carabes), à répandre de la chaux vive ou des cendres qui sont surtout efficaces contre l'altise.

111. Chicorée à café. — La chicorée à café (fig. 262) a une grande importance dans les cultures du Nord, du Pas-de-Calais, de la Somme et de l'Aisne.

Pour ce produit agricole, nous sommes encore tributaires de la Belgique ; les environs de Quiévrain et notamment la petite commune d'Angre, en récoltent des quantités considérables qui alimentent de nombreuses fabriques dont les produits sont importés en France.

C'est une culture lucrative et le sol des Flandres et de la Picardie conviennent parfaitement à cette plante.

Climat. — La chicorée est une plante très rustique qui s'accommoderait de tous les climats de France, mais qui réussit surtout dans les terrains frais.

Sol. — Les terres franches ou de consistance moyenne, les terres chaulées qui retiennent bien l'humidité, conviennent particulièrement à la chicorée, à la condition d'être bien ameublies par de fréquents labours.

Engrais. — La chicorée à café demande des engrais abondants, courts, liquides ou pulvérulents. Les fumiers bien consommés, les composts de basse-cour, les cendres de bois, etc., sont pour elle une bonne fumure.

Assolement. — La chicorée étant une plante épuisante, ne doit revenir sur les mêmes terrains que tous les 5 ou 6 ans. Elle peut succéder à toutes les plantes, pourvu que celles-ci n'aient pas épuisé le sol ; souvent on la met après une céréale, parce que les façons qu'on lui donne permettent de bien nettoyer la terre.

Préparation du sol. — La chicorée, comme la betterave, exige des labours profonds, des hersages et des roulages.

Semailles. — Le choix des semences de chicorée a une importance toute particulière, parce que les graines chétives ou mal venues ne germent que peu ou pas ; il faut que la graine soit pesante et bien nourrie : celle que l'on récolte dans les pays chauds est la meilleure.

On sème la chicorée en mars et jusqu'au commencement d'avril. Le semis se fait en lignes espacées de 30 à 35 centimètres.

Soins à donner pendant la végétation. — On sarcle et on éclaircit de manière à espacer les plantes sur les lignes de 25 à 30 centimètres.

Récolte. — La récolte a lieu du milieu d'octobre en novembre. Les feuilles, constituant un bon fourrage, on conduit dans les champs les bestiaux, spécialement les moutons, qui en consomment une grande partie, ou bien on fauche ces feuilles et on les transporte à la ferme. On arrache ensuite les racines, on les laisse sécher quelques jours si le temps le permet, ou bien on les rentre ; on les livre ensuite aux industriels.

PROMENADES SCOLAIRES

I. Suivre attentivement la culture des diverses plantes racines : labours, fumure, soins d'entretien, récolte, conservation.

II. Examiner les instruments employés pour la préparation des racines consommées par les animaux domestiques. Étudier les procédés de conservation des racines.

III. A la sucrerie et à la distillerie, se rendre compte des moyens employés pour transformer le jus de la betterave en sucre ou en alcool.

Fig. 244. — **Atomaire très grossi.** — L'atomaire est un petit insecte long de 1 millimètre et demi. Il s'attaque aux jeunes betteraves, en juin.

Fig. 245. — **Cassidé nébuleuse.** — Insecte d'un gris verdâtre aplati. L'insecte parfait et sa larve mangent les feuilles de betteraves.

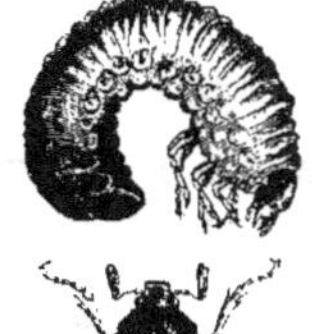

Fig. 246-247. — **Hanneton et sa larve le ver blanc.** — Le hanneton est surtout nuisible aux betteraves par sa larve qui ronge les racines.

Fig. 248. — **Chenille de noctuelle.** — Cette chenille est aussi appelée ver gris, elle ronge le collet des betteraves.

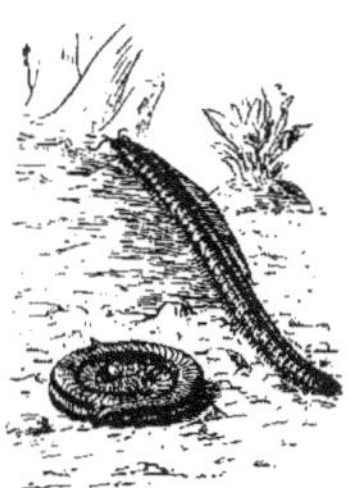

Fig. 249. — **Iule.** — Le iule est un myriapode qui peut devenir dangereux pour les betteraves lorsqu'il se développe en grand nombre.

Fig. 250. **Carotte blanche à collet vert.** -- Racine longue aux deux tiers enterrés. Collet vert. Exige sols profonds.

Fig. 251. -- **Carotte blanche des Vosges.** — Racine conique, collet large, presque complètement enterrée.

Fig. 252. — **Carotte améliorée d'Orthe.** -- Racine blanche régulière. Collet peu sorti de terre. Bons rendements.

Fig. 253. — **Carotte jaune à collet vert.** —Racine jaune enterrée aux deux tiers. Collet vert.

Fig. 254. — **Carotte rouge longue à collet vert.**—Racine rouge enterrée aux trois quarts. Longue. Exige sols profonds.

Fig. 255.—**Panais long.** — Racine allongée grisâtre, cultivée surtout en Bretagne.

Fig. 256. — **Panais rond.** — Racine arrondie côtelée, terminée par un long pivot.

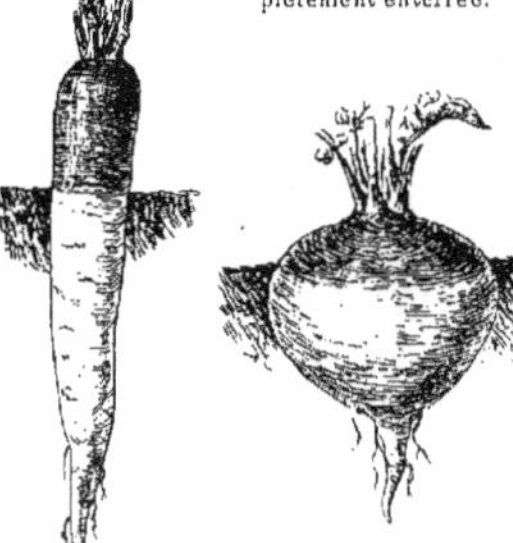

Fig. 257.—**Navet d'Alsace à collet vert.**—Racine allongée enterrée aux trois quarts.

Fig. 258. — **Navet de Norfolk.** — Racine globuleuse. Bons rendements.

Fig. 259. — **Chou-navet blanc.** — Racine globuleuse. Peut remplacer le navet.

Fig. 260. — **Rutabaga à collet vert.** — Chair jaune. Peut remplacer le navet dans l'Ouest.

Fig. 261. — **Chou-rave blanc.** — C'est la partie inférieure de la tige et non la racine qui est renflée dans les choux-raves.

Fig. 262. — **Chicorée à café.** — Cette racine, torréfiée et préparée, est mélangée au café.

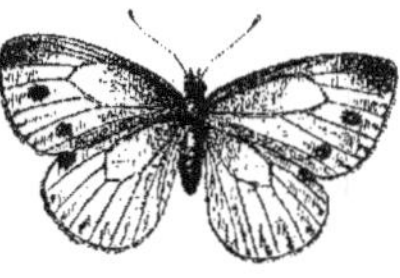

Fig. 263. — **Escargot.** — Mange les feuilles des végétaux.

Fig. 264. — **Piéride de la rose.** — Papillon ou insecte parfait.

Fig. 265. — **Chenille de la piéride de la rose et sa chrysalide.** — C'est elle qui ronge les feuilles de rave.

Fig. 266. — **Altise grossie.** — Insecte exclusivement nuisible aux crucifères.

Fig. 267. — **Forficule ou perce-oreille.** — Ronge les feuilles de tous les végétaux.

PLANTES A TUBERCULES
14. — Pomme de Terre et Topinambour.

112. Pomme de terre. — La pomme de terre est une plante alimentaire vivace*, produisant annuellement des tubercules.

113. Variétés de pommes de terre. — On peut diviser les diverses variétés de pommes de terre en deux groupes (fig. 268 à 281) :

1° pommes de terres potagères; 2° pommes de terre fourragères et industrielles.

Pommes de terres potagères jaunes : Blanchard, Belle de Fontenay, pomme de terre de Hollande, Quarantaine de la Halle, Marjolin, Royale, Séguin, Joseph Rigault, Princesse.

Pommes de terre potagères de couleur : Early rose, Saucisse pousse debout, Truffe, Violette grosse, Vitelotte.

Pommes de terre fourragères et industrielles jaunes : Éléphant blanc, Canada, Institut de Beauvais, Chardon, Géante sans pareille, Czarine, Reine des polders, Magnum bonum, Richter's impérator. Cette dernière, très riche en fécule, est une très bonne pomme de terre industrielle, mais elle est également cultivée pour la nourriture du bétail.

Pommes de terre fourragères de couleur : Merveille d'Amérique, Meilleure de Bellevue, Géante bleue, Farineuse rouge. La farineuse rouge est très estimée pour la féculerie.

Conservation et amélioration des variétés. — Par la *sélection** des tubercules, on arrête la dégénérescence des bonnes variétés connues. Par les *semis*, on en crée de nouvelles.

114. Culture. — La pomme de terre exige un sol profondément ameubli, léger, argilo-siliceux, siliceux ou calcaire, un climat tempéré et frais : elle produit peu et des tubercules de qualité médiocre dans les terres argileuses ou humides.

Engrais. — On donne une fumure d'engrais vert à l'automne, ou plus souvent on emploie du fumier ordinaire qu'on enfouit avec un bon premier labour ; on complète cette fumure par un apport d'engrais chimique approprié au sol. Cet engrais est donné immédiatement après le dernier labour ; un vigoureux hersage l'incorpore* au sol.

115. Reproduction et multiplication. — La pomme de terre peut se reproduire par les semences, par les boutures, par la greffe, par les yeux détachés des tubercules, mais surtout par les tubercules eux-mêmes, seule méthode usitée en culture.

116. Plantation. — On plante les pommes de terre en avril, en lignes espacées de 0^m,50 à 0^m,60 et profondes de 0^m,10 à 0^m,15. Les tubercules sont déposés au fond des raies à environ 0^m,50 les uns des autres.

Pour la plantation, on choisit de préférence des tubercules entiers, sains, de moyenne grosseur.

117. Choix de la semence et plantation. — Dès que les gelées ne sont plus à craindre, on choisit les tubercules destinés à la plantation, on les dépose sur une surface unie en un lieu sec, bien aéré et éclairé ; sous l'influence de l'air et de la lumière, les pommes de terre verdissent légèrement, la végétation hâtive s'arrête et les germes se fortifient ; cette préparation de la semence lui donne plus de vigueur de pousse et soustrait les germes aux froissements et aux meurtrissures.

118. Soins d'entretien. — Herser vigoureusement au moment de la levée; sarcler, biner lorsque les tiges commencent à s'élever, et les butter quand elles atteignent 0^m,15 à 0^m,20 de hauteur.

119. Récolte et conservation. — On récolte les pommes de terre à l'automne, lorsque les feuilles jaunissent et se flétrissent. On les arrache par un temps sec, on les étend sur le sol, puis on les rentre en cave sèche ou en silos bien construits.

120. Usages. — La pomme de terre occupe une place importante dans l'alimentation de l'homme et des animaux. De ses tubercules, on tire de la fécule*, de l'alcool, de la dextrine*, du sucre de fécule ou glucose, employée dans la fabrication de la bière et le sucrage des vins. Les fanes de pomme de terre, enfouies après l'arrachage, sont un assez bon engrais.

121. Insectes nuisibles. — Parmi les insectes nuisibles à la pomme de terre, on cite : le *sphinx* A et sa *chenille* B (fig. 282), le *doryphora* C et sa *larve* D, la *courtilière*, le *hanneton*.

122. Maladie de la pomme de terre. — La maladie de la pomme de terre est occasionnée par un champignon microscopique qui envahit d'abord les tiges, pénètre bientôt jusqu'aux tubercules et les rend impropres à la nourriture des hommes et des animaux. On prévient cette maladie en traitant les plantes par la *bouillie bordelaise**.

123. Topinambour. — Le topinambour (fig. 283 et 284) donne des tubercules dont la peau est brune, la chair blanche, à saveur rappelant celle de l'artichaut.

124. Culture du topinambour. — On cultive le topinambour comme la pomme de terre. Il réussit dans les sols, qui ne sont ni trop humides, ni trop compacts.

125. Usages. — Le topinambour constitue une bonne nourriture pour tous les animaux et, au printemps surtout, il convient particulièrement aux vaches laitières et aux moutons.

Les tubercules du topinambour servent encore à fabriquer de l'alcool.

Les feuilles vertes ou séchées et les tiges vertes de cette plante constituent un bon fourrage.

PROMENADES SCOLAIRES

I. Suivre les travaux que nécessite la culture des plantes industrielles. (Betteraves, pommes de terre.)

II. Visite aux ateliers des manufactures qui transforment ces matières premières. (Sucreries, Féculeries, Glucoseries).

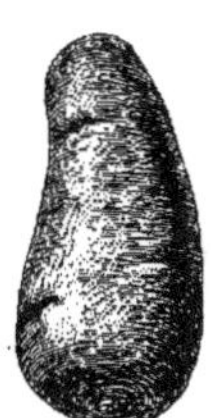

268. — **Pomme de terre Quarantaine de la halle.** — Jaune demi-longue, demi-hâtive, productive; potagère.

FIG. 269. — **Pomme de terre Marjolin** (germée). — Jaune, très régulière, hâtive; potagère.

FIG. 270. — **Pomme de terre avec ses fanes.** — Jaune, demi-longue, hâtive; potagère de pleine terre.

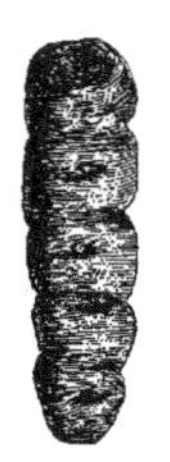

FIG. 271. — **Pomme de terre Vitelotte.** — Rouge, longue, yeux entaillés, demi-tardive, productive; potagère.

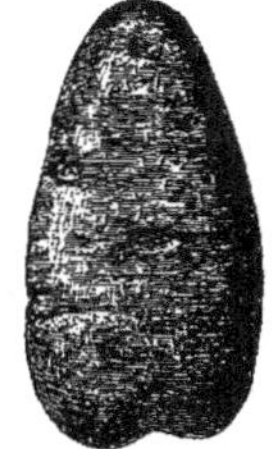

FIG. 272. — **Pomme de terre Saucisse.** — Rouge vif, grosse, longue, plate, clair jaune, farineuse, tardive; potagère.

FIG. 273. — **Pomme de terre Institut de Beauvais** — Jaune, presque ronde, demi-hâtive, très productive. Richesse moyenne en fécule; fourragère.

FIG. 274. — **Pomme de terre Géante sans pareille.** — Jaune, presque ronde, tardive, très productive; fourragère.

FIG. 275. — **Pomme de terre Chardon.** — Jaune, demi-longue, irrégulière, yeux enfoncés, pauvre en fécule; fourragère, résistante à la maladie; convient aux sols argileux et froids.

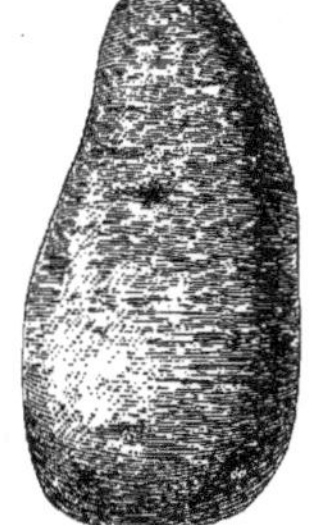

FIG. 276. — **Pomme de terre Reine des polders.** — Jaune, longue, tubercule lisse, de forme parfaite, demi-hâtive et de grands rendements; potagère et fourragère.

FIG. 277. — **Pomme de terre Magnum Bonum.** — Jaune, longue, tubercule lisse bien formé. Grands rendements.

FIG. 278. — **Pomme de terre Richter's Imperator.** — Jaune, presque ronde, tardive. Très grands rendements, très riche en fécule; fourragère et industrielle.

FIG. 279. — **Pomme de terre Merveille d'Amérique.** — Rouge, ronde demi-tardive, riche en fécule; rendements moyen, fourragère.

FIG. 280. — **Pomme de terre Géante bleue.** — Bleuâtre, demi-longue, tardive, très productive; fourragère et industrielle. Très grands rendements.

FIG. 281. — **Pomme de terre farineuse rouge.** — Rouge, ronde, moins tardive que Géante bleue, riche en fécule; fourragère et industrielle.

FIG. 282. — **Doryphora.** — A, insecte parfait; — B, sa larve. Ce coléoptère de la pomme de terre est originaire d'Amérique.

FIG. 283. — **Topinambour, avec sa tige et ses fleurs.** — Plante vigoureuse, peut atteindre 2ᵐ 50 de hauteur.

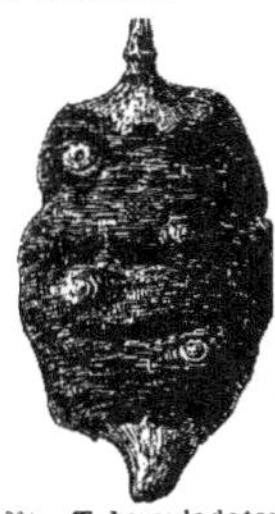

FIG. 284. — **Tubercule de topinambour.** — Utilisé pour la nourriture du bétail et la fabrication de l'alcool.

PLANTES INDUSTRIELLES

15. — Plantes textiles, tinctoriales, oléagineuses, etc.

126. Plantes textiles. — Les plantes textiles sont celles qui produisent des *fibres*, *filaments* ou *filasse*, destinés à être transformés en fils ou en tissus.

127. Le lin. — Le lin (fig. 285) donne une filasse précieuse et une graine oléagineuse*.

Les lins d'hiver sont d'un faible rapport; aussi ne les cultive-t-on que pour la graine. Semés en septembre, on les récolte en juin-juillet suivant.

On sème les lins d'été en mars-avril sur une terre très propre, *dru**, si l'on veut des lins *fins*; *clair**, si l'on veut obtenir des lins *gros*.

Culture. — Le lin, comme le chanvre, est une plante épuisante, riche en alcalis, chaux et phosphore. Il demande un terrain fumé abondamment, frais, assaini et bien préparé. Les terres fortes ou marneuses ne lui conviennent pas; il préfère les sols siliceux.

Lorsque le lin a 0ᵐ,05 de hauteur, on le sarcle et on répète cette opération au moins trois fois, à environ huit jours d'intervalle.

Récolte. — On arrache les tiges à la main, lorsque les feuilles commencent à jaunir, quand on a surtout la filasse pour objectif; mais si l'on a en vue la production de la graine, on attend que les capsules soient arrivées à complète maturité.

Rouissage. — Lorsque le lin est récolté, on le soumet à l'opération du rouissage qui a pour but de séparer la filasse de la tige à laquelle elle adhère fortement.

Le teillage. — Lorsque le lin est retiré du routoir* et bien sec, on le teille, c'est-à-dire, on sépare la filasse des tiges.

128. Le chanvre. — Le chanvre (fig. 286) donne une filasse avec laquelle on fabrique les toiles de ménage, les toiles à voiles, les cordages, etc. La graine ou chènevis, donne une huile employée à l'éclairage, à la fabrication du savon; elle est recherchée par les oiseaux de basse-cour et de volière. Les tourteaux* de chanvre sont estimés comme engrais et servent à l'engraissement des bestiaux.

On sème le chanvre en février-mars dans le Midi et en avril-mai dans le Nord. Les graines sont enterrées superficiellement, à la herse.

Soins d'entretien. — Un simple sarclage suffit le plus souvent, lorsque le chanvre a une hauteur de 0ᵐ,05 à 0ᵐ,10. En effet, les tiges se développent rapidement serrées et étouffent les plantes nuisibles.

Récolte. — A la fin de juillet, on récolte les tiges mâles lorsqu'elles sont jaunes; en septembre, on récolte les tiges femelles lorsque les graines sont complètement mûres. On procède ensuite, comme pour le lin, au rouissage et au teillage.

129. Maladies et insectes nuisibles. — Les maladies des plantes textiles sont : le *charbon*, la *rouille* ou *miellat**, le *rouge*. On combat ces maladies en évitant la fumure directe ou trop riche en azote et le retour trop fréquent de ces plantes sur le même terrain.

Les plantes parasites* sont les *orobanches rameuses* (fig. 287) et la *cuscute* (fig. 288) : on coupe les tiges de la première et on brûle la seconde.

Les insectes nuisibles sont : l'*altise*, la chenille du *sphynx tête de mort*, les *vers blancs* (fig. 289). On s'en préserve en protégeant les oiseaux insectivores, en saupoudrant le sol et les plantes de chaux vive et de cendres.

130. Plantes tinctoriales. — Les principales plantes tinctoriales sont : le *carthame* (fig. 290), la *garance* (fig. 291), le *pastel* (fig. 292), la *gaude*, la *persicaire* (fig. 293), le *safran* (fig. 294), le *tournesol* (fig. 295). Leur culture a perdu beaucoup de son importance depuis que la chimie produit à bon marché des colorants artificiels plus brillants et plus solides que les colorants végétaux*.

131. Plantes oléagineuses*. — Les plantes oléagineuses sont : le *colza* (fig. 296), la *navette* (fig. 297), la *cameline* (fig. 298), le *pavot* ou *œillette* (fig. 299).

Culture. — Les plantes oléagineuses sont épuisantes; elles demandent un climat humide et tempéré, une terre forte, bien fumée, bien ameublie*. On les récolte un peu avant leur maturité.

132. Autres plantes. — Le houblon (fig. 300) est cultivé pour ses fleurs femelles réunies en cônes écailleux : ces cônes entrent dans la fabrication de la bière. Le houblon demande une terre franche ou humifère, profonde, un engrais abondant et riche. On plante les boutures à l'automne; en mai, on leur donne des tuteurs* auxquels on fixe les jeunes tiges. On récolte les cônes à l'automne et on les fait sécher*.

Le tabac (fig. 301) demande des terres de consistance moyenne, riches, profondes et fumées avec un engrais riche en azote, en potasse et en phosphore. On le sème en pépinière au printemps, puis on repique les plantes en lignes; on bine, on supprime les feuilles inférieures et on écime*. La récolte se fait de juillet à septembre.

PROMENADES SCOLAIRES

I. Suivre les travaux que nécessite la culture des plantes industrielles.

II. Visite aux ateliers des manufactures qui transforment ces matières premières.

Fig. 285. — **Lin fleuri.** — De la graine de lin on tire une huile employée dans les arts, l'industrie, la médecine.

Fig. 286. — A, **Chanvre mâle.** — B, chanvre femelle. Le chènevis donne une huile qui sert pour l'éclairage, la peinture, la fabrication du savon.

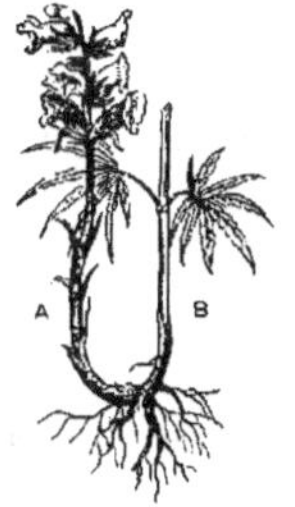

Fig. 287. — A, **Oro-banche** attachée sur la racine d'un pied de chanvre B. — Pour détruire cette plante, extirper les tiges et les brûler.

Fig. 288. — La **Cuscute.** — La cuscute se détruit comme l'oro-banche.

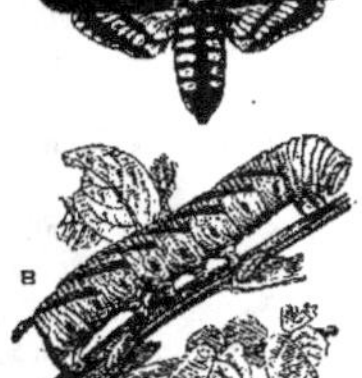

Fig. 289. — A, **Le Sphinx tête-de-mort**; — B, chenille du Sphinx.

Fig. 290. — A. **Car-thame tinctorial**; — B, fleuron du carthame. — Les fleurs du car-thame donnent deux colorants : l'une jaune, l'autre rouge.

Fig. 291. — Les **ra-cines de la garance** donnent une belle couleur rouge. Est peu cul-tivée aujourd'hui.

Fig. 292. — Les **feuilles du pastel** donnent une belle cou-leur bleue. — A. tige; B, fleurs; — C, fruits.

Fig. 293. — Les feuilles de la **persicaire** fournis-sent un très bel indigo; — A, feuilles; — B, fleurs.

Fig. 294. — **Le pistil de la fleur du sa-fran** donne une belle couleur jaune.

Fig. 295. — Les fruits et les som-mités de la **maurelle-tournesol** servent à donner une belle coloration bleue. — A, fleurs; — B, fruits.

Fig. 296. — Le **colza** donne de l'huile à brûler.

Fig. 297. — La **navette** donne de l'huile à brûler et à manger.

Fig. 298. — La **cameline** donne une huile à brûler supérieure à celle du colza.

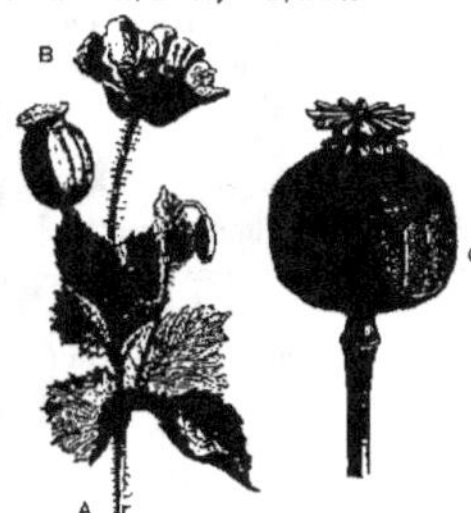

Fig. 299. — Les graines du **pavot-œillette** donne une bonne huile à manger. — A, tige; — B, fleur; — C, capsule montrant les graines.

Fig. 300. — Les cônes du **houblon** communiquent au moût d'orge une saveur amère et contribuent à sa conser-vation. — A, fleurs mâles; — B, cônes femelles; — C, port du houblon.

Fig. 301. — La culture du **tabac** n'est autorisée que dans un certain nombre de départements. — A, pied de tabac; — B, fleur.

ANIMAUX DOMESTIQUES

16. — Espèce chevaline.

133. Le cheval. — Le cheval est l'un des plus précieux auxiliaires de l'homme, celui qui a le plus contribué à l'aider dans l'œuvre de la civilisation.

Le mâle se nomme *étalon*, la femelle *jument*, et le petit, *poulain* ou *pouliche*.

134. Races chevalines. — Les races chevalines comprennent :

1° Des *chevaux de gros traits*, surtout destinés aux travaux des champs et au transport des fardeaux pesants, à allure lente et modérée ;

2° Des *chevaux de trait léger* destinés à traîner un lourd véhicule avec une forte charge à une allure vive. Ex. : omnibus, camions.

3° Des *chevaux carrossiers* qui vont toujours au trot et ne sont jamais attelés qu'à des véhicules légers contenant un petit nombre de personnes. Ex. : cabriolet, voiture légère.

4° Des *chevaux de selle* qui portent le cavalier à toutes les allures. Certains chevaux peuvent en même temps servir de chevaux de gros trait et de trait léger ; les carrossiers de même sont souvent employés comme chevaux de selle ; dans ce dernier cas, ils portent le nom de chevaux à deux fins. Les principales races de chevaux sont :

135. — Le **cheval boulonnais** (fig. 302) a la taille forte, le corps trapu, l'encolure forte, assez élégante, la crinière épaisse, la tête expressive.

Le **cheval flamand** a la taille élevée, la tête forte, les membres relativement fins, les crins abondants et grossiers. Il peut traîner de lourds fardeaux ; mais il est mou, lymphatique.

Le **cheval percheron** (fig. 303) est plus fin que le boulonnais ; il a l'encolure forte, les membres bien musclés, les paturons * courts. C'est le cheval de trait léger par excellence.

La **jument mulassière** a les membres massifs, les sabots plats, le corps peu élégant.

Le **cheval breton** (*race de Léon*) a la robe grise, la tête forte, les yeux grands, le corps court et trapu, les reins larges, les membres forts, la crinière double et épaisse. Sert quelquefois au gros trait ; mais son aptitude est plutôt celle du trait léger.

Le **cheval arabe** a la taille moyenne, la tête fine et intelligente, la gorge forte, la peau fine et les crins soyeux.

Le **cheval anglais** (fig. 305) appelé aussi *pur sang*, possède une grande taille et une très grande excitabilité ; fournit les meilleurs chevaux de course à cause de l'entraînement auquel il est soumis depuis fort longtemps et de sa conformation spéciale.

136. — Le **cheval anglo-normand** (fig. 304) présente deux types : l'un, au pelage bai, à forte corpulence, a taille élevée, aux formes arrondies ; l'autre, aux formes plus sveltes, de belle encolure ; c'est une race vive et active.

Le **cheval des Landes** a la robe noire ou baie, la taille petite, le poitrail étroit, la tête petite et carrée. Il est ardent au travail, robuste et rustique ; mais ses formes sont vicieuses.

Le **cheval de Tarbes** est de taille moyenne ; il a la tête petite et sèche, l'encolure souple.

Le **cheval de la Camargue**, qui a la robe gris blanc, est petit avec une tête grosse et carrée, des oreilles courtes et écartées ; il est agile, sobre et courageux.

137. Robe du cheval. — Quatre couleurs fondamentales, le blanc, le noir, le rouge et le jaune, concourent à composer la **robe du cheval**. Quand tous les poils sont blancs, la robe est dite *blanche ;* si tous les poils sont noirs, la robe est dite *noire*.

Le mélange des différentes couleurs fait donner à la robe les noms : 1° de *grise*, lorsque les poils blancs et les poils noirs y sont mélangés (gris clair, gris argenté, gris pommelé, gris moucheté) ; 2° d'*alezane*, lorsque les poils et les crins sont rouges ; 3° de *baie*, si les poils sont rouges et les crins noirs ; 4° de *café au lait*, si les poils et les crins sont jaunes ; 5° d'*Isabelle* si les poils sont jaunes et les crins noirs ; 6° d'*aubère*, si les poils blancs et rouges y sont mélangés ; 7° de *rouan*, si les poils qui forment cette robe sont un mélange de blanc, de noir et de rouge. Le rouan est dit *clair* lorsque, avec cette robe, les crins sont blancs et *foncé*, lorsqu'ils sont noirs ; 8° de *pie*, si sur un fond généralement blanc d'autres couleurs sont réparties par larges plaques.

138. Aplombs du cheval. — On appelle **aplombs** du cheval la direction que doivent prendre ses membres à l'état de repos pour supporter le poids du corps de la manière la plus favorable à l'équilibre, à la locomotion et à la progression. Les aplombs défectueux portent chacun un nom particulier (fig. 306 à 318).

139. Dentition. — La dentition permet de déterminer l'âge du cheval pendant la plus grande période de sa vie. Le système dentaire du cheval se compose de six *incisives* * et de douze *molaires* * à chaque mâchoire (fig. 319). Les incisives médianes * *a, b* s'appellent *pinces ;* les suivantes *c, d, mitoyennes* et les dernières *e, f, coins*. Le plus ou moins d'usure des dents incisives permet d'établir d'une façon certaine l'âge du cheval jusqu'à dix-huit ans ; passé cet âge, l'appréciation n'est plus qu'approximative. Entre les incisives et les molaires du cheval *o, o,* se trouve un espace vide, appelé *barre*, dans lequel se place le *mors* *.

Fig. 302. — **Cheval de gros trait** (race boulonnaise). — Le cheval de gros trait doit posséder une taille élevée et un fort poids pour développer plus de force dans la traction des lourdes charges. L'encolure doit être courte et forte, la croupe arrondie, les muscles très développés. Le cheval boulonnais est le type du cheval de gros trait par excellence : il en possède toutes les qualités au plus haut degré.

Fig. 303. — **Cheval de trait léger** (race percheronne). — Comme le cheval de gros trait, le cheval de trait léger doit avoir aussi une grande taille, un fort poids et des muscles très développés avec des formes un peu plus sveltes afin de pouvoir trotter tout en tirant de lourdes charges. Les chevaux d'omnibus des grandes villes, par exemple, sont des chevaux de trait léger.

Fig. 304. — **Cheval carrossier** (anglo-normand). — Doit être de forme élégante. C'est surtout un cheval de luxe. — Le cheval anglo-normand s'emploie souvent à deux fins, il se monte et s'attelle.

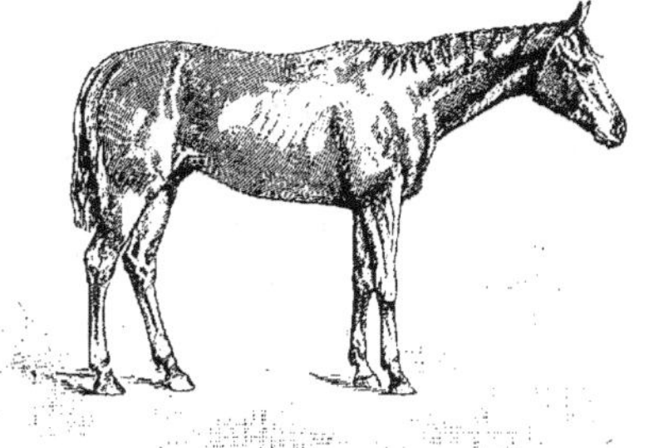

Fig. 305. — **Cheval de selle** (cheval anglais). — Le cheval de selle est un cheval de luxe; il est cependant employé à l'armée dans les régiments de cavalerie légère. Il doit réunir trois qualités principales : la souplesse, la solidité et la vitesse.

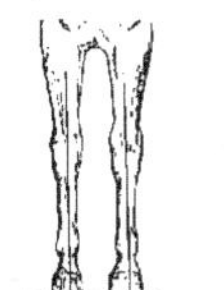

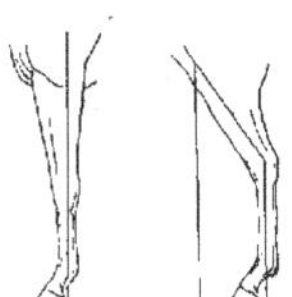

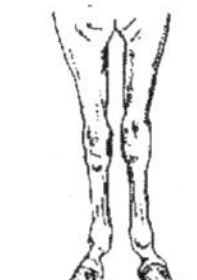

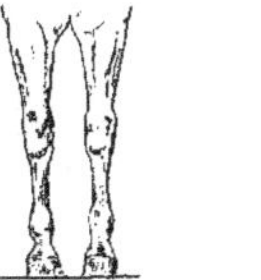

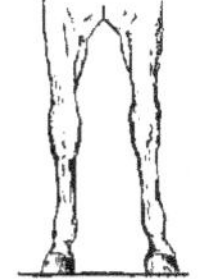

Fig. 306. — **Aplomb régulier**. — Membres antérieurs (face). Les deux membres sont parallèles entre eux.

Fig. 307. — **Aplomb régulier**. — Membre antérieur (profil).

Fig. 308. — **Aplomb régulier**. — Membre postérieur (profil).

Fig. 309. — **Panard du devant.** Les talons des sabots sont convergents et les pinces, ou partie médiane antérieure du sabot, sont divergentes.

Fig. 310. — **Cagneux du devant.** Les talons sont divergents et les pinces convergentes.

Fig. 311. — **Serré du devant.** — Les deux membres ne sont plus parallèles et les sabots sont trop rapprochés.

Fig. 312. — **Trop ouvert du devant.** — Les sabots sont trop écartés l'un de l'autre.

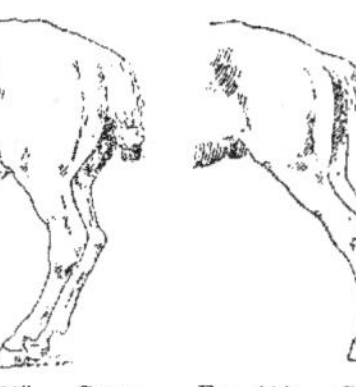

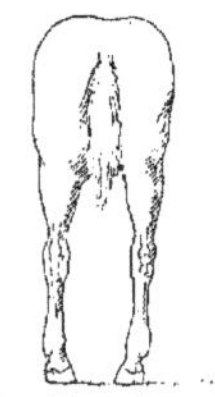

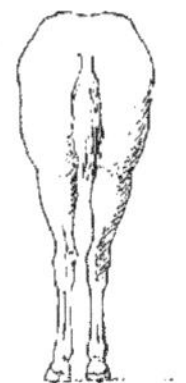

Fig. 313. — **Campé du devant.** — Les membres antérieurs sont placés en avant de la ligne de l'aplomb régulier.

Fig. 314. — **Sous-lui du devant.** — Les membres antérieurs sont placés en arrière de la ligne de l'aplomb régulier.

Fig. 315. — **Sous-lui du derrière.** — Les membres sont dans une direction trop oblique en avant.

Fig. 316. — **Campé du derrière.** — Les membres sont dans une direction trop oblique en arrière.

Fig. 317. — **Ouvert du derrière.** — Les pinces des sabots postérieurs sont convergentes; les talons et les jarrets très écartés.

Fig. 318. — **Clos du derrière.** — Les pinces des sabots sont divergentes; les talons convergents; les jarrets sont très rapprochés.

140. Amélioration de la race chevaline. — Le seul moyen d'**améliorer** nos races de chevaux consiste dans la sélection des reproducteurs. On choisit donc les types les plus purs de la race qu'on se propose d'améliorer. Tous les animaux atteints de vices héréditaires seront impitoyablement proscrits comme reproducteurs.

En outre il ne faut pas oublier que le cheval, comme tous les autres animaux, a besoin, surtout dans le jeune âge, d'une nourriture saine et abondante qui permette à son squelette et à ses muscles de se développer normalement et lui fasse acquérir ainsi le maximum de force que l'homme pourra exploiter plus tard à son profit.

Quant à quelques races de selle et d'attelage susceptibles d'être modifiées par des croisements avec des étalons anglais, on doit toujours choisir avec soin les juments reproductrices comme pour les chevaux de trait.

D'ailleurs, depuis que l'État a pris en quelque sorte la direction de la reproduction de la race chevaline, par l'établissement des haras* et des dépôts régionaux d'étalons, il ne reste plus à l'éleveur qu'à choisir judicieusement les juments reproductrices et les étalons que le gouvernement lui offre.

141. Tares. — On appelle **tares**, en termes de *maquignonnage**, les défauts apparents qui déprécient la valeur d'un cheval (fig. 320).

Maladies. — Les principales maladies du cheval sont : la *gourme* ou maladie des voies respiratoires, la *colique rouge*, la *morve* et la *paralysie*. Dans tous les cas, on met l'animal à la diète et l'on se hâte d'appeler le vétérinaire.

Vices redhibitoires. — Les **vices redhibitoires** sont des maladies des animaux qui permettent de faire annuler de la vente, si le vendeur les cache ou les laisse ignorer de l'acheteur.

Pour le cheval, l'âne et le mulet, sont considérés comme vices rédhibitoires : la morve, le farcin, l'immobilité, l'emphysème pulmonaire, le cornage chronique, le tic proprement dit, avec ou sans usure des dents, les boiteries anciennes intermittentes, la fluxion périodique des yeux.

Le délai pour intenter l'action redhibitoire est, non compris le jour fixé pour la livraison, de 30 jours pour le cas de fluxion périodique des yeux ; de 9 jours pour tous les autres cas (loi du 2 août 1884).

142. Alimentation du cheval. — L'estomac du cheval est peu développé (sa capacité varie de 6 à 15 litres); mais les intestins ont une capacité considérable. Cette disposition de l'appareil digestif explique qu'il faut au cheval une nourriture riche et substantielle.

Rations. — La ration est la quantité de nourriture qu'on donne au cheval par jour.

La *ration d'entretien* est la quantité de nourriture donnée au cheval lorsqu'il ne travaille pas ; la *ration de travail* est la quantité de nourriture ajoutée à la ration d'entretien lorsque le cheval travaille. L'une et l'autre de ces rations doivent être de facile digestion.

Ration du cheval de travail.		Ration d'un cheval de grosse cavalerie.	
Foin.	7ᵏˢ	Foin.	5ᵏˢ
Avoine.	6, »	Paille.	3, 8
Son de froment.	1, 5	Avoine.	4 »
Paille.	2, 5		

Rations composées :

1ᵉ		2ᵉ		3ᵉ	
Foin.	5ᵏˢ	Foin.	5ᵏˢ	Foin de pré.	5ᵏˢ
Orge.	7, 5	Paille.	2, 5	Avoine.	4 »
Féverolle.	3 »	Avoine.	3 »	Féverolle.	1 5
Paille.	5 »	Maïs.	3 »	Paille.	5 »

143. Soins hygiéniques. — Sous le rapport de l'hygiène, le cheval est exigeant : il demande une écurie suffisamment vaste (environ 7 mètres carrés de surface et 28 mètres cubes de volume), propre, bien aérée ; il craint les courants d'air froid ; il doit être souvent étrillé, bouchonné quand il a trop chaud ; il faut aussi le baigner de temps à autre.

144. Harnachement. — La figure 321 *bis* donne la nomenclature exacte des principales parties du **harnachement** du cheval.

145. Formes extérieures du cheval. — Les formes extérieures du cheval sont indiquées à la fig. 321.

146. L'âne. — L'âne (fig. 322) est un animal très sobre et très rustique : c'est le *cheval du pauvre*. Il est particulièrement utile dans les pays de montagnes. Les races les plus renommées sont celles de la Gascogne et du Poitou.

Il faut protester avec énergie contre la manière dont cet utile serviteur est traité, surtout par les enfants, qui se font trop souvent un malin plaisir de le tourmenter. D'ailleurs, il ne faut jamais oublier que tous les animaux domestiques traités avec douceur sont plus dociles et plus robustes : les mauvais traitements les rendent vicieux. L'âne est soumis aux mêmes vices redhibitoires que le cheval.

147. Le mulet. — Le mulet (fig. 323) est le produit de l'âne et de la jument. Le produit du cheval et de l'ânesse porte le nom de *bardot*.

Le mulet est surtout renommé par sa sobriété, sa force et sa rusticité. La sûreté de son pas le fait rechercher pour les excursions et les transports dans les montagnes, où il est employé comme animal de selle, de trait et de bât.

C'est dans le Poitou surtout et dans le Dauphiné qu'on se livre à la production du mulet.

De même que l'âne, le mulet réclame des soins analogues à ceux qui sont donnés au cheval ; est sujet aux mêmes maladies et soumis aux mêmes vices redhibitoires.

PROMENADES SCOLAIRES

I. Assister au pansage complet d'un cheval.

II. Se rendre compte de l'âge du cheval par l'examen de ses dents.

III. Étudier le régime auquel on soumet les jeunes poulains.

IV. Déterminer, *de visu*, la race, puis la couleur de la robe des chevaux.

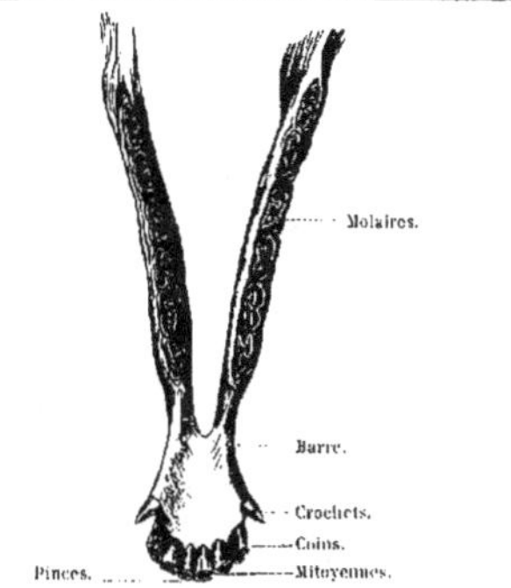

Fig. 319. — **Mâchoire inférieure d'un cheval.**

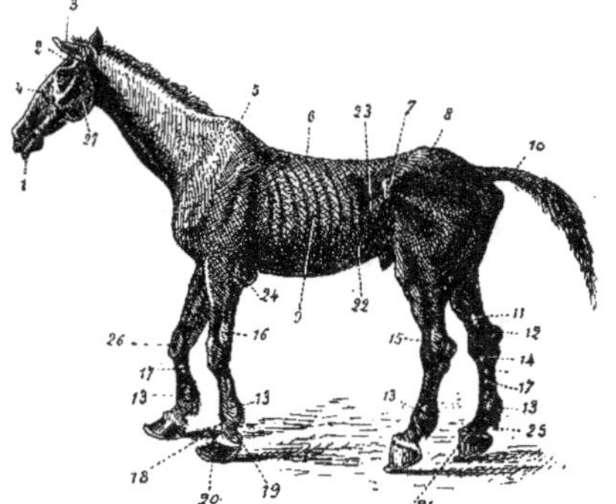

Fig. 320. — **Cheval taré.** — 1, lèvres pendantes ; — 2, salières creuses ; — 3, oreilles de cochon ; — 4, glandes de morve ; — 5, mal de garrot ; — 6, dos ensellé ; — 7, hanches cornues ; — 8, croupe de mulet ; — 9, côtes plates ; — 10, queue de rat ; — 11, courbe ; — 12, capelet ; — 13, mollettes ; — 14, éparvin ; — 15, vessigons du jarret ; — 16, vessigons de la gaine carpienne ; — 17, suros ; — 18, boulet ; — 19, forme ; — 20, pied fourbu ; — 21, pied pinçard ; — 22, ventre levretté ; — 23, flanc cordé ; — 24, éponge ; — 25, grappe, eaux.

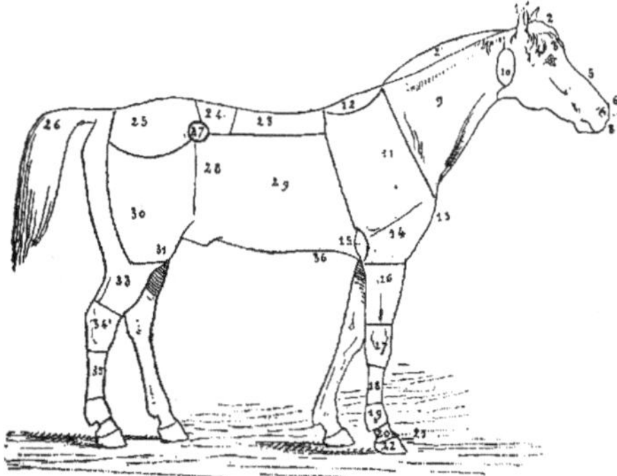

Fig. 321. — **Formes extérieures du cheval.** — 1, oreille ; — 2, toupet ; — 2', crinière ; — 3, front ; — 4, salière ; — 5, chanfrein ; — 6, bout du nez ; — 7, naseau ; — 8, lèvre supérieure ; — 9, encolure ; — 10, gouttière de la jugulaire ; — 11, épaule ; — 12, garrot ; 13, poitrail ; — 14, bras ; — 15, coude ; — 16, avant-bras ; — 17, genou ; — 18, canon ; — 19, boulet ; — 20, paturon ; — 21, couronne ; — 22, pied ; — 23, dos ; — 24, reins ; — 25, croupe ; — 26, queue ; — 27, hanche ; — 28, flanc ; — 29, côtes ; — 30, cuisse ; — 31, grasset ; — 32, ventre ; — 33, jambe ; — 34, jarret ; — 35, canon ; — 36, passage des sangles.

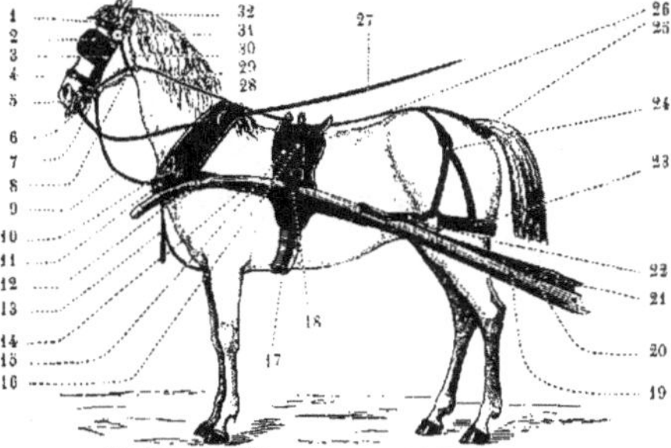

Fig. 321 *bis*. — **Harnachement.** — 1, frontal ; — 2, œillère ; — 3, bride ; — 4, muserolle ; — 5, mors ; — 6, gourmette ; — 7, sous-barbe ; — 8, sous-gorge ; — 9, martingale ; — 10, attelle ; — 11, collier ; — 12, brancard ; — 13, fausse martingale ; — 14, traits ; — 15, sellette ; — 16, dossière ; — 17, sous-ventrière ; — 18, porte-brancard ; — 19, brancard ; — 20, trait ; — 21, boucle de trait ; — 22, courroie de reculement ; — 23, avaloire ; — 24, branche à fourche de la croupière ; — 25, culeron ; — 26, croupière ; — 27, guide ; — 28, anneau d'attelle ; — 29, fausses rênes ; — 30, panurge ; — 31, cocarde ; — 32, têtière.

Fig. 322. — **Ane.** — L'âne est plus petit que le cheval ; ses oreilles sont beaucoup plus longues, la queue n'a de poils qu'à l'extrémité, la crinière est courte et dressée ; il n'a des châtaignes * qu'aux membres antérieurs ; son entêtement est proverbial.

Fig. 323. — **Mulet.** — Tient le milieu, pour les formes et les qualités, entre l'âne et le cheval ; à la vigueur du cheval il joint le tempérament sobre et rustique ainsi que l'endurance de l'âne ; rend de très grands services à cause de ces qualités. La femelle du mulet est la mule qui atteint, dans certains pays, des prix fort élevés.

ANIMAUX DOMESTIQUES

17. — Espèce bovine.

148. Généralités. — Les animaux de l'espèce bovine appartiennent à la classe des *ruminants**.

L'estomac des ruminants (fig. 324) se compose de quatre parties : 1° la panse ou **rumen** B ; 2° le **bonnet** ou **réseau** D ; 3° le **feuillet** E ; 4° la **caillette** F.

Les ruminants sont herbivores. Leur mâchoire (fig. 325) est garnie de trente-deux dents, dont huit incisives* à la mâchoire inférieure. La mâchoire supérieure ne possède pas d'incisives. A leur place se trouve un bourrelet de chair très épais sur lequel viennent frotter les incisives inférieures.

Leur langue est rugueuse. A chaque pied, ils ont deux doigts protégés par des sabots.

L'espèce bovine nous fournit du *lait*, de la *viande*, du *travail* et des *produits accessoires :* peau, suif, cornes, engrais, etc.

149. Races bovines. — Les principales **races bovines** sont :

La **race hollandaise** (fig. 328) qui est remarquable par ses grandes aptitudes laitières.

150. — La **race normande** (fig. 327) produit une viande d'excellente qualité. La vache est une remarquable laitière et les bœufs sont de très bons animaux de travail.

151. — La **race bretonne** (fig. 329) est de petite taille; mais l'exiguïté de sa taille tient, en partie du moins, au peu de fertilité de son pays d'origine (Bretagne). Élevée dans des pays plus fertiles, cette race prend des formes plus puissantes, sans que la production du lait soit amoindrie.

La vache bretonne est très sobre.

La **race flamande** (fig. 326) donne d'excellentes laitières, d'une précocité remarquable et d'un engraissement facile.

On peut améliorer ses formes, qui sont peu gracieuses; mais il faut pour cela employer la sélection sous peine de voir l'aptitude laitière de cette race diminuer.

On paraît, aujourd'hui, satisfait des animaux obtenus par le croisement durham-flamand, mais les résultats sont encore trop récents pour qu'on puisse en garantir la durée.

152. — La **race limousine** (fig. 330) a la taille élevée et le corps arrondi.

Les bœufs de cette race s'engraissent facilement et fournissent une viande d'excellente qualité; ils travaillent fort peu dans leur pays; presque tous les travaux de la culture sont faits par les vaches qui ne sont que médiocres laitières.

La **race charolaise** a une grande aptitude à l'engraissement. La vache est médiocre laitière, mais les bœufs

qui sont uniformément blancs sont à juste titre estimés dans la région du Nord pour le travail qu'ils peuvent fournir.

On améliore la race par la sélection.

La **race comtoise** a une aptitude développée au travail et à l'engraissement.

On l'améliore par la sélection.

La **race poitevine** ou **choletaise** a une grande aptitude à l'engraissement et au travail. La vache est moyenne laitière.

Les améliorations doivent viser la production du lait et la perfection des formes

153. — La **race Durham** (fig. 331) est d'une précocité remarquable et possède de grandes aptitudes à l'engraissement.

La vache est moyenne laitière.

Les bons types doivent être conservés par la sélection.

La **race mancelle** a une grande aptitude à l'engraissement, mais elle est peu travailleuse.

Il n'y a plus actuellement aucune différence entre cette race et la race Durham.

La **race garonnaise** a le corps long et bien conformé. Le bœuf est apte à l'engraissement ; la vache est mauvaise laitière.

La **vache marollaise** est douée d'une grande aptitude à la production du lait.

On améliore cette race par sélection.

La **vache ardennaise**, très sobre, très rustique, de petite taille, donne un lait peu abondant, mais très butyreux*.

Les animaux de cette race sont peu propres à l'engraissement. Cette race n'a en réalité aucune aptitude spéciale réellement bien développée.

On améliore la race par le choix des reproducteurs.

La **vache meusienne** s'améliore par le croisement avec des taureaux suisses.

La **vache pyrénéenne** est sobre, trapue et bonne laitière.

On peut améliorer la race par le perfectionnement des formes ; mais il reste peu de progrès à réaliser au point de vue de la production du lait.

Les **bœufs béarnais** sont très sobres et durs à la fatigue. La vache est mauvaise laitière.

On améliore la race par la sélection, par le croisement et un bon régime alimentaire.

La **race gasconne** a des formes défectueuses, mais une grande aptitude au travail. La vache est mauvaise laitière.

— La nour-
œsophage A
contractions
à rumination
seau D, d'où,
dans la bouche
le bol alimen-
Feuillet E, puis
véritable estomac et
d

l'aide d'eau
ou, en cas
la sonde
par les
par de
n-

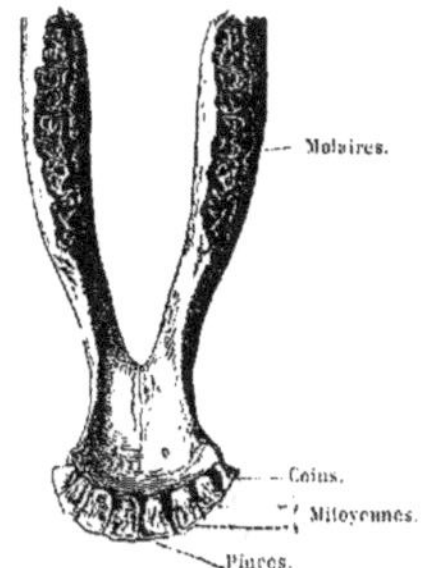

FIG. 325. — **Mâchoire inférieure d'un ruminant.** — Le ruminant possède à la mâchoire inférieure 8 incisives tranchantes et 6 dents molaires de chaque côté. La mâchoire supérieure ne possède pas de dents incisives et celles-ci sont remplacées par un bourrelet cartilagineux très épais.

FIG. 326. — **Race flamande.** — Cette race a un pelage rouge brun, une tête fine, un squelette fin, des cuisses minces : c'est une excellente laitière. Elle a formé diverses variétés qui ont pris différents noms, selon les milieux où elles vivent : telles sont les *Artésiennes* (Artois), les Boulonnaises (Boulonnais).

FIG. 327. — **Race normande.** — Répandue non seulement dans toute la Normandie mais encore beaucoup en Beauce, en Brie et dans les environs de Paris. Le pelage est de couleur variée, le plus souvent sur un fond blanc se trouve parsemée de larges taches rouges parfois mélangées de poils noirs disposés en lignes; on dit alors que le pelage est *bringé*; les muscles sont très développés dans cette race.

FIG. 338. — **Race hollandaise.** — Est très souvent de pelage pie noir, quelquefois pie rouge; la tête est fine et allongée; les cuisses grêles, le squelette fin; les cornes sont courtes et dirigées en avant; les mamelles sont toujours bien développées; originaire de la Hollande, elle est maintenant très répandue en France.

FIG. 329. — **Race bretonne.** — Cette race se trouve dans toute la Bretagne; elle est très sobre, son pelage est pie noir ou pie rouge et sa taille est très petite; elle donne proportionnellement à sa taille une quantité assez grande d'un lait très estimé à cause de sa richesse en beurre.

FIG. 330. — **Race limousine.** — Race parfaitement conformée au point de vue de la production de la viande; son pelage est jaunâtre, ses membres courts et le squelette fin; son pays de production est le Limousin.

FIG. 331. — **Race Durham.** — Pelage rouge mêlé de taches blanches; tête fine et squelette très fin, cornes courtes et dirigées en avant; membres courts; la culotte est toujours peu développée; très estimée pour la boucherie : s'engraisse très facilement; originaire du comté de Durham (Angleterre).

FIG. 332. — **Race auvergnate.** — Originaire d'Auvergne, elle est souvent exploitée dans diverses régions de la France pour le travail. Robe rouge sombre à poils longs et frisés; muscles bien développés; très estimée.

154. — **La race de Salers** (fig. 332) est peu difficile sur la nourriture, qui cependant doit être abondante.

Elle s'engraisse bien, mais elle est sensible à la chaleur. La vache est assez bonne laitière.

L'amélioration doit porter sur le perfectionnement des formes et sur l'aptitude à la production du lait.

155. Écusson. — L'écusson (fig. 333-333 *bis*) est la partie comprise entre la face postérieure* de la base du pis de la vache et la queue.

L'écusson est recouvert de poils fins et soyeux qui se dirigent de bas en haut.

L'écusson permet de reconnaître assez sûrement les futures qualités laitières des génisses chez lesquelles il est bien développé en largeur : chez les vaches on reconnaît ces qualités laitières au développement des mamelles.

156. Alimentation. — Les bovidés sont destinés à brouter l'herbe des prairies et à en faire une consommation considérable.

S'ils sont réduits à la *stabulation**, on doit, pour remplacer les herbes fraîches, leur procurer une nourriture aqueuse*, composée de racines, de tubercules, de pulpes*, de feuilles de chou, de betteraves.

Les vaches laitières doivent être rassasiées à chaque repas. On leur fait absorber beaucoup d'eau tiède, pour favoriser la sécrétion du lait quand la nourriture n'est pas assez aqueuse.

157. Rations journalières. — Voici quelques exemples de rations journalières (24 heures).

On peut modifier les éléments de ces rations, eu égard aux principes qu'ils renferment.

1° Ration ordinaire.

		ou :	
Pulpes de betterave	20 kg	Betteraves	30 kg
Betteraves	20	Foin	8
Drêche de brasserie	10	Son	1
Balles de blé	1	Tourteaux de lin	1
Regain	5		

2° Ration d'été.

		ou :	
Luzerne verte	30 kg	Trèfle vert	30 kg
Paille d'avoine	5	Paille d'avoine	5
Remoulage	3	Tourteaux de coton décortiqué	1
		Remoulage	3

3° Ration d'hiver à base de foin.

Foin de luzerne	5 kg	Foin de luzerne	5 kg
Paille d'avoine	5	Paille d'avoine	5
Pommes de terre cuites	12	Betterave	20
Tourteaux de sésame	2	Tourteaux de colza	1,5
		Orge concassée	2

L'alimentation des vaches varie avec leur état par rapport à la réproduction, et avec les saisons.

On ne peut établir de règles fixes à cet égard, chaque contrée ayant ses aliments indigènes*, qu'on emploie selon les besoins et l'âge des animaux.

158. Breuvages. — On augmente la production du lait, en donnant aux vaches des boissons tièdes ou soupes composées de so... blé, de grains concassés,

Quand on n'a qu'une... donne des soupes aux orti... hachées, à du son, etc.

159. Soins hygiéniques. ... aérée et sans courants d'air, et a... chaque bête puisse disposer d'... carrés et d'un volume d'air de 24...

La température de l'étable do... 18 degrés au-dessus de zéro. La t... doit être de 15°.

La litière sera abondante et sou... les pansages fréquents.

160. Maladies. — Citons : 1° l'ind... traite par les purgatifs, les breuvages... boissons alcooliques et laiteuses ;

2° la *météorisation*, que l'on combat... fraîche alcoolisée, d'ammoniaque, d'éther,... désespéré, par l'opération du *trocart* (fig. 33...

3° la *suffocation*, qui demande l'emploi de... œsophagienne* ;

4° les *crevasses* des mamelons, que l'on traite... émollients* ;

5° la *cocotte* ou *fièvre aphteuse*, que l'on comba... l'eau acidulée avec laquelle on lave la bouch... l'animal. On emploie aussi les astringents* et on dé... fecte l'étable avec soin.

Lorsqu'une épizootie se déclare dans une ferme, il fau... immédiatement en faire la déclaration à la mairie et se hâter... d'appeler le vétérinaire ; sans cette précaution, le propriétaire... des bestiaux malades perdrait ses droits à l'indemnité allouée... dans certains cas, pour la perte des hêtes qui succombent.

161. Amélioration des races. — L'amélioration des races a pour but d'augmenter l'aptitude à la production du *lait*, du *travail* ou de la *viande*.

Cette amélioration s'obtient surtout par la sélection* et par le croisement*.

162. Qualités du bœuf de boucherie. — Le bœuf de boucherie doit avoir la tête fine et courte, le cou bien musclé et court, le poil fin et luisant, le fanon* peu développé, les membres courts.

163. Qualités du bœuf de travail. — Le bœuf de travail doit avoir les membres suffisamment puissants, les articulations solides, le cou épais, bien musclé, le système musculaire bien développé, l'allure vive.

L'amélioration de ce bœuf doit porter sur l'aptitude au travail et sur les facultés de développement et d'engraissement.

164. Qualités de la vache laitière. — Dans le choix d'une vache laitière, la forme joue un rôle moins important que dans le choix d'un bœuf, parce que l'aptitude à la production du lait est souvent indépendante de la conformation de l'animal. — Cependant il faut autant que possible choisir un animal bien conformé

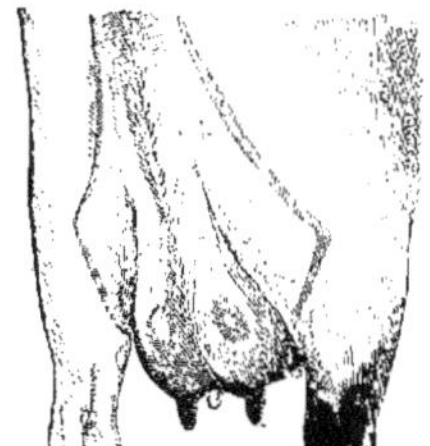

Fɪɢ. 333. — **Écusson bien développé.** — Lorsque l'écusson est bien développé et s'étend beaucoup sur les cuisses, de chaque côté, la génisse sera bonne laitière.

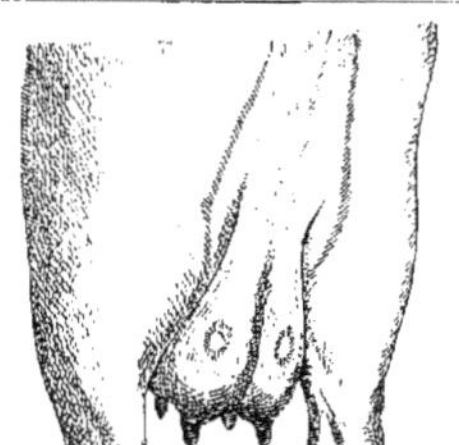

Fɪɢ. 333 *bis*. — **L'Écusson mal développé** indique que la génisse sera mauvaise laitière.

Fɪɢ. 341. — Le **Trocart** ne doit être employé que lorsque la météorisation est telle que l'on craint l'asphyxie.

Fɪɢ. 335. — Vache fribourgeoise.

Fɪɢ. 337. — **Belle conformation du bovidé.** — Tous les bovidés devant terminer leur vie à la boucherie, aussi bien les vaches que les bœufs et les taureaux, le cultivateur devra s'attacher à ne choisir que des animaux dont le déchet à la boucherie sera le moins grand possible, sans négliger, bien entendu, les autres qualités pour l'exploitation à laquelle il destine l'animal. C'est ainsi que s'il achète une vache laitière, il devra d'abord exiger qu'elle présente les caractères d'une bonne laitière et qu'elle possède en plus les caractères de l'animal ci-dessus, c'est-à-dire squelette fin, cou et membres courts, hanches larges, poitrine bien développée, etc.

Fɪɢ. 336. — Vache charolaise.

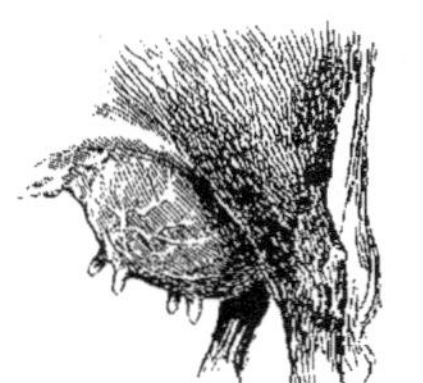

Fɪɢ. 339. — **La mamelle bien faite** doit être d'abord très développée, posséder 4 trayons bien écartés les uns des autres; la moitié antérieure s'étendant le plus possible en avant sous le ventre et la moitié postérieure faisant saillie en arrière des jarrets avec la peau fine et les veines mammaires très volumineuses. Une telle mamelle donnera beaucoup de lait.

Fɪɢ. 339 *bis*. — **Dans la mamelle mal faite,** la partie antérieure s'étend peu en avant et la postérieure s'étend peu en arrière; les trayons sont petits et rapprochés. La peau de cette mamelle est épaisse et recouverte de poils longs et durs. Faible production de lait.

Fɪɢ. 338. — **Conformation d'une bonne vache laitière.** — On se rend compte du rendement plus ou moins grand en lait d'une vache laitière par le développement des mamelles. Si les mamelles sont normalement très développées, la bête sera très bonne laitière.

Fɪɢ. 339 *ter*. — **Coupe verticale de la** mamelle de la vache.

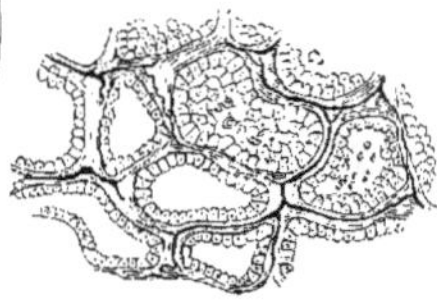

Fɪɢ. 339 *quater*. — **Coupe d'un groupe** de culs de sac glandulaires.

et possédant surtout les caractères de la bonne vache laitière (mamelles très développées, écusson large, peau fine, douceur de caractère).

165. Engraissement des veaux. — La méthode naturelle d'engraissement des veaux consiste à leur donner le lait de leur mère et, au fur et à mesure que l'animal prend de la force, d'ajouter au lait du pain, du riz en grain ou en farine.

Dans la méthode d'engraissement par la *claustration**, on place le veau dans une *boxe**, disposée en un lieu sombre où il peut à peine se mouvoir.

Il fait trois repas de lait par jour et, s'il montre beaucoup d'appétit, on lui donne en outre des farines, de la graine de lin bouillie, du lait additionné de fécule de pommes de terre, etc.

166. Diarrhée des veaux. — Contre la diarrhée des veaux, on recommande 1 litre d'eau de riz, 2 jaunes d'œufs et 1 cuillerée à café de laudanum, ou bien on emploie le goudron végétal (150 gr. de goudron par litre d'eau bouillante). Quand le mélange est tiède, on le donne en lavement (un quart de litre toutes les demi-heures, jusqu'à arrêt de la diarrhée).

Pendant les deux ou trois jours suivants, on donne au veau du lait coupé d'un quart de goudron.

167. Engraissement des vaches. — On pratique absolument les mêmes opérations dans l'engraissement des vaches que dans celui des bœufs.

168. Engraissement des bœufs. — Il existe trois méthodes pour l'engraissement des bœufs : 1° l'engraissement d'*embouche*, au pâturage, ou engraissement extensif; 2° l'engraissement à l'étable, ou engraissement intensif; 3° l'engraissement *mixte*, mi-partie au pâturage, mi-partie à l'étable.

169. Engraissement d'embouche. — Les bêtes maigres sont mises dans des prairies closes, où l'on se contente de les surveiller de temps en temps, de visiter les abreuvoirs et les clôtures.

Quand l'herbe de la première prairie est épuisée, on fait passer les animaux dans une autre.

Si, par suite de sécheresse, l'herbe vient à manquer, on donne aux animaux des tourteaux ou d'autres aliments.

170. Engraissement à l'étable. — Les modes d'engraissement à l'étable varient avec les milieux et surtout avec les aliments dont on peut disposer.

Il est bon que les animaux ainsi engraissés à l'étable soient isolés, loin du bruit de la ferme.

L'étable doit être sobrement éclairée, plutôt chaude et humide que sèche.

Si, comme pour les veaux, les bœufs sont placés dans des box, ils y sont traités à l'instar des premiers. Mais les bœufs, ainsi que tous les autres animaux, aiment la société; aussi faut-il autant que possible les mettre au moins deux ensemble; de la sorte ils mangent mieux et s'engraissent plus vite; la même règle s'applique aussi dans l'engraissement d'embouche.

On divise l'engraissement à l'étable en 4 périodes : 1° mise de l'animal maigre en *bon état de chair*; 2° mise de l'animal en chair à l'*état demi-gras*; 3° mise de l'animal demi-gras à l'*état gras*; 4° mise de l'état gras à l'*état fin gras*.

On donne de la nourriture à *discrétion* au bœuf à l'engrais et même on *sollicite son appétit* par la variété des aliments.

Pendant la première période, on emploie des aliments sains et nourrissants.

Dans la troisième et la quatrième période, on peut user de condiments*, de sel. La quatrième période n'est à conseiller que pour les animaux de concours.

On donne, avec succès, des breuvages chauds, additionnés de farines, de racines, de tourteaux, etc.

171. Engraissement mixte. — La première période d'engraissement a lieu à l'étable; les deux autres au pâturage; ou bien on commence d'abord au pâturage pour finir à l'étable. Ce dernier mode est plus naturel que le premier, puisque le pâturage est surtout favorable à la production de la chair.

Les rations d'étable sont alors composées en vue d'assurer la production de la graisse seulement.

172. Maniement des bovidés. — Le maniement des bovidés (fig. 340) a pour but d'apprécier le degré d'engraissement par le *toucher* de certaines parties du corps : abords, côtés, dessous, etc.

173. Coupe d'un bœuf de boucherie. — Voir la fig. 341.

174. Coupe d'un veau de boucherie. — Voir la fig. 342.

175. Vices rédhibitoires. — La vente des animaux de l'espèce bovine n'est plus soumise à aucun vice rédhibitoire depuis la loi du 2 août 1884, *sauf conventions contraires* bien spécifiées ou résultant de l'intention certaine des parties. Quand un animal est atteint d'une des maladies contagieuses prévues par la loi de police sanitaire, la vente est interdite.

PROMENADES SCOLAIRES

I. Assister au pansage des bovidés et constater l'influence de la propreté sur leur santé et sur les produits qu'ils donnent.

II. Montrer à quels caractères (dents et cornes) on reconnaît l'âge des bovidés.

III. Étudier les caractères auxquels on reconnaît les propriétés lactifères des vaches : écusson, forme du pis.

IV. Alimentation des veaux; soins à leur donner avant et après le sevrage.

V. Examiner dans tous leurs détails, la laiterie et la fromagerie.

VI. Après l'abatage d'un bœuf ou d'un veau, étudier *de visu* : 1° le système digestif, l'emplacement des parties essentielles : cœur, poumons, foie, reins, etc.; 2° la position des diverses parties de boucherie.

VII. Visiter quelques fermes où l'on pratique l'engraissement à l'étable et se rendre compte des dispositions les plus favorables à l'engraissement.

VIII. Visiter les pâturages de la localité où l'on a mis des bestiaux à l'engraissement. Constater que plus les prairies sont fertiles, moins il faut de superficie pour l'engraissement d'un animal.

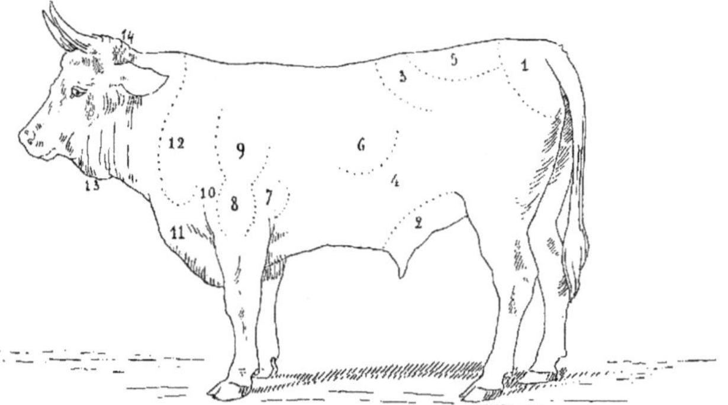

Fig. 340. — **Maniements du bœuf.** — Les principaux maniements du bœuf sont : 1, abords ; — 2, hampe ou grasset ; — 3, hanche ; — 4, flanc ; — 5, travers ; — 6, côte ; — 7, cœur ; — 8, contre-cœur ; — 9, paleron ; — 10, avant-cœur ; — 11, poitrine ; — 12, collier ; — 13, dessous de longe ; — 14, oreillette.

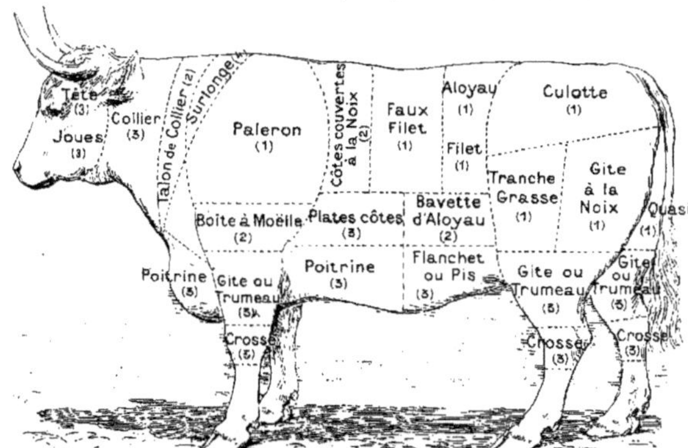

Fig. 341. — **Coupe d'un bœuf de boucherie.** — Les parties accompagnées du numéro (1) appartiennent à la première catégorie, celle qui est la plus estimée en boucherie ; puis viennent les parties de la 2ᵉ catégorie qui sont un peu moins estimées et se vendent moins cher ; enfin celles de la 3ᵉ catégorie qui ne constituent presque que des déchets.

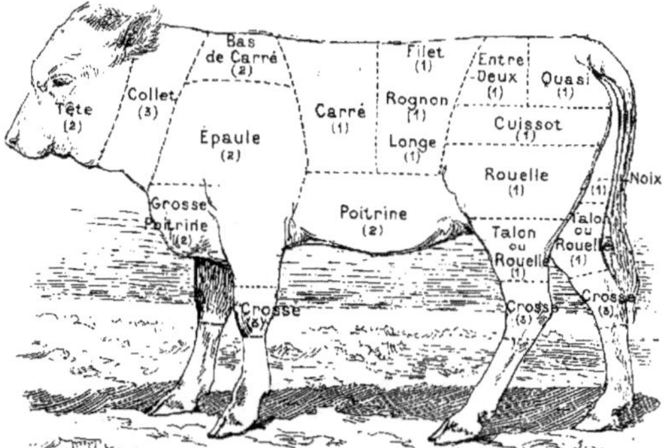

Fig. 342. — **Coupe d'un veau de boucherie.** — Dans ce dessin, les parties sont numérotées aussi selon la catégorie à laquelle elles appartiennent. La tête qui, chez le bœuf, est placée dans la 3ᵉ catégorie et n'est pour ainsi dire pas utilisée, se trouve chez le veau dans la 2ᵉ catégorie car elle est assez recherchée.

ANIMAUX DOMESTIQUES

18. — Produits de la vache laitière.

176. Le lait. — Le lait est une substance liquide sécrétée par les glandes mammaires des animaux mammifères et destinée à alimenter leurs petits. L'homme tire parti de ce liquide pour son alimentation, soit en privant la vache de son veau, soit en nourrissant celui-ci d'abord avec du lait puis avec des aliments végétaux.

L'alimentation a une grande importance sur la qualité et sur la quantité du lait.

Les fourrages verts produisent un lait plus abondant et meilleur que les racines; l'herbe qui croît sur un bon terrain donne un lait supérieur à celle qu'on récolte sur un terrain maigre ; les prairies naturelles donnent un meilleur lait que les prairies artificielles.

La chicorée fourragère communique au lait une certaine amertume et lui donne des propriétés laxatives.

La betterave et les pulpes* sont favorables à la production du lait; mais les pulpes de silos, mal conservées, peuvent lui communiquer un mauvais goût.

La drèche augmente la sécrétion du lait à cause de sa teneur en eau; mais il est bon d'employer, en même temps que cet aliment relativement riche, d'autres aliments plus concentrés.

L'âge de la vache influe aussi sur la production du lait. C'est après le troisième vêlage que la vache donne le maximum de lait, et si elle est bien entretenue, elle conserve ses aptitudes jusqu'à un âge assez avancé; il est bon de la préparer à la boucherie avant qu'elle ne soit trop vieille, car elle serait alors très difficile à engraisser. Après 7 ans, l'animal perd beaucoup de sa valeur. Aussi est-ce vers cet âge que l'on devra chercher à s'en débarrasser.

La stabulation peut être favorable à la production du lait; mais le meilleur lait est toujours celui des vaches en pâturage.

Le lait des bêtes malades, et spécialement celui des vaches atteintes de *phtisie* pulmonaire doit être proscrit de l'alimentation ; d'ailleurs, il est toujours prudent de faire bouillir le lait avant de s'en servir.

177. La laiterie. — La laiterie (fig. 343) est le lieu destiné à recevoir le lait, à faire le beurre et le fromage.

Les laiteries des petites fermes sont presque toujours établies dans une cave. Cette situation est favorable au point de vue de la température qui s'y maintient au même degré ; mais la cave offre l'inconvénient de n'avoir pas assez de hauteur. Autant que possible, on consacre à la laiterie la cave la plus éloignée du fumier et surtout de la fosse à purin. Il convient que la cave soit éclairée et aérée par des fenêtres se faisant face ; ces fenêtres seront grillagées extérieurement et munies intérieurement de volets ou de jalousies* qui permettront de modérer la lumière et la chaleur et au besoin d'entretenir des courants d'air.

La température de la laiterie doit être constamment de 12 à 15° au plus.

La plus grande propreté doit régner dans la laiterie : propreté de la personne chargée des diverses manipulations du lait et de ses dérivés; propreté des vases et appareils employés, tels que *seau à traire* (fig. 345), *passoire* (fig. 346), *bidon en fer-blanc* (fig. 347), etc.

178. Vente du lait. — Les fermes qui se trouvent à proximité des grandes agglomérations ont avantage à vendre le lait; hors de là, on le transforme en beurre et en fromage.

179. La crème. — Le lait provenant de la traite est versé du seau à traire dans un vase en fer-blanc ou en cuivre étamé (fig. 348). Dans le Nord, ce vase, appelé *canne*, a une forme très élégante (fig. 348 *bis*). Les cannes sont portées à la laiterie et leur contenu est versé dans des *terrines à écrémer* (fig. 349), larges et peu profondes, en le faisant passer à travers une toile à filtrer : c'est l'opération du coulage.

Lorsque la crème est montée, on l'enlève et pour la soustraire au contact de l'air, on la verse dans un vase profond et d'étroite embouchure.

Pour que la crème monte bien, il faut que la température se rapproche de 12 à 15° au-dessus de zéro; une température plus basse diminue le temps de l'écrémage.

Dans les grandes exploitations, on se sert de l'*écrémeuse centrifuge* (fig. 350) qui permet d'écrémer le lait immédiatement après la traite. Avec cet appareil, on obtient un rendement plus considérable que par l'écrémage ordinaire.

180. Le barattage. — Le barattage a pour but de transformer la crème en beurre, à l'aide d'appareils appelés barattes.

La *baratte à piston* (fig. 351) n'est guère employée que dans les petites exploitations.

Dans les *barattes fixes* (fig. 352), une manivelle fait mouvoir un système intérieur à ailettes qui battent la crème.

Dans les *barattes mobiles* (fig. 353), le mouvement de rotation est imprimé au tonneau tout entier qui est supporté, à ses extrémités, par des tourillons en fer, dont l'un constitue l'axe de la manivelle.

Fig. 343. — La laiterie ne doit jamais dégager aucune mauvaise odeur qui pourrait altérer les produits qu'elle renferme ; elle doit être souvent lavée à grande eau.

Fig. 344. — Brouette à lait.

Fig. 345. — Le seau à traire sera toujours, après chaque traite, bien nettoyé à l'eau chaude.

Fig. 346. — La passoire — Le fond de la passoire est percé de trous très fins.

Fig. 347. — Le bidon en fer-blanc est employé pour le transport du lait.

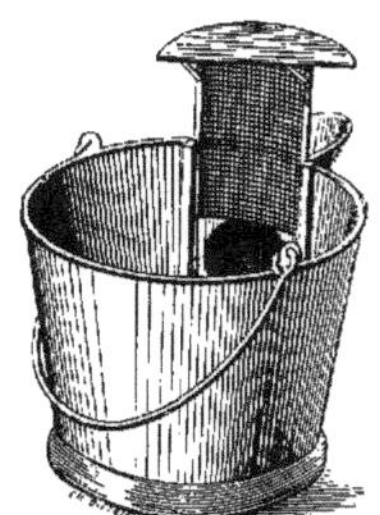

Fig. 348. — Seau à lait garni d'une passoire. — Lorsque l'on verse du lait dans ce seau, les impuretés qui accompagnent souvent le lait et qui proviennent surtout du pis de la vache lorsque celui-ci n'est pas tenu dans le plus grand état de propreté, sont retenues par la passoire.

Fig. 348 bis. — La canne. — Laitière du Nord portant le seau A et la canne B.

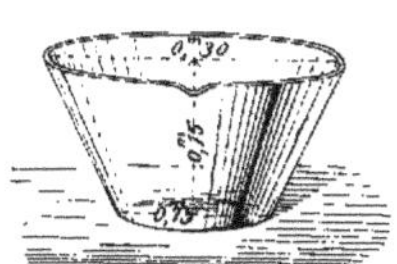

Fig. 349. — Terrines à écrémer. — Les terrines à écrémer sont munies d'un robinet qui donne sortie au petit-lait.

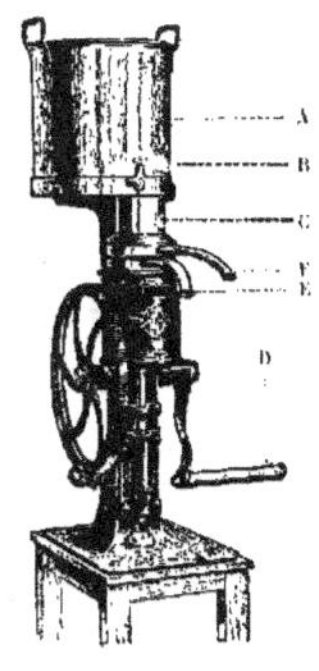

Fig. 350. — Écrémeuse centrifuge. — A, réservoir ; — B, robinet qui conduit le lait dans le cylindre creux C ; — D, manivelle ; — E, tuyau donnant sortie au lait doux écrémé ; — F, tuyau donnant sortie à la crème.

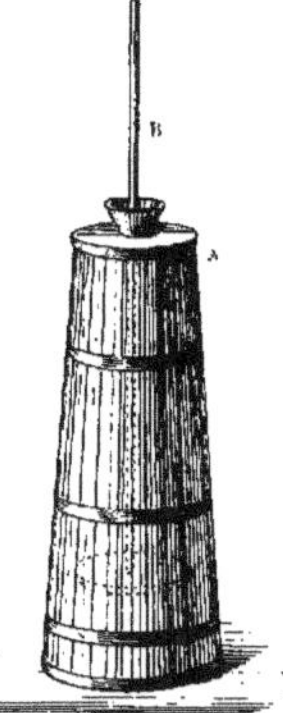

Fig. 351. — Baratte à piston. — A, récipient ; — B, piston auquel la main imprime un mouvement de haut en bas.

Les *barattes polyédriques* (fig. 354) sont assez répandues dans les petites fermes.

La *baratte danoise* (fig. 352 *bis*) est une sorte de cuve portée par un bâtis en bois sur les montants duquel elle repose par deux tourillons autour desquels elle peut basculer. Un système d'engrenages donne au batteur intérieur un mouvement circulaire horizontal très rapide. Le couvercle peut être enlevé complètement : ce qui facilite le nettoyage de l'appareil. La disposition du mécanisme de cette baratte permet de l'adopter à une transmission par manège.

La température du lieu où s'opère le barattage doit être de 10 à 12°.

La baratte étant remplie de crème aux deux tiers : on lui imprime d'abord un mouvement lent ; après une quinzaine de tours, on ouvre le fausset pour laisser échapper le gaz, puis on augmente la vitesse. On arrête l'opération lorsque le beurre forme de petits grumeaux.

181. Délaitage. — Pour délaiter* le beurre, on laisse d'abord écouler le lait de beurre, puis on procède au lavage, avec une eau claire et non calcaire. On imprime quelques tours à la baratte afin d'obtenir une masse compacte qu'on retire pour achever le délaitement, soit à la main, soit avec la *délaiteuse centrifuge* (fig. 356).

182. Malaxage. — Le malaxage a pour but d'expulser surtout un peu de lait qui rendrait le beurre rance, et un excès d'eau provenant du lavage. Le malaxage se fait à la main avec une spatule* ou un *malaxeur plat* (fig. 357). Dans les grandes exploitations, on se sert du *malaxeur rotatif* (fig. 358) souvent mû par un manège.

183. Coloration du beurre. — En général, le beurre coloré est plus recherché que le beurre dont la couleur est naturelle. S'il est trop pâle, on en relève le ton à l'aide de colorants inoffensifs que le commerce fournit.

184. La margarine. — La *margarine*, qui est extraite de la graisse animale, présente l'aspect du beurre. Elle n'est pas nuisible à la santé ; mais comme elle est à bon marché, certains marchands l'emploient pour falsifier le beurre.

D'après une loi récente, les marchands de produits margarinés sont obligés de désigner ces produits à l'attention des acheteurs, par une étiquette bien apparente qui indique la nature du beurre.

185. Les fromages. — Les principaux fromages fabriqués en France sont :

1° Fromages mous non fermentés.

Le *fromage à la crème* est fabriqué en pilant sur un tamis de crin du lait caillé doux bien égoutté et additionné de crème fraiche. La pâte obtenue est mise dans un moule.

Le *fromage double-crème, dit Suisse*, est obtenu de la façon suivante : on mélange 1 litre de crème avec 6 litres de lait ; on chauffe à 15 ou 16°, puis on ajoute de la *présure* * de manière à faire coaguler lentement. La pâte est égouttée, mélangée avec de la crème puis mise en moule.

Les *fromages de Neufchâtel*, appelés aussi *bondons, petits carrés* ou *Malakoffs*, sont fabriqués en employant une pâte à peu près semblable à celle des *double-crème*.

2° Fromages mous fermentés.

Le *Camembert* est le type de cette catégorie. Il tire son nom d'une ville du Calvados. On le fabrique, en Normandie, ou ailleurs de la façon suivante. Le lait un peu écrémé est caillé à la température de 26 à 27°. La crème doit rester dans le caillé. On égoutte la pâte dans des moules, on sale et on place les fromages dans des salles plus ou moins aérées et chaudes où il se trouve des moisissures. Ce sont ces moisissures (champignons) et des ferments spéciaux qui transforment la pâte et lui donnent ses qualités.

Les *fromages de Brie* sont fabriqués dans les départements de Seine-et-Marne, Seine-et-Oise, Meuse, Aisne, etc., etc.

Ils sont faits avec du lait non écrémé, caillé à 30°, lentement. La pâte égouttée et placée dans des moules forme des fromages que l'on sale et que l'on place dans des caves tièdes où ils se couvrent de moisissures et fermentent comme le *Camembert*. Le *Coulommiers* est une variété du *Brie*.

Les fromages de *Maroilles* et de *Bergues*, dans le Nord, sont fort estimés.

3° Fromages durs non cuits.

Le *fromage de Cantal* est fabriqué dans les montagnes de l'Auvergne et dans l'Aubrac (Lozère et Aveyron). On fait cailler le lait avec la présure entre 32 et 34° centigrades.

La pâte est pressée et pétrie avec les bras et les genoux et forme une masse appelée *tome*. Salée et placée dans un moule rond, la *tome* est pressée à plusieurs reprises et placée dans une cave où elle fermente.

Fromage façon Hollande. On chauffe le lait partiellement écrémé à 28 ou 30°, on coagule avec la présure en 25 ou 30 minutes, puis on rompt le caillé avec un appareil spécial. La pâte pressée et pétrie est placée dans des moules sphériques et salée. Arrivé à une consistance convenable, le fromage est plongé dans la saumure, puis mis en cave où il fermente. On colore les boules de fromage en rouge.

4° Fromages durs cuits.

Le *fromage de Gruyère* est le type de ce genre. On en fabrique de grandes quantités dans la Franche-Comté. Sa qualité est excellente et ne le cède pas à celle des fromages de Gruyère suisse.

Le lait — partiellement écrémé, est chauffé à 35° dans des chaudières ; on coagule avec une présure spéciale. Le caillé pris est découpé, remué énergiquement, débarrassé d'une partie du petit-lait, puis *chauffé à 60°.*

Le caillé cuit est brassé de nouveau puis déposé dans un moule garni de toile et très fortement pressé. — Le fromage ainsi fait est retourné souvent, salé, et on le laisse mûrir et fermenter pendant plusieurs mois dans des caves.

5° Fromage de Roquefort.

Le *fromage de Roquefort* est surtout fabriqué à Roquefort (Aveyron). Il se fait avec du lait de *brebis*. Ce lait est fortement chauffé dès qu'il arrive à l'atelier, puis refroidi dans des terrines. On l'écrème un peu le lendemain et l'on ajoute la présure en chauffant à 33 ou 35°. Le caillé est entassé dans des moules percés de petits trous et s'égoutte. Chaque couche de caillé mise dans les moules est saupoudrée de pain moisi et réparti uniformément. On comprime, ensuite, la masse ; on enveloppe d'un linge et on laisse mûrir dans des *cavernes* ou *caves* où le fromage est salé, brassé, etc., etc., bref, soigné d'une façon spéciale.

PROMENADES SCOLAIRES

1. Visiter une laiterie bien organisée et écouter avec attention les explications données par la fermière.

Fig. 352. — Dans la **baratte fixe**, la manivelle A donne le mouvement à un système intérieur à ailettes qui battent la crème.

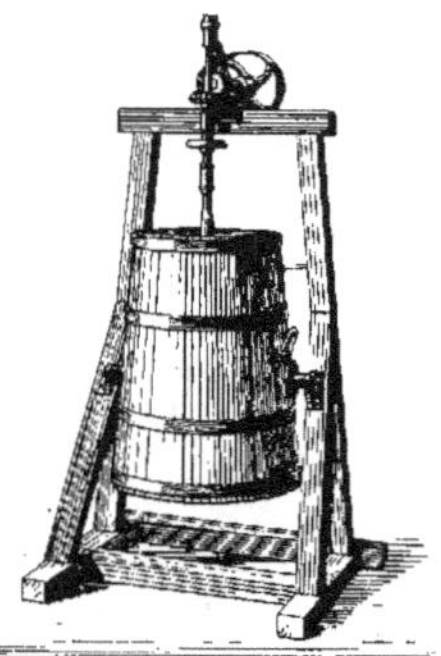

Fig. 352 *bis*. — La **baratte danoise** reçoit son mouvement circulaire horizontal d'un système particulier d'engrenages.

Fig. 353. — **Baratte mobile.** — Dans la baratte mobile, le mouvement de rotation est imprimé au tonneau tout entier qui est supporté à ses extrémités par des tourillons, dont l'un constitue la manivelle.

Il ne faut jamais perdre de vue que tous les instruments qui servent à fabriquer le beurre doivent être entretenus dans un état constant de minutieuse propreté. Avant de recevoir la crème, la baratte sera lavée à l'eau chaude, puis rincée à l'eau froide, ainsi que le batteur et le couvercle.

Fig. 354. — La **baratte polyédrique** est assez répandue dans les petites exploitations. La vitesse de rotation de cet instrument varie de 50 à 65 tours à la minute et donne de prompts résultats.

Fig. 355. — **Auge à beurre** servant à l'égouttage, au salage, au mélange des beurres.

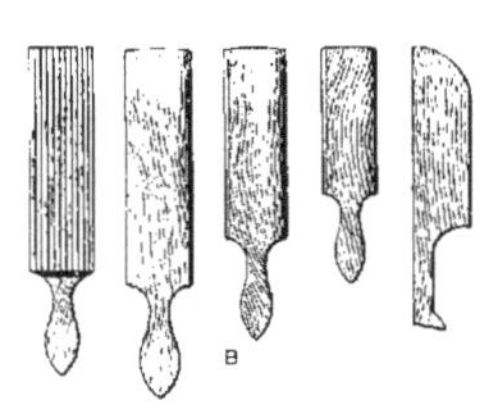
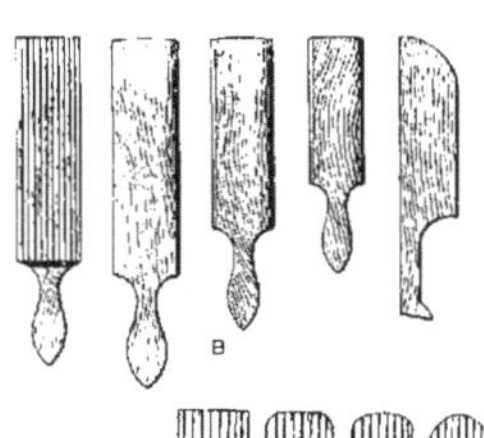

B

A

Fig. 357 *bis*. — **Spatules A et couteaux en bois B** pour faire subir au beurre, sans le toucher avec la main, *toutes* les manipulations et transformations dont il est susceptible.

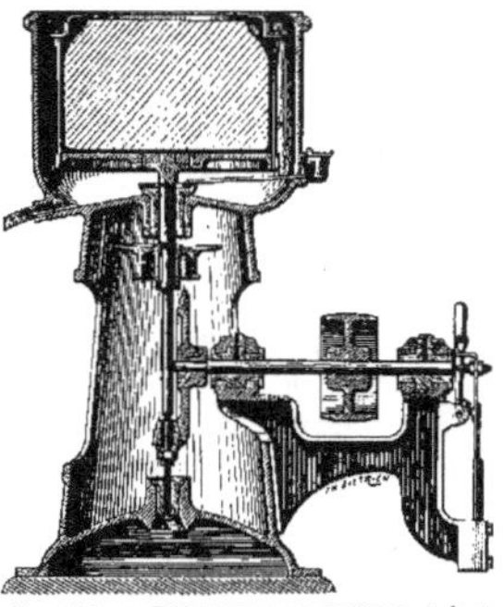

Fig. 356. — **Délaiteuse centrifuge à bras.** — Cet appareil a l'avantage de séparer le beurre du lait ou de l'eau sans aucune manipulation. Il a une vitesse de rotation de 1 000 à 1 200 tours à la minute et produit son effet utile en 4 ou 5 minutes.

Fig. 358. — **Malaxeur mécanique ou rotatif,** employé dans les grandes exploitations. — Il importe qu'après chaque opération, le malaxeur soit nettoyé à l'eau bouillante et bien séché.

Fig. 357. — **Malaxeur plat,** employé dans les petites fermes. — Le malaxeur mécanique, outre qu'il soustrait le beurre au contact répété des mains, produit un effet plus régulier et plus parfait que le malaxage manuel.

ANIMAUX DOMESTIQUES

19. — Espèces ovine, caprine et porcine.

186. Espèce ovine. — Le mouton est un ruminant; sa mâchoire est garnie de huit incisives disposées comme celles des Bovidés, à la mâchoire inférieure seulement, et de vingt-quatre molaires ; elle n'a pas de canines.

L'ensemble de la laine du mouton forme sa *toison* ; les poils ronds et grossiers qui y sont mêlés portent le nom de *jarres*.

La femelle se nomme *brebis* ; le mâle *bélier* et le petit, *agneau*, ou *antenais* s'il a plus d'un an.

Le mouton nous fournit de la viande, de la laine et un excellent fumier. Chaque année, on le tond à l'aide de *forces* et de *tondeuses*.

La laine en *suint* est la laine brute, imbibée de la sueur du mouton ; la laine *lavée à dos* est la toison lavée avant la tonte.

187. Races ovines. — L'introduction et les croisements de races étrangères ont, dans beaucoup de cas, profondément modifié les races françaises, que l'on peut classer en deux groupes : 1° les races à *laine longue* ou à *peigner* ; 2° les races à *laine courte* ou à *carder*.

188. Races à laine longue. — Parmi les races à laine longue on cite : la *race flamande*, d'origine française et qui a fourni les rameaux cambrésien, artésien, picard : la *race de Bretagne* ; la *race d'Algérie* ; la *race dishley* (fig. 359), d'origine anglaise : la *race des Pyrénées*.

189. Races à laine courte. — Parmi les *races à laine courte*, on trouve la *race mérinos française*. Cette race ne peut conserver ses qualités qu'à la condition de vivre sur des pacages salubres, situés dans des lieux élevés, avec un climat sec.

Le mérinos, entretenu à la bergerie, doit recevoir une ration substantielle. Le mérinos a été jusqu'ici une machine à produire plutôt de la laine que de la viande ; mais elle a été perfectionnée et la variété des « *mérinos précoces* » fournit maintenant de la viande d'excellente qualité. Cette race est issue de produits introduits directement d'Espagne pendant les deux derniers siècles et au commencement de ce siècle, et répartis alors sur divers points de la France.

Le *mérinos de Rambouillet*, tel qu'il existe aujourd'hui, est une bête précieuse qui donne une laine assez longue, très élastique, très fine et frisée.

La *race du Plateau central* (fig. 361) et la *race Southdown* (fig. 362) d'origine anglaise, la *race du Berry*, de la *Sologne*, du *Poitou*.

190. Alimentation. — Pendant les deux premiers mois environ, l'agneau se nourrit du lait de sa mère, puis on lui donne du grain moulu ou concassé et graduellement de bon foin. En été on conduit les moutons sur des pâturages naturels ou artificiels, secs et à herbe courte ; en automne, après la récolte des céréales, on les parque aux champs ; en hiver, on les nourrit à la bergerie, avec du foin, des graines, de la paille, des racines fermentées mêlées avec la paille, etc.

Engraissement. — L'*engraissement* du mouton ne doit pas durer plus de 90 jours. Il faut donc que le mouton soit bien nourri au pâturage ; rentré à l'étable, on lui donne des rations concentrées[*] composées le plus souvent de racines, tubercules, pulpes de betterave, tourteaux, son.

191. Hygiène. — On doit éviter de mener paître les moutons sur des herbages qui provoqueraient la météorisation, dans des prés humides, où les moutons pourraient contracter une maladie particulière appelée pour cette raison *cachexie aqueuse*. Un stationnement prolongé sur un terrain mouillé peut occasionner une autre maladie : le *piétin*.

On combat la gale par le jus de tabac : si le tournis, la clavelée, le charbon font leur apparition, on se hâte d'appeler le vétérinaire. Le vice rédhibitoire dans l'espèce ovine est la *clavelée*. La clavelée chez un seul animal entraîne la rédhibition de tout le troupeau s'il porte la marque du vendeur. (Loi du 2 août 1884.)

192. La chèvre. — La chèvre (fig. 363) donne : lait, chair, poil, fumier, peau : elle est précieuse dans les pays de montagnes. Elle s'élève et s'entretient comme le mouton et est soumise aux mêmes règles d'hygiène. Elle est cependant beaucoup plus rustique.

193. Le porc. — Le porc fournit de la viande et de la graisse. Le mâle se nomme *verrat*, la femelle *truie* et les petits, *porcelets* ou *gorets*.

194. Races. — Parmi les races de porcs, on cite principalement : le *porc flamand*, le *porc normand* (fig. 364), le *porc craonnais*, le *porc limousin*, le *porc anglais amélioré* ou *Berkshire* (fig. 365), le *porc Yorkshire* (fig. 366).

Alimentation. — La nourriture du porc se compose des eaux grasses de la cuisine, de racines cuites, de farines grossières, de son, etc. Les porcs qui ont le dos et les reins larges, les côtes bien arquées, les membres ramassés, les jambes courtes, s'engraissent facilement. Le régime alimentaire du porc à l'engrais doit être réglé et rationné : il se compose surtout d'aliments farineux ou féculents, cuits. Dans la dernière période d'engraissement, on augmente la quantité et la qualité des aliments.

Hygiène. — La porcherie doit être bien ventilée et tenue proprement ; on doit laver souvent les porcs. On combat la gale par le jus de tabac. Si la trichinose[*], la ladrerie[*], le rouget[*], se déclarent, il faut se hâter d'appeler le vétérinaire.

PROMENADES SCOLAIRES

I. Étudier l'âge du mouton par l'inspection de ses dents.

II. Visiter le troupeau au pâturage.

III. Assister à la salaison de la viande d'un porc, à la confection du boudin, des saucisses, etc.

Fig. 359. — **Race Dishley.** — C'est une race très améliorée au point de vue de la précocité, du poids de viande qu'elle fournit, et s'engraissant rapidement. Mais sa laine longue est grossière et sa viande peu estimée.

Fig. 360. — **Race Mérinos.** — La laine du mérinos est excessivement fine, mais elle est fort courte. Les Mérinos dits « de Rambouillet » possèdent de nombreux plis à la peau; leur viande est de qualité médiocre. Les mérinos dits « Précoces » ne possèdent plus de plis et leur viande est très savoureuse.

Fig. 361. — **Race du Plateau central.** — A le crâne dénudé, la taille petite; c'est une race très sobre et très rustique, dont la chair est estimée. Habite le versant occidental du Plateau central.

Fig. 362. — **Race Southdown.** — Est une race très améliorée; le squelette est fin, la tête et les membres sont noirs. Sa chair est bonne. Craint beaucoup l'humidité.

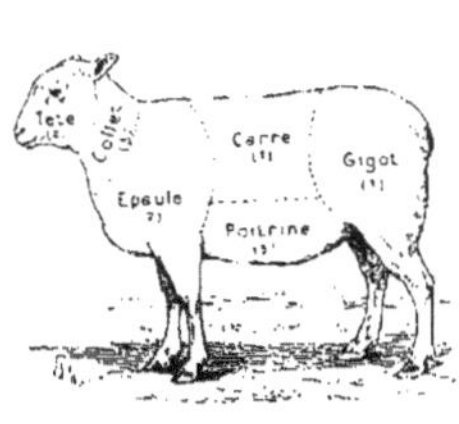

Fig. 362 bis. — **La chair du mouton** est très appréciée : après celle du bœuf, c'est la plus nutritive et la plus facile à digérer. Comme pour le bœuf et le veau, le corps du mouton de boucherie se divise en trois sections principales selon la qualité de la viande.

Fig. 363. — **Chèvre d'Europe.** — Coûte peu à entretenir à cause de sa rusticité; elle donne un lait excellent. C'est avec raison qu'on l'a surnommée *la vache du pauvre.*

Fig. 364. — **Porc normand.** — Le Porc normand a le corps long, à soies blanches, les oreilles, longues et pendantes, lui cachant les yeux, — le nez allongé, — fournit une viande excellente.

Fig. 365. — **Porc Berkshire.** — Est d'origine anglaise : il est noir, ses oreilles sont moins longues que celles du porc normand. Il s'engraisse très facilement et donne une grande quantité de lard.

Fig. 366. — **Porc Yorkshire.** — Remarquable par son nez fort court et ses oreilles petites et dressées. S'engraisse facilement et donne une chair savoureuse.

ANIMAUX DOMESTIQUES
20. — Basse-cour.

195. La basse-cour. — La basse-cour est la partie de la cour d'une ferme réservée aux volailles et aux lapins.

La volaille donne une chair délicieuse, des œufs en abondance, des plumes, et du fumier riche en azote. Elle a trois estomacs : le premier, appelé *jabot*, placé à la base du cou, est destiné à recevoir les aliments avant leur descente dans le second ou *ventricule succenturié*, véritable estomac où ils sont imprégnés de suc gastrique. Ils passent ensuite dans une poche plus grande nommée *gésier* dont les parois sont très épaisses et peuvent se contracter de façon à broyer les aliments. La nourriture de la volaille se compose des résidus de la cuisine, de la laiterie, de la meunerie, des plantes-racines crues ou cuites, de l'herbe qui croît dans le voisinage de la ferme.

196. La poule. — La poule tient le premier rang parmi les animaux de la basse-cour : le mâle se nomme *coq* ; les petits, *poussins* ou poulets. Soumis à l'engraissement, le coq se nomme *chapon* et la poule, *poularde*.

Les poules *bonnes pondeuses* ont la crête et les barbillons* d'un rouge vif, l'oreillon* d'un blanc mat, l'abdomen gros et pendant, le postérieur bien développé, garni de plumes longues et touffues ; elles ne possèdent pas d'ergots.

Les poules *bonnes couveuses* ont le corps trapu et bas sur pattes, le postérieur très développé, les cuisses garnies de plumes abondantes et duveteuses. Celles qui *s'engraissent* facilement ont la peau blanche et fine, les pattes grêles, noires ou bleuâtres, la houppe bien garnie, la crête volumineuse.

197. Races françaises. — 1° *race commune* (fig. 367), très rustique, excellente pour la ponte et l'incubation ; humeur vagabonde, ravage les cultures, aime à pondre et à couver en secret : 2° *race de Crèvecœur* (fig. 368) : plumage noir, tête huppée ; jambes courtes, fortes et charnues ; formes épaisses : bonne pondeuse : chair succulente ; exige l'herbe et un climat tempéré : 3° *race de Houdan* (fig. 369), plumage cailleté, noir et blanc, tête forte et huppée, crête triple et charnue ; précoce et très rustique : la meilleure de nos pondeuses : sa huppe touffue nuit à sa vue ; 4° *race de la Flèche* (fig. 370), forte taille, plumage noir, crête développée ; craint l'humidité ; s'engraisse facilement et donne une chair exquise ; médiocre comme couveuse et comme pondeuse ; 5° *race de Bresse* (fig. 371) : plumage noir, pas de huppe : os petits et charnus ; mœurs douces et sédentaires : remarquable par sa précocité, la qualité de sa chair, la grosseur de ses œufs et le poids total de la ponte d'une année.

198. Races étrangères. — Parmi les poules de races étrangères, on cite : la *race cochinchinoise* (fig. 372), la *race de Dorking*, la meilleure des poules anglaises, très précoce, bonne couveuse, chair délicate, mais redoutant le froid et l'humidité : la *race de Padoue* ou de *Pologne*, la *race de la Campine*, etc.

199. Le dindon. — Le dindon (fig. 373), originaire de l'Amérique, est le plus gros des oiseaux de basse-cour. La dinde, moins féconde que la poule, est bonne couveuse.

On distingue le dindon noir, qui est le plus estimé ; le dindon gris et le dindon blanc. Cet oiseau aime la liberté ; si on le tient renfermé, il maigrit et se couvre de vermine.

200. La pintade. — La pintade (fig. 374), originaire de l'Afrique, donne une chair fine et délicate ; son cri perçant et continuel est fort désagréable.

201. L'oie. — L'oie (fig. 375) est, après la poule, l'oiseau de basse-cour le plus utile : elle est très rustique et exige une nourriture herbacée.

On distingue l'oie cendrée et l'oie de Toulouse.

202. Le canard. — Le canard (fig. 376) est facile à élever, surtout si l'on se trouve à proximité d'une mare ou d'un cours d'eau.

On distingue le *canard commun* ou *barboteur*, le *canard de Rouen*, le plus estimé, et le *canard musqué* ou de Barbarie.

Les œufs de cane conviennent surtout pour la pâtisserie.

203. Le pigeon. — Le pigeon (fig. 377) est un oiseau à demi-sauvage qui, élevé convenablement, donne un certain revenu. Le type de l'espèce est le pigeon *biset*.

204. La boisson des volailles. — Les volailles aiment une eau claire et limpide ; une eau croupie altère leur santé.

L'*abreuvoir syphoïde* est commode pour fournir la boisson aux oiseaux de basse-cour : il est mobile et très maniable et maintient l'eau à un niveau convenable : il empêche les animaux de se salir.

205. Le lapin. — Le lapin est d'un élevage facile et peut donner des bénéfices appréciables ; sa chair, bien préparée, constitue un mets sain et économique.

On distingue le *lapin gris* ou *commun*, très rustique ; le *lapin russe*, le *lapin argenté* et le *lapin angora*.

La propreté exerce une grande influence sur la qualité de la chair du lapin. Autant que possible, le clapier ou habitation du lapin doit être exposé au grand air, être assez vaste et d'un accès facile pour le nettoyage.

PROMENADES SCOLAIRES

I. Prier une fermière d'expliquer le régime auquel elle soumet la volaille.

II. Examiner le matériel employé dans la basse-cour.

FIG. 367. — **Race commune.** — La poule de race
commune est très rustique, excellente pondeuse et
couveuse ; elle est d'humeur vagabonde.

FIG. 368. — **Race de Crève
cœur.** — Remarquable par son
ampleur et la délicatesse de sa
chair blanche et fine. Poitrine
large, corps volumineux, pattes
noires et fortes, bien écartées,
huppe très fournie. Plumage
entièrement noir.

FIG. 369. — **Race de Houdan.** — Tête huppée, plumage caillelé
blanc et noir. Crête triple et charnue ; très rustique. Bonne pondeuse, mais mauvaise couveuse.

FIG. 370. — **Race de la Flèche.** — Forte
taille. Plumage noir, crête développée. S'engraisse facilement, chair exquise. La poule
est médiocre pondeuse et couveuse.

FIG. 371. — **Race bressanne.** — La
poule bressanne est couveuse, très vive ;
sa crête est repliée sur le côté, les
oreillons sont blancs, les pattes fines et
de couleur gris bleu. N'est pas très
grosse, mais a une chair exquise.

FIG. 372. — **Race cochinchinoise.** — Plumage brillant et
jaunâtre, taille énorme mais disgracieuse ; pattes courtes et garnies
de plumes. Chair médiocre.

FIG. 373. — **Dindon.** — Le Dindon est très rustique
et fournit une chair estimée.

FIG. 374. — **Pintade.** — Est d'humeur
très vagabonde. Sa chair est délicieuse.
Elle est assez difficile à élever. Ses œufs
sont petits mais excellents.

FIG. 375. — **Oie.** — Possède une chair ferme et
peu fine ; s'engraisse facilement et donne une graisse
de beaucoup de saveur et très recherchée.

FIG. 376. — **Canard.** — Le canard est
d'une rusticité remarquable ; ses pattes,
comme celles de l'oie, sont palmées ; il
recherche beaucoup l'eau. Sa chair est fine
et savoureuse.

FIG. 377. — **Pigeon commun.** —
Très répandu dans toutes les fermes :
les jeunes sont mangés aussitôt qu'ils
sortent du nid et fournissent un mets
fort délicat.

FIG. 378. — **Lapin domestique.** — Le lapin est indispensable
dans la ferme ; il utilise les déchets qui, sans lui, seraient perdus.
La femelle fait beaucoup de petits à chaque portée, et peut avoir
plusieurs portées par an. Animal très rustique qui donne une chair
excellente.

ANIMAUX DOMESTIQUES

21. — L'abeille ; le ver à soie.

206. Les abeilles. — Les abeilles sont des insectes très utiles, qui donnent du miel et de la cire.

A l'état sauvage, les abeilles habitent dans les creux des rochers, dans de vieux troncs d'arbres, généralement à proximité d'un cours d'eau ; réduites à l'état de domesticité, elles sont logées dans des *ruches*. La réunion de plusieurs ruches forme le *rucher*, l'*apier* ou l'*abeiller* (fig. 379).

207. Le rucher. — Le rucher doit être disposé de façon que ni les enfants, ni les bestiaux ne puissent en approcher ; il doit être préservé de l'humidité, des courants d'air, des rayons trop ardents du soleil. L'exposition qui lui convient le mieux est celle du sud-est : il doit être installé à une certaine distance des voies publiques.

Les habitants de la ruche. — Une ruche ou famille d'abeilles se compose de trois sortes d'individus : d'une seule *mère* ou *reine*, d'*abeilles ouvrières* ou *neutres* et de *mâles* ou *faux-bourdons*.

La **mère** A (fig. 380), a pour unique fonction de peupler la colonie, de pondre un œuf dans chaque alvéole, soit 2.000 par jour pendant 15 à 20 jours ; elle peut vivre de 3 à 4 ans.

Les **abeilles ouvrières** ou **neutres** B sont très nombreuses ; elles sont chargées de recueillir le *nectar* qu'elles transforment en *miel* pour leur nourriture et celle du *couvain** et en *cire* avec laquelle elles construisent leurs cellules ou alvéoles dans des cloisons nommées *gâteaux* ou *rayons* (fig. 381).

Les **mâles** (fig. 380 C), aussi appelés **faux-bourdons** à cause du bruit qu'il font en volant, sont en petite quantité dans une colonie ; les abeilles les tuent ou les chassent lorsque l'essaimage est terminé et qu'il n'y a plus de jeunes mères à féconder.

Outre le miel, les abeilles ouvrières recueillent encore le *pollen* ou poussière fécondante des fleurs et la *propolis*, substance résineuse, odorante, fournie par les peupliers, les pins, les sapins, etc,

Le pollen, mélangé à un peu de miel et d'eau constitue la seule nourriture du couvain. Avec la propolis, les abeilles enduisent l'intérieur de la ruche et calfeutrent toutes les ouvertures inutiles.

208. Le miel et la cire. — Le miel est un aliment sain, dont les propriétés sont laxatives* et adoucissantes; on l'emploie pour édulcorer* les tisanes, pour fabriquer l'hydromel et confectionner certaines liqueurs de table ; il entre dans la confection du pain d'épice, etc.

La cire, blanchie par des procédés spéciaux, est employée pour la fabrication des bougies de luxe, pour le modelage des pièces anatomiques ; la cire jaune sert à fabriquer les cierges liturgiques*, l'encaustique* ; elle entre dans la confection des crayons lithographiques*, des spécialités cosmétiques* et de quelques préparations officinales.

209. L'essaimage. — A la suite de la grande ponte du printemps, la population de la ruche s'accroît dans de telles proportions que bientôt cette dernière ne suffit plus pour la loger. Alors par une belle journée de mai ou de juin, entre neuf heures du matin et trois heures du soir, lorsqu'une jeune mère est éclose, une partie de la population, accompagnée de l'une des deux mères, sort avec impétuosité de la maison, se balance dans les airs, puis s'attache à une branche d'arbre. C'est un *essaim* (fig. 382) que l'on recueille et qu'on loge dans une nouvelle ruche préalablement nettoyée et frottée de miel ou de plantes odoriférantes.

Les essaims sont quelquefois d'humeur vagabonde ; on les oblige à se fixer près du rucher en leur lançant de l'eau à l'aide d'une seringue de jardin, ou simplement de la poussière.

On doit surveiller la sortie des essaims naturels si l'on ne veut pas s'exposer à en voir quelques-uns s'en aller au loin.

Pour éviter l'ennui de la surveillance, on pratique l'essaimage artificiel, au temps de la grande miellée. On opère cet essaimage soit par *tapotement* pour les ruches d'une seule pièce, soit par *division* pour les ruches de plusieurs pièces ou les ruches à cadres mobiles.

210. Les systèmes de ruches. — Dans la culture des abeilles, on emploie la ruche à *rayons fixes* et la ruche à *rayons mobiles*.

La ruche à rayons fixes (fig. 383), généralement en forme de cloche, assez profonde par rapport à son diamètre, est en osier ou en paille tressée.

Dans la ruche à cadres mobiles A (fig. 385), les cadres s'enlèvent et se replacent facilement : elle facilite la pratique de l'essaimage artificiel par division et permet de récolter le miel sans troubler les abeilles, ni détruire les rayons.

211. Les outils de l'apiculteur. — Les outils en usage dans l'apiculture sont : le *couteau-racloir*, le *désoperculateur* (fig. 387), l'*éperon*, la *roulette*, la *brosse*, le *soufflet* (fig. 386) qui lance dans la ruche de la fumée de chiffons, le *mello-extracteur* (fig. 388). Il est bon que l'apiculteur, dans ses diverses manipulations, ait la figure couverte d'un voile.

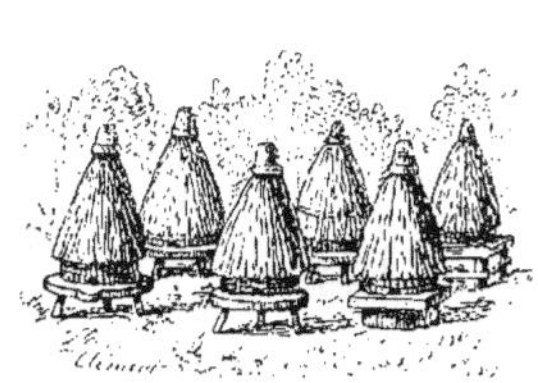

Fig. 379. — **Le Rucher** doit être un peu éloigné de l'habitation ou des chemins, et placé dans un endroit solitaire. Les abeilles devront trouver non loin de là de grandes quantités de fleurs à leur disposition pour y puiser les éléments nécessaires à la production du miel.

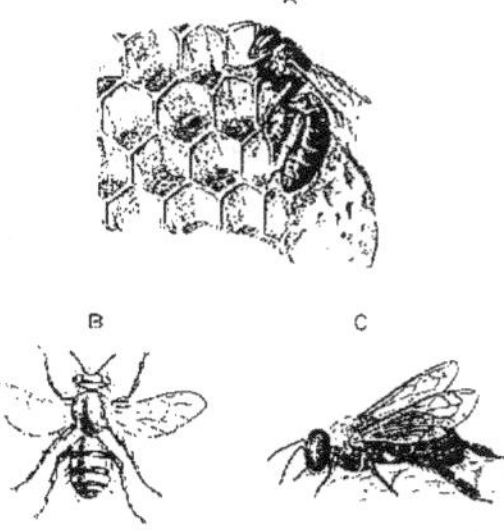

Fig. 380. — **Les abeilles.** — A. abeille mère, — B. abeille ouvrière, — C. mâle ou faux-bourdon.

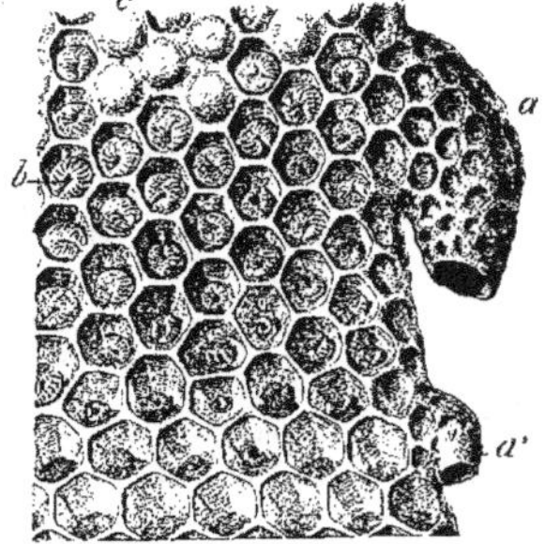

Fig. 381. — **Les rayons ou gâteaux**, composés de cellules placées les unes à côté des autres, sont construits avec la cire que les abeilles fabriquent elles-mêmes. — b. cellules contenant des larves écloses; — c, cellules fermées quand elles ont été remplies de miel; — a. cellules royales destinées aux œufs des mères futures.

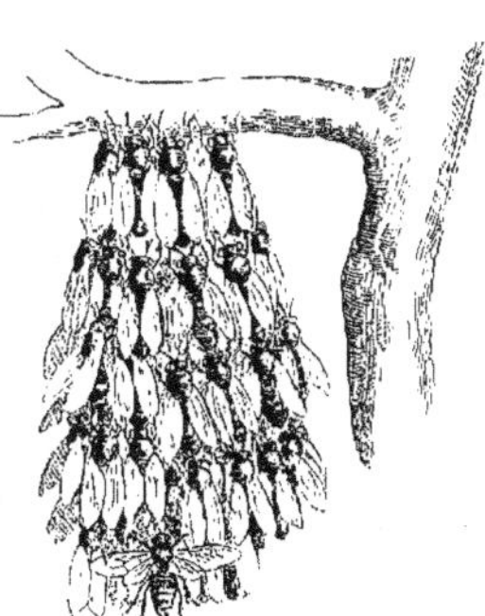

Fig. 382. — **Un essaim** est la réunion d'une grande quantité d'abeilles accrochées les unes aux autres et pendues à une branche ou à un mur entourant ainsi l'abeille mère qui a quitté la ruche.

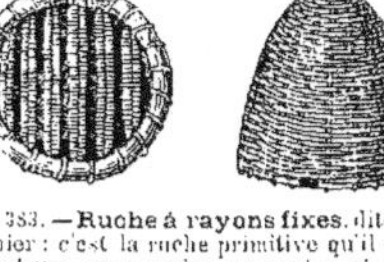

Fig. 383. — **Ruche à rayons fixes**, dite ruche en panier : c'est la ruche primitive qu'il *ne faut pas employer*, parce qu'on ne peut y récolter le miel qu'en étouffant la colonie d'abeilles.

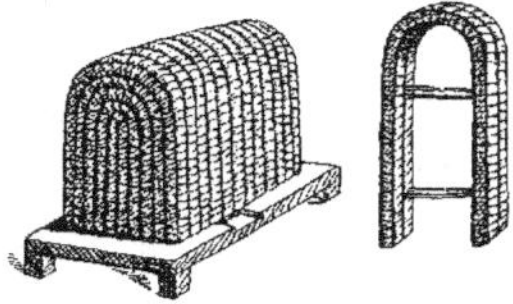

Fig. 384. — **Ruche à arcade.** — Est une sorte de ruche à cadres mobiles; elle est composée d'arceaux réunis les uns aux autres et dont chacun forme un rayon.

Fig. 383 *bis*. — **Ruche à rayons fixes**, dite *ruche à calotte*, à deux compartiments, rendue plus commode pour la récolte du miel et les diverses opérations de l'essaimage.

Fig. 385. — **Ruche à cadres mobiles.** — Composée d'une série de cadres placés verticalement, que l'on peut enlever à volonté, et dans lesquels les abeilles construisent leur alvéole. — A, cadre mobile garni de son gâteau.

Fig. 385 *bis*. — **Voile d'apiculteur.** — Sert à entourer le visage de ceux qui ouvrent les ruches et ont à redouter les piqûres.

Fig. 386. — **Soufflet.** — Pour enlever le miel des ruches, il faut engourdir les abeilles; on pratique cette opération au moyen de la fumée de chiffons qui est lancée avec le soufflet.

Fig. 387. — **Désoperculateur.** — Sert à enlever les opercules de dessus les alvéoles, pour permettre l'extraction du miel.

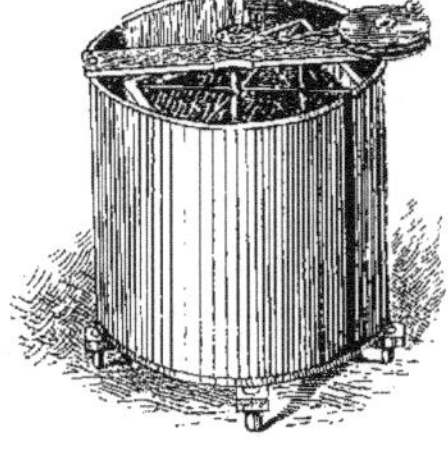

Fig. 388. — **Mello extracteur.** — Instrument perfectionné qui sert à recueillir le miel déposé dans les alvéoles, au moyen de la force centrifuge.

REMARQUE. — Il ne faut pas oublier que les abeilles, en dehors des produits qu'elles nous donnent, sont très utiles en secondant la nature dans la fécondation des fleurs, dont beaucoup resteraient stériles, si les abeilles ne leur apportaient la poussière fécondante le pollen qui doit les faire fructifier, poussière recueillie sur d'autres fleurs.

212. Le ver à soie. — Le ver à soie (fig. 389) est la chenille ou larve d'un papillon nocturne, nommé *magnan* (dévorant) dans le midi. Les *magnaniers* pratiquent son éducation dans des *magnaneries** (fig. 392). La *sériciculture* est l'art d'élever le ver à soie.

213. Culture du ver à soie. — Le ver à soie sort d'un œuf de la grosseur d'une graine de pavot. Deux mille vers naissants donnent à peu près le poids d'un gramme et produiront, en moyenne, un kilo de cocons: il faut de 10 à 15 kilos de cocons pour donner un kilo de soie grège *.

Au printemps, au moment où le mûrier entre en végétation, on fait éclore la *graine*, nom donné aux œufs, en les disposant dans des boîtes, placées dans un milieu où règne d'abord une douce température que l'on élève progressivement à 15 et à 25 degrés centigrades. L'éclosion a lieu au bout de 8 à 10 jours.

On recueille les petits vers sur des feuilles de carton et on les nourrit des jeunes feuilles du mûrier. Ils restent à l'état de chenilles de 30 à 35 jours, pendant lesquels ils subissent quatre ou cinq transformations ou changements de peau, appelées *mues* qui durent environ 24 heures chacune.

A cette époque, ils ont la *fringale*, c'est-à-dire un appétit insatiable. Les vers fournis par un gramme de graine dévorent alors, par jour, environ quatre kilos de feuilles, lorsqu'ils arrivent à leur complet développement. Ils ne tardent pas à filer un *cocon* ou *coque* (fig. 393), de forme ovoïde, dans lequel ils s'enferment pour se métamorphoser en *chrysalide* A, B (fig. 394), puis en *papillon* (fig. 395, 396).

On recueille les cocons, on les trie avec soin. On conserve les plus beaux jusqu'à ce que les papillons en percent les parois pour sortir et opérer la ponte qui donnera naissance à une nouvelle génération. Aussitôt sorti du cocon, la femelle est fécondée par le papillon mâle qui meurt immédiatement après; la femelle pond ensuite une quantité d'œufs plus ou moins considérable qui sont recueillis avec le plus grand soin et meurt, elle aussi, dès que la ponte est achevée. C'est de ces œufs que naîtront plus tard les vers qui subiront eux-mêmes les transformations ou mues que nous avons vues. Les autres cocons, soumis à des injections de vapeur qui font périr les chrysalides, sont ensuite portés dans des coconnières pour être séchés avant d'être livrés aux filatures où ils seront dévidés.

214. Le ver à soie de l'ailante. — Le ver à soie de l'ailante (fig. 397), ainsi nommé parce qu'il se nourrit de feuilles d'ailante, arbre originaire de la Chine et du Japon et acclimaté en France, vit chez nous à l'état sauvage; il est très rustique et s'accommode aussi des feuilles du chêne, du lilas, du ricin, etc. Il donne une soie commune, mais estimée : la *filoselle* ou *ailantine*, qui entre dans la fabrication de nombreux articles.

215. Filature de la soie. — Le travail de la filature de la soie comprend le *tirage* et le *moulinage*. Le tirage ou dévidage donne la soie grège ou soie telle qu'elle est tirée des cocons : elle est, dans cet état, impropre au tissage. Le moulinage consiste dans la *torsion* de plusieurs fils pour en obtenir un fil unique, régulier, solide et brillant. De la filature, la soie passe à la teinturerie, puis est livrée aux tisserands.

216. Culture du mûrier. — Le mûrier blanc, originaire de la Chine, est cultivé pour ses feuilles qui servent de nourriture au ver à soie. On ne peut se livrer à la culture du mûrier avec succès que dans le Midi. On donne aux mûriers cultivés les quatre formes suivantes : 1° *hautes tiges*, 1^m,50 à deux mètres de hauteur, tête arrondie, vide à l'intérieur, avec bifurcation des branches vers le haut de manière à présenter la forme d'un vase. Le produit des feuilles, sous cette forme, est plus considérable, mais la cueillette en est plus difficile ; 2° *mi-tiges*, mêmes dispositions que les précédents, mais avec une tige qui ne dépasse pas un mètre ; 3° *nains*, dont la tête naît entre 0^m,20 à 1^m,50 du sol : la cueillette des feuilles est très facile et précoce : ce sont les premières cueillies, mais elles ont moins de qualités que celles des mûriers à haute tige : 4° *haies, taillis*, disposés en tiges rameuses, très rapprochées les unes des autres, formant des haies, ou disposées en quinconces, cette forme donne des feuilles plus précoces.

Maladies des vers à soie. — On doit redouter la *Pébrine*, la *Flacherie**, la *Muscardine* et la *Grasserie*. On lutte contre elles par la sélection des graines pures et des soins d'hygiène.

217. Récolte des feuilles ou cueillette. — Chacun connaît le moment propice où doit commencer la cueillette, qui se prolonge de 35 à 50 jours. On récolte les feuilles dans l'ordre suivant : baies et taillis, nains, mi-tiges et hautes tiges ; chaque jour, la cueillette ne doit commencer qu'après que le soleil a séché la rosée et elle ne doit pas se prolonger après la fraîcheur du soir. Quand le temps annonce de la pluie, il faut cueillir des feuilles pour plusieurs jours, car la feuille mouillée est nuisible aux magnans.

PROMENADES SCOLAIRES

I. Assister à l'opération de l'essaimage artificiel.

II. Se rendre compte de la manière de loger un essaim naturel.

III. Suivre le développement des vers à soie.

IV. Visiter une filature de soie et étudier le tirage et le moulinage.

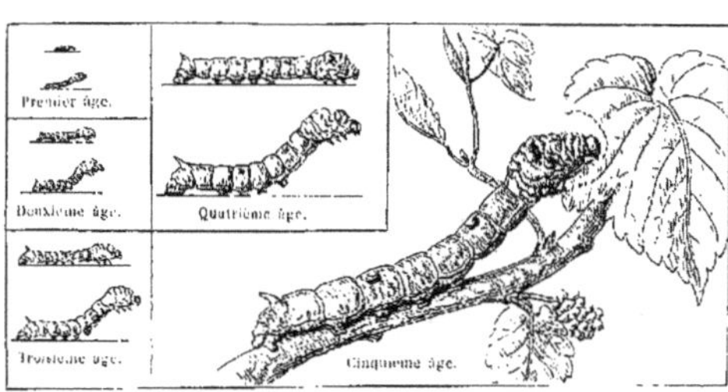

Fig. 389. — **Différents âges du ver à soie.** — A chaque âge, le ver change de peau qui est devenue trop petite pour contenir son corps. On dit qu'il mue.

Fig. 390. — **Ver à soie adulte.** — La longueur du ver à soie adulte est très variable suivant les espèces; elle peut aller jusqu'à 7 et 8 centimètres de longueur. A un certain moment le ver ne mange plus, il se prépare à filer son cocon.

Fig. 391. — **Vers faisant leur cocon.** — On dispose à cet effet des branches de bruyère dans lesquelles montent les vers pour tisser leur cocon. Dans cette figure, les deux vers qui pendent mortes sont atteints de la maladie appelée *flacherie* qui fait de grands ravages dans les magnaneries.

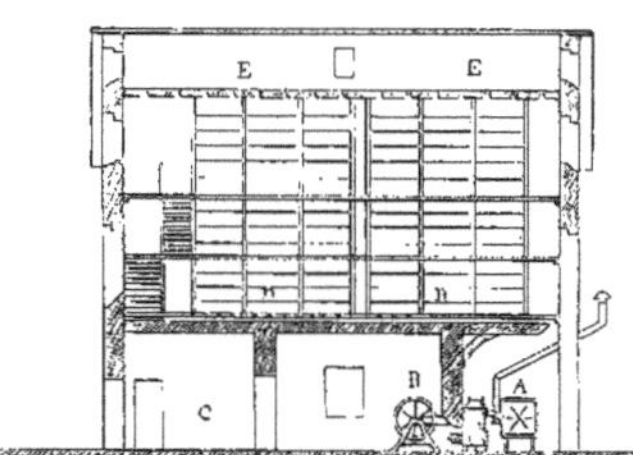

Fig. 392. — **Magnanerie.** — A, chambre d'air avec poêles et tuyaux; — B, magasin pour la feuille; — C, salle pour l'incubation; — DD, orifices pour l'entrée de l'air; — EE, orifices pour la sortie de l'air.

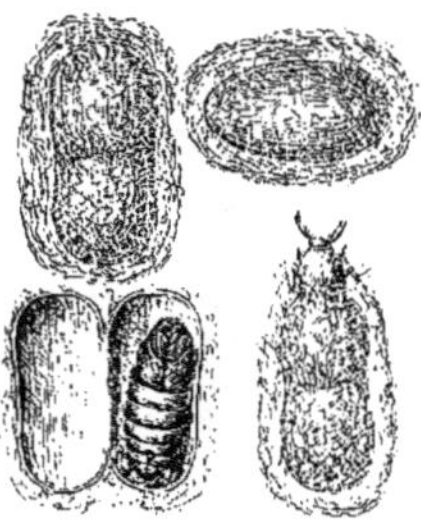

Fig. 393. — **Cocon du ver à soie.** — Formé de la soie sécrétée par le ver et d'une substance gommeuse qui agglutine les brins entre eux. La couleur du cocon est blanche, jaune ou vert clair. Le ver se transforme à son intérieur en chrysalide.

Fig. 393. — **Papillon mâle.** — Le papillon mâle sort, comme la femelle, du cocon qu'il perce.

Fig. 396. — Le **Papillon femelle** pond les œufs ou graines qui serviront plus tard à obtenir de nouveaux vers. Elle meurt aussitôt la ponte.

Fig. 394. — **Chrysalide.** — La chrysalide reste à cet état 14 à 16 jours, puis se transforme en papillon à l'intérieur du cocon. Le papillon, pour sortir, décolle la soie et se livre un passage au moyen d'un liquide qu'il émet.

Fig. 397. — **Saturnie de l'ailante (mâle).** — Beau papillon brun, dont les ailes sont marquées de taches jaunes et blanches. Peut atteindre une longueur d'envergure de 13 centimètres; sa longueur est de 3 centimètres.

Fig. 398. — **Chenille de la Saturnie,** d'un beau vert émeraude avec le dernier anneau et la tête d'un jaune d'or. Le cocon est de forme allongée. La soie est grise.

Fig. 399. — **Tissage de la soie** : ouvrières agitant des cocons dans l'eau chaude pour en dévider le fil.

PISCICULTURE

22. — Principaux poissons des eaux douces de la France.

218. Notions générales. — La pisciculture est l'art d'élever le poisson et d'en favoriser la multiplication par des procédés rationnels.

Certaines exploitations agricoles ont un cours d'eau à leur portée, ou bien sont traversées par un ruisseau ou une rivière qui permettent l'établissement d'un réservoir. En d'autres circonstances, des terrains marécageux peuvent offrir une occasion favorable d'assainissement par l'établissement d'un étang qui recevrait leur excès d'eau ; enfin, dans certains cantons, les anciennes tourbières et les canaux d'hortillonnage* n'attendent qu'un peu de travail pour être convertis en viviers poissonneux.

Tout cultivateur qui peut, plus ou moins, disposer de ces avantages, ne doit pas perdre l'occasion d'en tirer profit en faisant de la pisciculture. Avec peu de frais d'établissement, il arrivera vite, à l'aide de quelques soins seulement, à disposer de temps en temps d'une belle et bonne friture que l'on consommera à la ferme, ou que l'on portera au marché.

A l'aide des procédés de fécondation artificielle des œufs de poissons, on peut rapidement peupler un étang des meilleures espèces.

Il ne faut pas perdre de vue que la nature, la température, la profondeur des eaux, sont autant de facteurs qui exercent une influence marquée sur la multiplication et le développement des différentes espèces de poissons. Il faut donc, dans un premier empoissonnement, choisir surtout les espèces qui conviennent le mieux aux pièces d'eau que l'on veut consacrer à la culture du poisson.

Dans ces derniers temps, on a surtout singulièrement augmenté les bénéfices que l'on réalise sur la pratique de la pisciculture, par les procédés de la fécondation artificielle, qui ont permis de décupler la production des *alevins** et d'en fournir à tous les pisciculteurs à un prix très réduit.

219. — Espèces à cultiver.

L'ombre chevalier (*Thymallus vexilifer*) n'est entré dans nos cours d'eau du nord que depuis le développement de la pisciculture par la fécondation artificielle. Sa chair, qui ressemble à celle de l'anguille, est très fine et fort appréciée des amateurs de poisson.

La truite commune (*Trutta farcis*) est un fort joli poisson aux écailles argentées tachetées de points pourprés ; elle est carnivore et se nourrit de vers, d'insecte, de mollusques et de petits poissons qu'elle chasse fort habilement ; sa chair est très estimée.

Le barbeau commun (*Barbus fluviatilis*) vit dans nos grands cours d'eau ; il est très vorace ; il se nourrit d'insectes, de vers, de poissons, de mollusques, etc. Bien qu'un peu fade, la chair du barbeau est délicate.

Le goujon fluviatile (*Gobio fluviatilis*) est omnivore ; sa chair blanche et grasse est très appréciée des gourmets. On ne peut l'élever avec la perche et la truite qui en sont excessivement friandes. Il fraie en mai-juin.

La chevaine commune (*Leuciscus dobula*) ou meunier vit dans les eaux tranquilles et profondes. Ce poisson est excessivement vorace et doit être proscrit des étangs. Il fraie vers la fin d'avril. Sa chair est blanche et d'assez bonne qualité.

La loche franche (*Cobitis tœnia*) est carnivore ; elle se nourrit de vers, d'insectes aquatiques, de mollusques, etc. Elle est peu estimée des pêcheurs.

Le gardon (*Leuciscus rutilus*, dit aussi *rosse*, est un poisson blanc qui se nourrit principalement de plantes aquatiques, de vers, de petits mollusques et d'insectes ; sa chair est de médiocre qualité. On l'utilise surtout comme amorce pour la pêche des gros poissons.

La carpe commune (*Cyprinus caprio*), si universellement connue, peuple la plupart de nos étangs et de nos viviers. Elle se nourrit d'insectes, de larves, de vers et de plantes aquatiques. Elle croît très rapidement, et sa culture, bien entendue, est fort lucrative.

Le brochet commun (*Esox lucius*) surnommé le requin d'eau douce, est un véritable fléau pour les étangs qu'il habite, car il les a bientôt dépeuplés. Il est recherché dans les banquets pour sa beauté et sa taille, qui en font un plat remarquable. Sa chair est blanche et d'une saveur agréable quand il a vécu dans les eaux limpides.

La tanche commune (*Tinca vulgaris*) est omnivore, mais se nourrit surtout de vers, de larves et de petit mollusques ; elle a, comme l'anguille, le corps recouvert d'une peau noirâtre. Bien que la tanche vive dans la vase, sa chair qui est blanche, en prend peu le goût.

La perche de rivière (*Perca fluviatilis*, l'un des plus beaux poissons de nos cours d'eau, est aussi, comme le brochet, très vorace et se nourrit presque exclusivement de poissons. Sa chair est blanche, très ferme et délicate.

L'anguille commune (*Anguilla murena*) est très vorace ; elle se nourrit de petits poissons, de vers, de larves aquatiques ; on la dit surtout friande de frai de poissons. Sa chair est fort estimée et se prête en cuisine à des plats variés. La reproduction de l'anguille a été longtemps un mystère. On est fondé à croire aujourd'hui que cette reproduction a lieu dans la mer, à l'embouchure des fleuves et des rivières.

En outre des poissons qui viennent d'être désignés, il convient de citer encore : la *lamproie de rivière*, la *lotte commune*, etc. Il est à remarquer qu'un certain nombre de poissons tels que : la *nase*, la *muge*, l'*esturgeon*, l'*alose*, le *saumon*, quittent les eaux de la mer pour venir frayer dans nos fleuves et nos rivières où on peut les pêcher facilement.

Époque de frayage des principaux poissons susceptibles d'être livrés à la pisciculture :

Le saumon	fraye en	octobre-janvier.
La truite saumonée	—	novembre-décembre.
La truite commune	—	septembre-janvier.
L'ombre-chevalier	—	décembre-février.
L'ombre commune	—	mars-mai.
Le brochet	—	février-mars.
La perche	—	avril-mai.
La carpe	—	mars-juin.
La tanche	—	mai-juillet.

FIG. 575. — **La cerise** est un fruit tempérant : avec les queues de cerise on fait une tisane diurétique.

FIG. 576. — **La fraise** possède des propriétés rafraichissantes et relâchantes.

FIG. 577. — **Le framboisier et ses fruits.**

FIG. 578. — **Le groseillier à grappes**, fruits rafraichissants.

FIG. 579. — **Bouillon-blanc.** Les fleurs sont employées en tisane (15 à 30 grammes par litre d'eau); les feuilles en cataplasme (50 grammes par litre d'eau).

FIG. 580. — **Mauve.** — Infusion de fleurs (10 grammes dans un litre d'eau) contre la toux, les maladies de poitrine, la rougeole.

FIG. 581. — **Consoude.** — Avec la racine on prépare une pulpe qu'on applique sur les plaies, les brûlures, etc.

FIG. 582. — **Bistorte.** — Le rhizome de cette plante est un des meilleurs astringents indigènes (infusion de 40 à 60 grammes par litre d'eau), pour gargarismes dans le scorbut, les maux de gorge, etc.

FIG. 583. — **Chicorée sauvage.** — On a recours à l'infusion ou à la décoction des feuilles (10 à 15 grammes par litre d'eau), pour ranimer les forces digestives à la suite de fièvres.

FIG. 584. — **Grande gentiane.** Les racines macérées dans le vin (25 grammes par litre, s'emploient comme apéritif.

FIG. 585. — **Mélisse.** — Elle est employée en infusion (5 grammes par litre d'eau), contre les indigestions, les migraines.

FIG. 586. — **Arnica des montagnes.** — Infusion (10 grammes par litre d'eau), employée contre les contusions.

FIG. 587. — **Asaret.** La racine, les feuilles sont irritantes; réduites en poudre, elles deviennent un sternutatoire énergique.

FIG. 588. — **Cochléaria.** — Macération dans le vin blanc (15 grammes par litre) pour exciter l'appétit et combattre le scorbut.

FIG. 589. — **Cresson de fontaine.** — Infusion (50 grammes par litre d'eau), employée contre le scorbut, les faiblesses d'estomac.

FIG. 590. — **Bourrache.** — Les feuilles et les fleurs de cette plante sont employées en tisane (10 à 15 grammes par litre d'eau).

FIG. 591. — **Prèle ou queue de cheval.** — Les tiges sont employées en infusion comme diurétiques.

FIG. 592. — **Asperge.** — Ses parties souterraines en décoction (18 à 60 grammes par litre d'eau) sont diurétiques et calment les palpitations du cœur.

FIG. 593. — **Tussilage commun.** — Les capitules en infusion (10 grammes par litre d'eau) facilitent l'expectoration dans les rhumes.

FIG. 594. — **Coquelicot.** — Les fleurs infusées (5 à 10 grammes par litre d'eau) calment le rhume, la coqueluche.

FIG. 595. — **Liseron scammonée.** — La racine en poudre à dose de 3 décigrammes à 1 gramme, est employée comme purgatif et vermifuge.

FIG. 596. — **Grande absinthe.** — La poudre préparée avec les sommités fleuries est tonique à dose de 1 à 2 grammes, et vermifuge à dose de 4 à 16 g.

ÉCONOMIE RURALE

32. — La maison, les bâtiments d'exploitation, la comptabilité.

**1° LA MAISON, LES BATIMENTS D'EXPLOITATION,
LES EAUX DANS LA FERME.**

310. La maison. — La maison du cultivateur doit être bâtie sur un terrain sec, un peu élevé pour faciliter l'écoulement des eaux. Il convient qu'elle soit orientée au sud et à l'est, qu'elle soit élevée sur cave, que le carrelage ou le plancher soit établi à 0m,50 au-dessus du sol. La hauteur entre le plancher et le plafond ne doit pas être moindre de 3 mètres et les fenêtres doivent être assez larges pour donner un accès suffisant à l'air et à la lumière.

Il faut que les pièces d'habitation soient disposées de façon à faire perdre le moins de temps possible dans leur utilisation journalière et dans leur nettoyage.

311. Les habitations des animaux. — Les constructions destinées aux animaux seront établies de façon à ce que l'air et la lumière y pénètrent suffisamment ; mais il faut éviter autant que possible les courants d'air. On assainit les écuries et les étables par l'établissement de cheminées d'appel ménagées dans l'épaisseur des murs. Pour ces habitations, on emploie souvent des portes coupées, dont la partie supérieure, indépendante de la partie inférieure, peut rester seule ouverte. Quelquefois on se contente d'un guichet de grandes dimensions, qu'on ouvre et qu'on ferme à volonté, la porte restant close. Les rigoles pour l'écoulement des urines seront bien étanches et d'une pente de 2 centimètres par mètre jusque vers la fosse à purin.

312. Les écuries. — La meilleure exposition pour une écurie est celle de l'est-ouest ; l'exposition nord ou sud serait ou trop froide ou trop chaude.

Il faut que l'écurie soit suffisamment vaste pour que chaque cheval ait à sa disposition un cube d'air suffisant. Cependant si l'écurie est bien disposée pour l'exécution du service, c'est-à-dire s'il y a derrière les chevaux, placés tête au mur, un couloir de service suffisamment large (2 mètres de largeur pour une seule rangée de chevaux) ; si de plus chaque cheval dispose pour se coucher d'un espace suffisant (2 mètres sur 2m,50), il n'y a pas lieu de s'inquiéter du cube d'air qui sera toujours suffisant, étant donné que les murs *respirent* et qu'il se fait constamment un échange entre l'air intérieur et l'air extérieur à travers ces murs.

Le pavage, construit solidement, offrira une pente légère, de façon que les urines s'écoulent facilement vers les rigoles qui communiquent avec la fosse à purin.

313. Les étables. — Autant que possible, les étables sont orientées comme les écuries ; elles doivent être bien aérées et pavées avec des briques à plat, à joints cimentés.

314. Les bergeries. — L'exposition la plus convenable pour une bergerie est le nord ou le midi, car en hiver, les moutons recherchent le soleil et l'ombre en

été. Si l'on ne peut adopter cette disposition, on y supplée par des ouvertures percées au nord et au midi. On admet qu'un mètre carré suffit pour chaque bête à laine. Des râteliers sont disposés dans la bergerie.

315. La porcherie. — La porcherie demande à être solidement construite et soigneusement pavée. On n'y voit point de fenêtres, mais seulement des ouvertures étroites, qu'au besoin on bouche avec de la paille et qui sont placées à une certaine hauteur pour que les courants d'air qu'elles produisent passent au-dessus des animaux. L'auge dans laquelle on verse la nourriture des porcs est souvent encastrée dans le mur, et une ouverture, qui se ferme au moyen d'un volet à rabattement, permet de donner, de l'extérieur, la nourriture aux porcs.

316. Le poulailler. — Il faut, autant que possible, exposer le poulailler au levant, adossé quelquefois à un four ou aux écuries, afin de ménager aux poules une température douce qui contribue à favoriser la ponte en hiver. On compte une surface d'un mètre carré pour 8 poules. Les perchoirs, en bois de sapin, seront toujours en nombre suffisant, d'un facile accès et souvent nettoyés, de même que le poulailler tout entier.

Pour faciliter ce nettoyage, il sera bon de recouvrir de briques bien jointoyées au ciment ou d'asphalte le plancher du poulailler. Ce plancher aura une pente destinée à faciliter la sortie des eaux de lavage.

Les pondoirs sont disposés de façon à ne recevoir aucune ordure. En hiver, le poulailler doit être bien clos.

317. Le clapier. — Le clapier est souvent placé sous le poulailler, on le divise en plusieurs loges pour y placer les lapins selon leur âge et selon leur sexe. Le clapier exige une grande propreté et une litière abondante ; il est muni de râteliers, placés à une hauteur convenable, afin que la nourriture soit à la portée des lapins.

318. Les oies et les canards. — L'élevage des oies et des canards est pratiqué avec profit, si, à proximité de la ferme, se trouve un cours d'eau. Les remises destinées à ces volailles sont des constructions ordinairement légères, divisées en compartiments où on les place suivant leur âge.

319. Les granges, les fenils et les hangars. — Les granges et les fenils doivent, autant que possible, être disposés de façon à se rapprocher des étables et des écuries qu'ils doivent alimenter. Il faut que les hangars soient assez vastes pour abriter tous les instruments aratoires de la ferme.

320. Les latrines. — La décence et la propreté font au fermier un devoir d'établir des cabinets d'aisances dans son habitation.

Les latrines se composent d'un cabinet d'aisances et

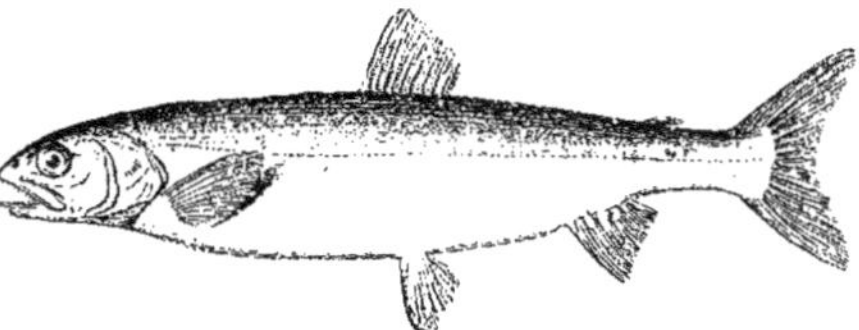

Fig. 400. — **L'Ombre-chevalier** habite principalement les lacs (lac du Bourget, Léman, lacs des Vosges). On le pêche quelquefois dans la Meurthe, le Rhône et le Doubs. Il fraye en octobre, novembre. - Longueur moyenne, 0m,60.

Fig. 402. — **L'Anguille commune.** — En mars et en avril, les jeunes anguilles remontent les cours d'eau en masses filiformes, blanchâtres, que les pêcheurs désignent sous le nom de *montée* et qu'on pêche facilement. — Longueur moyenne : 0m,70 à 0m,90.

Fig. 404. - **La Perche.** Justement estimée au point de vue alimentaire, mais c'est un poisson carnassier et d'un dangereux voisinage pour les autres poissons d'eau douce. — Longueur moyenne : 0m,35.

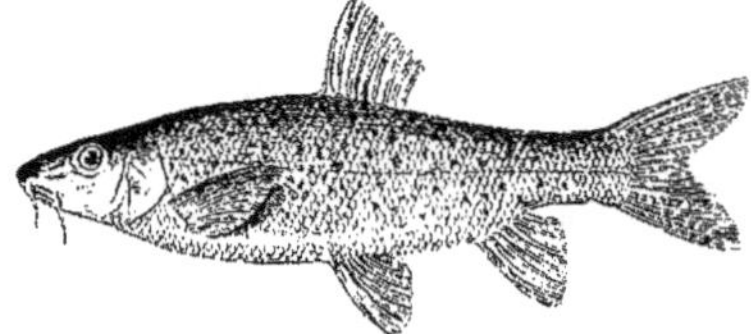

Fig. 406. — **Le Barbeau ou Barbillon.** — Peut atteindre 0m,50 à 0m,60 de longueur. Se nourrit de végétaux, d'insectes et de mollusques.

Fig. 409. **La Loche franche.** — Longueur moyenne : 0m,10. Est assez commune en France.

Fig. 411. — **Le Brochet.** — Vit dans la plupart de nos rivières, lacs et étangs. Très vorace; absolument carnassier, il détruit une grande quantité de poissons. Longueur moyenne : 0m,10.

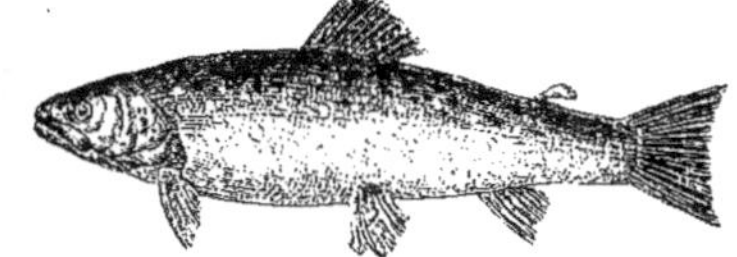

Fig. 401. — **La Truite commune** se trouve dans toutes les eaux de notre pays lorsque ces eaux sont suffisamment fraîches et aérées : ne se plaît que dans les eaux pures et froides. — Longueur moyenne. 0m,20 à 0m,50.

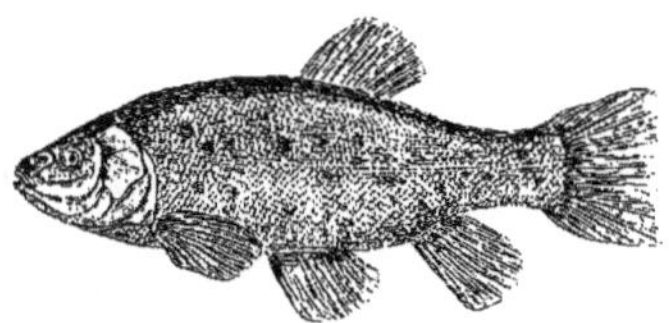

Fig. 403. — **La Tanche.** - Poisson d'étang et de rivière. — Commun dans notre pays. Peut vivre dans les eaux saumâtres. Longueur moyenne : 0m,30.

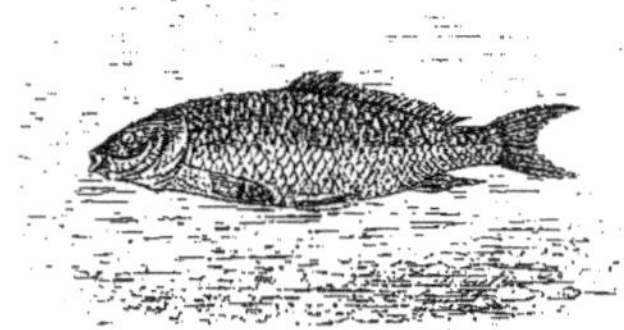

Fig. 405. — **La Carpe commune,** facile à élever dans les étangs et les viviers. Est l'un des poissons d'eau douce de plus grand rapport. — Longueur moyenne : 0m,60.

Fig. 407. — **Le Goujon.** — Commun dans tous nos cours d'eau. Très estimé. La longueur moyenne est de 0m,10. Le frai a lieu à diverses reprises de fin avril au milieu d'août.

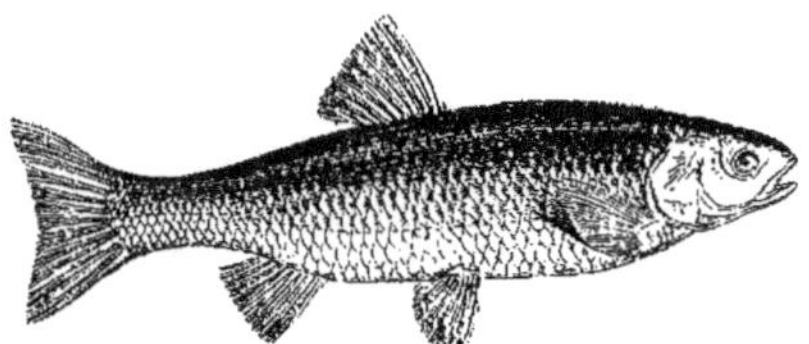

Fig. 408. - **La Chevaine commune.** — Longueur moyenne 0m,30 à 0m,50. Fort commune dans nos eaux. Très vorace. Détruit en grande quantité du frai de jeunes poissons.

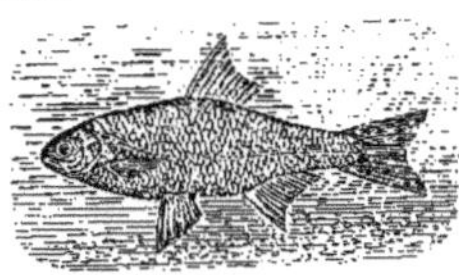

Fig. 410. — **Le Gardon.** — Corps ovale couvert de grandes écailles. Longueur moyenne : 0m,20 à 0m,25. Poisson fort commun dans nos eaux.

HORTICULTURE

23. — Notions générales.

220. Définition. — L'horticulture est l'art de cultiver les jardins. Elle comprend : 1° la culture des légumes qui se subdivise elle-même en : *Culture maraichère* et en *Culture potagère ;* 2° l'*Arboriculture* qui renferme la culture des arbres à fruits et celle des arbres d'ornement ; 3° la *Floriculture* qui s'occupe à la fois des plantes ornementales de serre et de plein air. Les premières sont exotiques et les secondes indigènes.

221. Établissement d'un jardin productif. — On n'a pas toujours le choix du terrain le plus convenable pour l'établissement d'un jardin ; mais on peut toujours corriger ou atténuer les défauts du sol par le défrichement, l'assainissement, le nivellement et l'emploi judicieux des labours, des engrais, des amendements, des abris, etc.

La forme carrée ou rectangulaire est celle qui convient le mieux pour l'établissement d'un jardin de rapport.

Pour que la culture d'un jardin soit rémunératrice, il faut qu'elle donne *trois* ou *quatre* fois autant de produits alimentaires qu'un champ ordinaire de même étendue.

Le jardin doit, autant que possible, réunir les conditions suivantes :

1° Le sol doit être profond, de consistance moyenne, être riche en humus ou terreau ; le sous-sol doit être perméable.

2° Il doit recevoir de l'air en abondance ; être éloigné des grands arbres, dont l'ombre serait nuisible.

3° Il doit être abrité contre les vents du nord et de l'ouest ; être clos de haies vives ou, ce qui est préférable, de murs de 1ᵐ,50 à 2 mètres de hauteur, enduits au mortier de sable et de chaux ou blanchis à l'intérieur.

4° Il doit être placé à proximité d'un cours d'eau ou pourvu d'un réservoir qui recevra les eaux de pluie.

Les jardins d'ornement ou de luxe sont dits *paysagers* ou à *la française*, on leur sacrifie la production pour le bien-être et la beauté. Les jardins publics des villes sont des jardins d'ornement.

222. Distribution du jardin. — Le jardin (fig. 412) doit être distribué de manière à donner à son propriétaire, non seulement ce qui est utile, comme les légumes et les fruits, mais encore l'agréable, comme les fleurs. Les deux tiers au moins sont réservés au potager. S'il est possible, les carrés seront au nombre de quatre, disposés comme l'indique la figure et séparés par des allées suffisamment larges pour qu'on puisse y circuler librement avec une brouette.

Des Pommiers en cordon entoureront les carrés et les plates-bandes.

Dans les plates-bandes ménagées le long des murs, on cultivera quelques primeurs*, de menus légumes ; on y fera quelques semis de bonne heure au printemps ; enfin les murs seront garnis d'espaliers (Poiriers, Pêchers, Abricotiers, etc.).

Une place importante sera réservée à la pépinière, au jardin d'agrément et au rucher. Les Groseilliers, les Framboisiers, les Fraisiers ne sont pas à négliger et doivent être cultivés dans un jardin bien organisé.

223. Assolement du jardin. — Dans la culture du jardin, comme dans toute autre culture, il faut observer la loi de l'*alternance* qui consiste *à ne pas cultiver deux années de suite les mêmes plantes sur le même sol*, si l'on veut obtenir des produits rémunérateurs.

Le carré du jardin n° 1, très bien fumé, est planté d'Artichauts qui donnent de bons produits pendant trois ou quatre ans et d'Asperges qui durent de 15 à 20 ans ; le carré n° 2, fumé comme le précédent, reçoit des légumes dont on mange les feuilles (Choux, Laitues, etc.) ; le carré n° 3, sur fumure de l'année précédente, porte des plantes racines (Carottes, Pommes de terre, etc.) ; le carré n° 4, sans fumure, mais sur un cendrage abondant est consacré aux plantes Légumineuses* (Haricots, Pois, etc).

Pendant la deuxième année, le carré n° 2, sans fumure, porte des plantes racines ; le carré n° 3, fortement cendré, porte des plantes légumineuses ; le carré n° 4, copieusement fumé, est consacré aux légumes à production foliacée et ainsi de suite, en observant toujours la loi de l'alternance.

224. Les semis. — La reproduction des plantes par **semis** est le mode le plus facile, le plus naturel et le plus important du jardinage.

On sème de plusieurs manières : 1° en *rayons* ou en *lignes*, ce procédé facilite les binages et les sarclages ; 2° à la *volée*, certaines plantes obtenues par ce moyen sont destinées à la transplantation ; 3° en *poquets* ou *potelets* pour les plantes cultivées en touffes et qui redoutent la transplantation.

Il faut n'employer que les graines bien mûres, parfaitement conservées et n'ayant pas perdu leurs *facultés germinatives* par l'âge.

On sème *clair* ou *dru* suivant les circonstances. Quelquefois aussi les graines sont préparées par la *stratification**.

En général les graines sont enterrées proportionnellement à leurs volumes et les plus fines sont maintenues près de la surface du sol.

225. Le repiquage. — Le repiquage favorise le développement de certains légumes, par exemple du Poireau, du Céleri, etc.

PLAN D'UN JARDIN

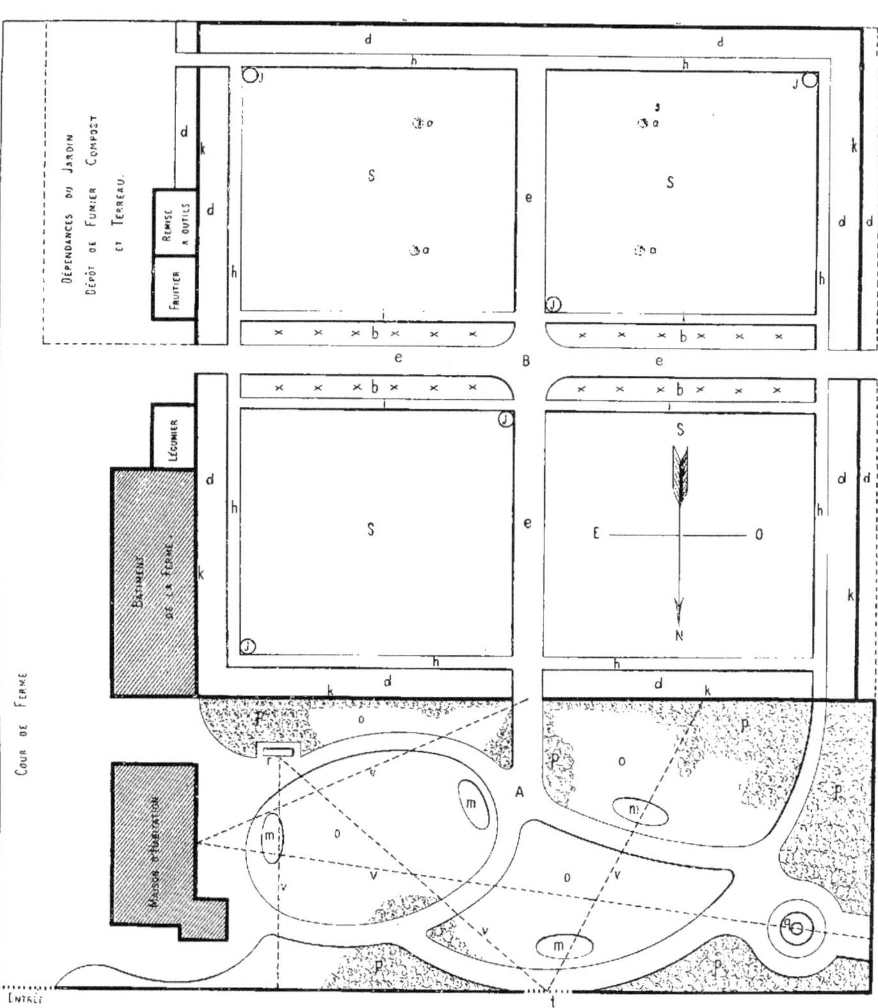

Plan de Jardin dressé par M. A. MAGNIEN, jardinier en chef de l'École nationale d'Agriculture de Grignon.

Fig. 412. — A, petit jardin d'ornement ou paysage ; — B, jardin potager et fruitier ; — a, arbres de plein vent ; — b, plates-bandes de 2 mètres de large plantées de pyramides ; — d, costières ou plates-bandes abritées par les murs de clôture ; — e, allées charretières de 2ᵐ,50 de large ; — h, allées de 1ᵐ,50 de large ; — i, allées de 1 mètre de large ; — j, bassins d'arrosage ; — k, murs de clôture et espaliers ; — m, corbeilles d'ornement ; — o, gazons et pelouses ; — p, partie boisée plantée d'arbustes ; — q, salle d'ombrage ; — r, banc de repos ; — S, carrés en culture pour les légumes ; — v, vues ou percées ; — t, grille.

Il est bon d'arroser abondamment le terrain avant de procéder à l'arrachage des plantes à repiquer, afin d'en faciliter l'extraction avec toutes leurs racines.

Le plant à repiquer étant arraché est *habillé*, c'est-à-dire qu'on coupe l'extrémité de ses feuilles ainsi que la partie la plus inférieure de ses racines.

Il convient de repiquer le soir, ou par un temps couvert, afin que la chaleur ne puisse exercer une influence fâcheuse sur les plantes.

Les sujets qu'on repique doivent être enfoncés jusqu'au collet et non au delà, en ménageant les racines et en entourant celles-ci de terre bien meuble, suffisamment tassée; puis on arrose, soit au goulot, soit à la pomme.

Les couches. On désigne ainsi des mélanges de matières fermentescibles tels que, fumier, feuilles, mousses, qu'on prépare par des brassages successifs et qui sont destinées à fournir une chaleur factice pour les cultures hors saison. On dispose ensuite ces fumiers en tas, de forme rectangulaire de 50 à 80 centimètres de hauteur. Par-dessus, on range des châssis et de la terre riche additionnée de terreau; c'est dans cette terre chauffée que se développeront les plantes cultivées.

Avant d'ensemencer, on laisse passer ce que les jardiniers appellent le *coup de feu*, c'est-à-dire la forte fermentation qui se produit 8 à 10 jours après la confection de la couche. Lorsqu'elle est semée, on doit la visiter souvent pour détruire les mauvaises herbes, pour soulever les châssis afin de donner de l'air aux jeunes sujets, et les baisser le soir, lorsque les nuits sont fraîches.

Les *couches chaudes* ne sont formées que de fumier de cheval sortant de l'écurie; les *couches tièdes* sont composées d'un mélange de fumier de cheval et de fumier de vache ou de feuilles ramassées à l'automne précédent.

Les couches servent : 1° à abriter certaines plantes délicates jusqu'au moment où elles ont acquis assez de vigueur pour végéter en sol ordinaire; 2° à hâter la végétation de celles qui doivent être repiquées* en pleine terre aussitôt que la température le permet; 3° à obtenir plus tôt certains légumes.

Emploi de la chaleur d'un foyer. — La chaleur nécessaire aux cultures jardinières des climats septentrionaux est quelquefois demandée aussi à des foyers chauffés par le feu et spécialement construits. Les *Serres*, ces locaux vitrés qui renferment des plantes exotiques délicates incapables de braver les froids de nos hivers et qui sont appelés quelquefois *jardins d'hiver*, reçoivent la chaleur nécessaire à la vie des plantes qu'elles renferment, à l'aide de ces poêles à eau chaude appelés *Thermosiphon*.

Ce sont des appareils perfectionnés qui servent exclusivement aujourd'hui au chauffage des serres; plus rarement on les emploie aux *cultures forcées* de primeurs.

Ils sont composés d'une chaudière munie elle-même d'un foyer. Cette chaudière possède de longs tuyaux étanches; un courant d'eau chaude s'établit dans leur intérieur et porte la chaleur nécessaire aux cultures.

226. La stratification. — Les graines dont l'enveloppe est dure, comme les Châtaignes, les noyaux, les noix, etc., ont besoin, pour germer plus rapidement, d'être soumises à un semis préparatoire avant d'être mises définitivement en terre, c'est ce qu'on appelle la **stratification**.

Cette opération se fait ordinairement dans des caisses ou de petits tonneaux dont le fond est percé de trous. On y place les graines par couches qui alternent avec de la bonne terre tamisée, puis on rentre les caisses dans la cave.

227. Les instruments de jardinage. — Les **instruments** employés dans la culture du jardin sont assez nombreux. Les plus utilisés sont figurés aux pages 69 et 71. En voici l'énumération succincte. Le *Coffre* et les *Châssis* (fig. 413) qui servent à abriter les plantes cultivées sur couche et aussi quelquefois celles de pleine terre; la *Cloche* (fig. 414) destinée aux mêmes usages. Les instruments de labour comprennent, les *Bêches*, les *Fourches à labourer*, les *Herses* ou *hoyaux* (fig. 415 à 417) et la houe fourchue (bident) employée surtout dans les sols pierreux (fig. 418). Pour semer et planter en lignes, on fait usage du *Cordeau* muni de ses piquets (fig. 419); la *Fourche crochue*, sorte de herse destinée à ameublir la surface labourée (fig. 420). La *Fourche* ordinaire sert surtout au transport et au chargement des fumiers (fig. 421); le *Râteau* propre à enterrer les graines (fig. 422); le *Plantoir* et la *Houlette* ou *Transplantoir* (fig. 423) qui servent à la plantation. Pour les défoncements on emploie une forte pioche, appelée *Pic* par les terrassiers, et qui a son analogue dans la *Pioche piémontaise* (fig. 424) laquelle sert à l'arrachage des arbres. Les *Serfouettes* (fig. 425) sont employées à rayonner et à herser; les *Ratissoires* à *pousser* et à *tirer* (fig. 426) et la *Ratissoire à roue* (fig. 428) servent au nettoyage des allées. La *Binette* (fig. 427) sert au binage des cultures. Le *Rouleau* et la *Batte à manche* servent à tasser la terre après le semis (fig. 429). La *Gouge à asperges* est employée à l'extraction des tiges d'asperges (fig. 430); la *Sarcleuse à une main*, sorte de petite serfouette (fig. 431) et enfin l'*Arrosoir* et la *Brouette* (fig. 432) sont d'un usage journalier dans tous les jardins pour les arrosages et les petits transports.

Il est important de conserver les instruments du jardinage dans un bon état de propreté; de ne pas les laisser séjourner dans le jardin, mais de les rentrer chaque jour sous un abri où on leur assigne à chacun sa place.

PROMENADES SCOLAIRES

I. Indiquer aux élèves comment on s'y prend pour semer à la volée.

II. Dans les champs, faire connaître quelques plantes à utiliser en médecine.

III. Visiter les diverses plantations des champs et les comparer à celles du jardin.

IV. Montrer aux élèves les soins à prendre pour le repiquage des plantes.

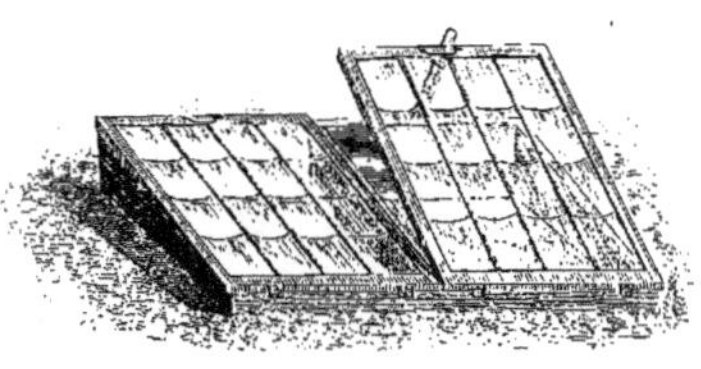

Fig. 413.
Châssis vitrés. — On obtient des produits précoces par la *culture forcée* sous châssis.

Fig. 414.
Cloche. — Pour les plantes isolées qu'on veut *forcer*, on emploie la cloche.

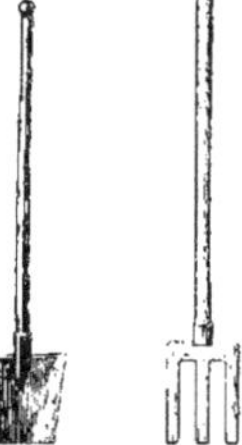

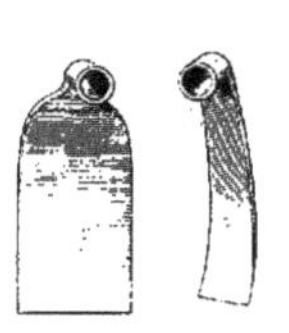

Fig. 415.   Fig. 416.   Fig. 417.
Bêche.   **Fourche de labour**.   **Houes de labour**.
Ces instruments, comme tous ceux en fer, doivent toujours être bien polis; il ne faut pas les laisser se rouiller.

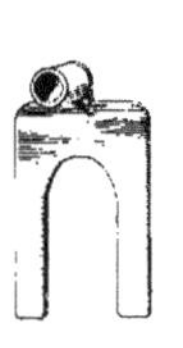

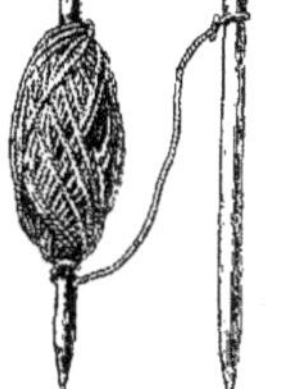

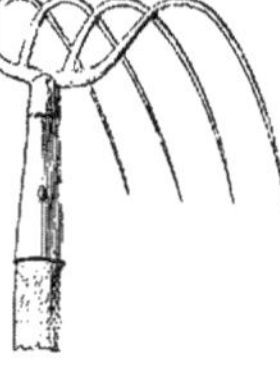

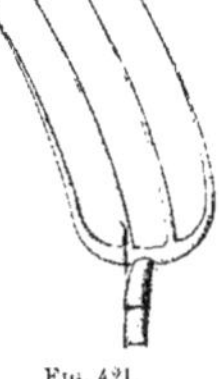

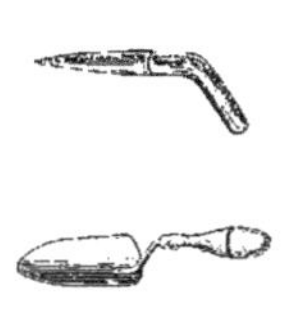

Fig. 418.
Houe bident.
Donne un labour plus léger que la bêche.

Fig. 419.
Cordeau et ses piquets. — Employé pour le tracé des lignes et du plancher.

Fig. 420.
Fourche crochue. Plus énergique que la houe pour briser les mottes.

Fig. 421.
Fourche. — Prendre des précautions pour manier cet instrument.

Fig. 422.
Râteau. — Sert à herser les semis à la volée et à ratisser les allées.

Fig. 423.
Plantoir et transplantoir. — Bien soulever les racines avec le transplantoir avant de tirer les plantes.

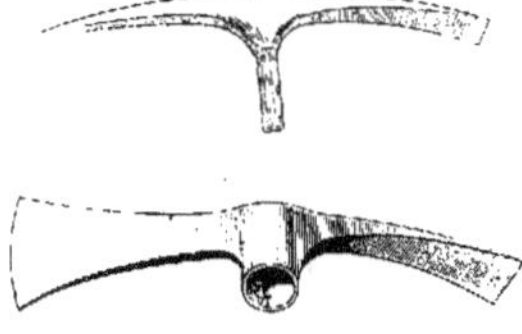

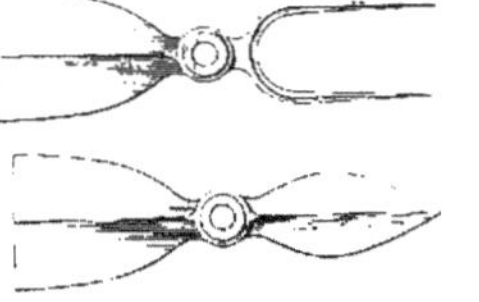

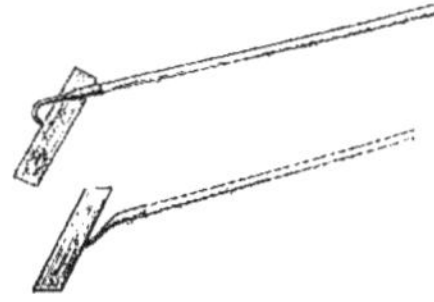

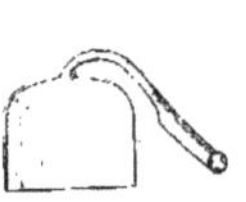

Fig. 424.
Pic et pioche piémontaise. Sont utilisés pour défoncements de sols compacts ou pierreux.

Fig. 425.
Serfouettes. — Indispensables pour les binages, la plantation des grosses graines, l'entretien des pépinières, etc.

Fig. 426.
Ratissoires à tirer et à pousser. — Très expéditive et très commode pour nettoyer les allées, biner les massifs, etc.

Fig. 427.
Binette. — Très utile pour les binages entre les lignes d'un semis.

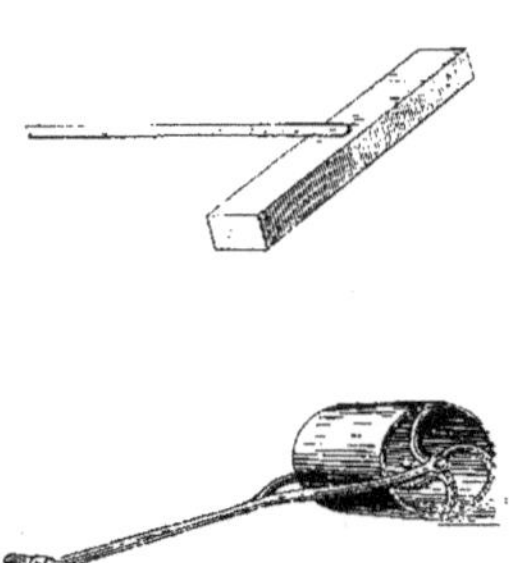

Fig. 432. — **Arrosoir**.
La température de l'eau d'arrosage doit être au moins aussi élevée que celle de l'air.

Fig. 432 *bis*. — **Brouette**.
La brouette de jardinier sera étroite et légère.

Fig. 428.
Ratissoire-charrue. — Plus énergique et plus expéditive que la ratissoire simple.

Fig. 429.
Batte à manche. — **Rouleau**. - Servent à aplanir et à affermir le sol. Le rouleau en fonte est préférable au rouleau en bois.

Fig. 430.
Gouge à asperges. — Pour couper les tiges sous la terre.

Fig. 431.
Sarcleuse. — Espèce de serfouette légère et commode.

HORTICULTURE

24. — Les arbres fruitiers.

228. Arbres fruitiers. — Les arbres fruitiers sont ceux dont les fruits entrent dans notre alimentation, soit sous leur forme naturelle, soit sous la forme de boissons fermentées (vin, cidre), d'huile, etc.

229. Le Poirier. — Le Poirier est un arbre des climats tempérés. Dans toute la France il peut être cultivé avec succès mais surtout dans le centre et le nord. Les sols profonds argilo-siliceux lui conviennent à merveille. On le greffe en *fente*, en *couronne* et surtout en *écusson à œil dormant* sur *le Franc* ou poirier sauvage, sur *Cognassier* pour obtenir une végétation moins vigoureuse susceptible de donner naissance à des *formes* plus réduites, enfin sur *Aubépine* pour plantation dans les sols où le Cognassier ne prospère pas.

Il y a des variétés de poires d'été, d'automne et d'hiver; nous citerons parmi les meilleures et par ordre de maturité : l'*Epargne*, le *Bon chrétien*, *Williams*, le *Beurré d'Amanlis*, *Beurré Hardy*, *Louise bonne d'Avranches*, *duchesse d'Angoulême*, *Beurré d'Aremberg*, *Passe crassanne Doyenné d'hiver*, etc.

Les insectes nuisibles au poirier sont : le Ver blanc, la Courtilière, les chenilles, le Kermès, la Lisette, l'Anthonome. Les maladies auxquelles il est exposé sont : la Chlorose ou jaunisse, que l'on combat très difficilement; la Rouille et le Chancre. Lorsque le Chancre est peu développé, on l'enlève entièrement, puis l'on enduit la plaie d'une épaisse couche d'onguent Saint-Fiacre ou d'un mastic à greffer à base de sulfate de fer ; mais quand il a envahi plus de *la moitié* de l'épaisseur du bois, il ne faut pas hésiter à amputer le sujet.

230. Le Pommier. — Le Pommier demande un sol profond, perméable, argilo-calcaire ou argilo-siliceux, plutôt sec que frais.

Les meilleures variétés de pommes sont : pour l'été, *Borowitsky*, *Transparente de Croncels*, pour l'automne, *Grand Alexandre*, *Reinette dorée*, pour l'hiver, *Calville blanc*, *Reinette du Canada*.

On greffe le pommier sur *Franc* pour les hautes tiges ; sur *Doucin* pour les espaliers ; sur *Paradis** pour les arbres nains dirigés en cordons horizontaux.

Parmi les insectes nuisibles au pommier, citons : le Puceron lanigère, l'Anthonome et parmi les plantes parasites le Gui, les mousses, les lichens.

231. Le Pêcher. — Le Pêcher se plaît dans les sols calcaires, substantiels, profonds et bien défoncés. On le greffe en écusson à œil dormant sur *Franc*, sur *Amandier* et sur *Prunier*.

Parmi les bonnes pêches on cite dans les précoces : *Alexander*, *Grosse mignonne hâtive;* dans les demi-précoces, *Madeleine*, *Malte*, *Reine des vergers;* dans les tardives, *Bon ouvrier*, *Bourdine*, *Salway*.

Les pêches non duveteuses, lisses ou glabres sont appelées *Brugnons*.

Les maladies du Pêcher sont : la *Gomme* qui apparaît le plus souvent dans les sols humides ; la *Cloque* qui recroqueville les feuilles des arbres atteints. On prévient cette dernière en abritant les espaliers à l'aide d'auvents.

Les animaux nuisibles sont : le *Loir*, qui mange les fruits; le *Puceron*, que l'on combat par la nicotine; le *Kermès* et la *Grise*.

232. L'Abricotier. — L'Abricotier se plaît dans les sols calcaires et profonds. On le greffe en écusson à œil dormant sur Amandier, sur Prunier et sur Franc.

Les meilleures variétés d'abricots sont : le *Rouge précoce*, l'*Abricot de Beaugé*, l'*Abricot-pêche*, l'*Abricot royal*, l'*Abricot de Versailles*, l'*Abricot Viart*. Les insectes et les maladies de l'Abricotier sont les mêmes que pour le pêcher.

233. Le Prunier. — Le Prunier se plaît dans tous les sols, pourvu qu'ils ne soient ni sablonneux, ni marécageux. On le greffe en écusson ou en fente. (En fente si le sujet est gros, en écusson, le plus souvent, si le sujet est de petite ou de moyenne dimension).

Les meilleures variétés de prunes sont : les *Reines-claude*, de *Montfort*, la *bleue de Belgique*, le *Perdrigon*, les *Mirabelles*. Les pucerons, les fourmis, les guêpes sont les insectes qui s'attaquent aux prunes. Les maladies du Prunier sont celles du Pêcher.

234. Le Cerisier. — Le Cerisier réussit très bien dans les sols légers, calcaires et profonds. On le greffe sur Sainte-Lucie et sur Merisier (en *écusson* sur les sujets moyens, en *fente* sur les gros).

Parmi les cerises aigres-douces on cite : la *Belle de Choisy*, la *Reine-Hortense;* parmi les bigarreaux, on nomme le *Bigarreau Jaboulay*. le *Bigarreau à gros fruit noir ;* la meilleure des griottes est la *Griotte à queue courte du Nord.*

235. Le Groseillier. — Le Groseillier demande un terrain frais; on le multiplie par le bouturage et le marcottage.

On cite le *Groseillier à grappes*, aux baies roses ou blanches ; le *Groseillier cassis*, à fruits noirs et le *Groseillier épineux* ou à *Maquereau*, à fruits rouges ou jaunes.

236. La Vigne. — La Vigne demande un sol chaud, sec et suffisamment défoncé. On la reproduit par le bouturage, le marcottage et la greffe.

Les meilleures variétés pour raisin de table sont : le *Chasselas de Fontainebleau*, le *Chasselas musqué*, le *Chasselas rose*, le *Précoce de Saumur*, etc.

Les insectes et les animaux nuisibles au raisin sont : les Guêpes, l'Eumolpe, les Lérots, le Moineau, le Phylloxera, la Pyrale, la Cochylis. Les maladies sont l'Oïdium qu'on prévient par les soufrages ; le Mildiou et le Black-rot qu'on prévient par les traitements cupriques*.

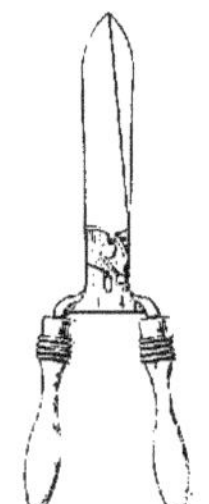

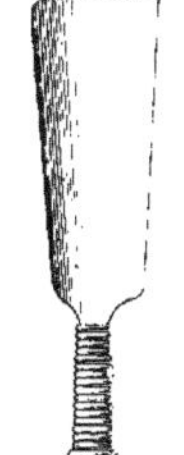
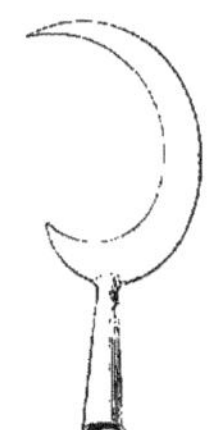
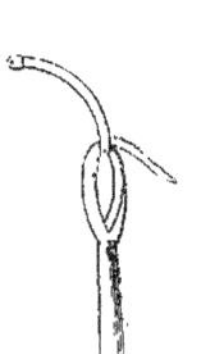

Fig. 433.
Serpette. — Petite serpe qui sert à tailler, à émonder les arbres, à couper les raisins.

Fig. 434.
Greffoir. — Sorte de conteau qui sert à greffer.

Fig. 435.
Cisailles. — Grands ciseaux servant à émonder les arbustes, les haies, à tondre le buis, etc.

Fig. 436.
Egohine. — (Ou scie a incision), sert surtout à scier la branche à greffer.

Fig. 437.
Serpe. — Est surtout employée pour couper les plus grosses branches.

Fig. 438.
Croissant. — (Ou ébranchoir), emmanché au bout d'une perche, et qui sert à couper les branches élevées.

Fig. 439.
Echenilloir. — Employé pour débarrasser les arbres des chenilles et de leurs bourses (nids).

Fig. 440.
Sécateur. — Fait un travail plus expéditif, mais moins parfait que la serpette, dans la taille des arbres.

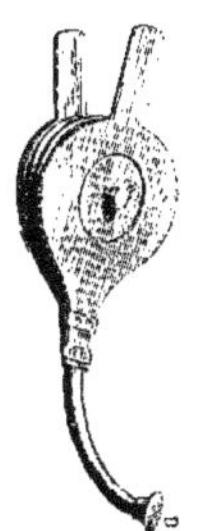

Fig. 441.
Soufflet à soufrer. — Est beaucoup employé pour le soufrage des vignes atteintes par l'*oïdium*, le *mildiou*.

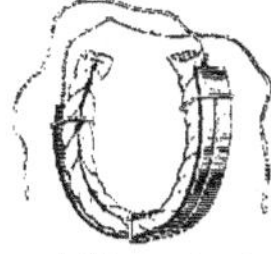

Fig. 442. — **Collier.** — Destiné à préserver l'écorce des arbres du contact des corps durs et rugueux, afin d'éviter les chancres.

Fig. 443.
Étiquette. Petite lame en bois dur ou en métal destinée à inscrire le nom, la date de la plantation, etc., de l'arbre auquel elle est fixée.

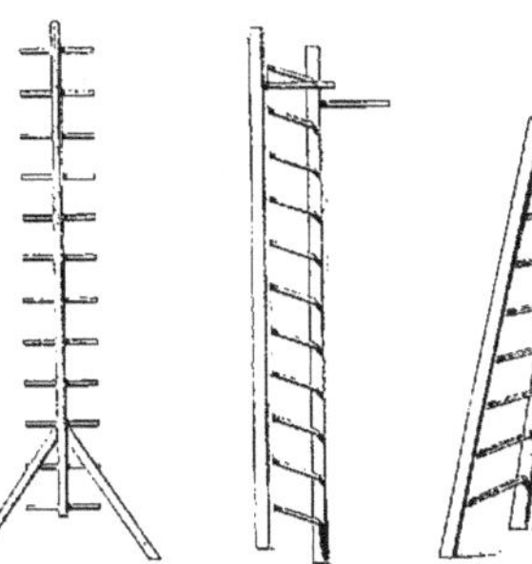

Fig. 444.   Fig. 445.   Fig. 446.
Échelle à cueillir.   **Échelle à palisser.**   **Échelle double.**
Servent pour la taille, le palissage des arbres, la cueillette des fruits, etc.

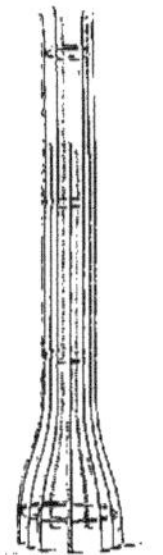

Fig. 447.
Armure. — Sert à protéger les arbres contre les chocs et les atteintes des bestiaux au pâturage.

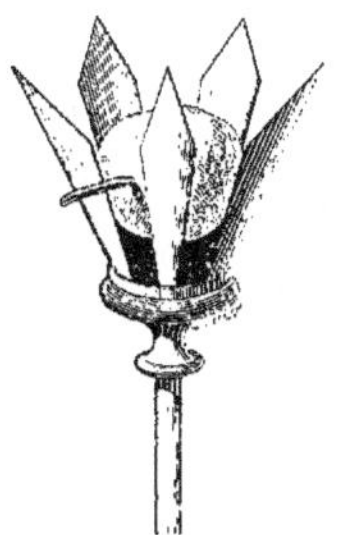

Fig. 448.
Cueille-fruit. — Instrument aussi simple qu'ingénieux, permettant de faire la cueillette des fruits difficiles à saisir sans les froisser.

Fig. 449.
Conservation des raisins. — Cueillir les grappes par un temps sec, alors que la rosée est dissipée, les nettoyer, les éclaircir, et les suspendre par leurs sarments (portant deux ou trois grappes au plus) plongés dans des flacons remplis d'eau pure fréquemment renouvelée.

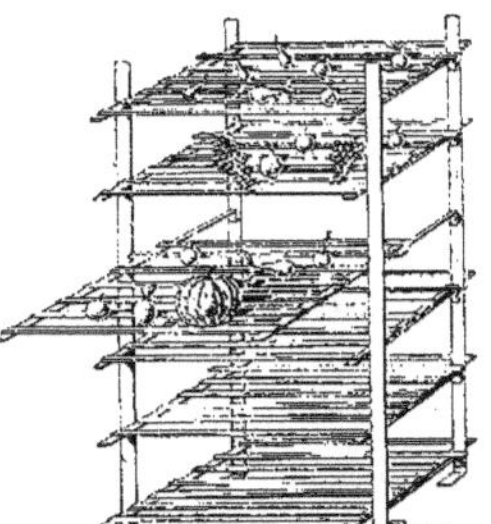

Fig. 450.
Porte-fruits. Très commode, peu coûteux, permettant de ranger et de visiter les fruits facilement tout en les préservant de l'humidité.

HORTICULTURE

25. — Formes à donner aux arbres. Greffage. Taille.

237. Arbres fruitiers à haute tige. — Le *plein vent* ou *haute tige* est applicable pour toutes les essences fruitières (fig. 452). Ce sont des arbres qui possèdent un tronc droit, solide, ramifié seulement vers deux mètres de hauteur pour constituer une tête volumineuse, arrondie ou pyramidale. C'est la forme la plus employée dans la plantation des vergers ou en rangées le long des routes. On choisit naturellement pour la formation de ces arbres, des variétés fertiles, vigoureuses et rustiques.

Ces arbres sont restaurés lorsqu'ils sont vieux, par *l'élagage*, qui se fait en février et par le *regreffage*. On râcle les vieilles écorces et on badigeonne le tronc et les grosses branches avec un lait de chaux, mêlé d'un peu d'argile, afin de détruire les mousses, les lichens et certains insectes nuisibles. On doit aussi veiller à l'échenillage.

238. Arbres fruitiers soumis à la taille. — D'autres arbres fruitiers sont cultivés dans les jardins et dirigés par la taille sous des formes *palissées* ou *libres*, *grandes* ou *petites*, quelquefois appliquées le long des murs de clôture, on a alors des *Espaliers* ; quand les arbres sont appliqués contre des treillages en plein air, ils forment des *Contre-espaliers*.

Parmi les formes usitées nous signalerons : le *Fuseau* ou *Colonne*, l'arbre est élevé verticalement et tient peu de place il convient à tous les jardins ; le *Cône* ou *Pyramide*, convient aux variétés vigoureuses en raison du grand développement que prend l'arbre (fig. 453-454).

2° Les arbres *palissés*, sont cultivés en espaliers, à l'abri des murs et en contre-espaliers, à l'air libre. Les principales formes appliquées à ces arbres sont : la *forme en U* et *en éventail* (fig. 460), employées le long des murs élevés ; la *palmette simple* (fig. 462), soit à branches horizontales, soit à branches obliques ; la *palmette Verrier* (fig. 461), qui n'est autre chose que la palmette simple dont l'extrémité des branches est relevée ; le *cordon oblique* et le *cordon vertical* (fig. 457, 463) qui, comme la forme en U, sont cultivés à l'abri des murs élevés.

Le cordon *horizontal* est utilisé pour la culture du pommier en bordure et greffé sur Paradis.

239. Pépinière. — On appelle pépinière un terrain spécial préalablement défoncé, assaini, nivelé, divisé en carrés et dans lequel on multiplie par le semis, la marcotte, la bouture et la greffe, les arbres ou arbustes, destinés aux plantations futures.

Les sujets provenant de semis sont repiqués l'année suivante à une distance convenable. Deux ans après ce repiquage, on procède à leur greffage et, après une année de greffe, on peut les arracher pour les planter à demeure.

Plantation. — Lors de l'arrachage des sujets, on doit éviter, le plus possible, de blesser les racines principales ; on raccourcit ensuite celles-ci, soit à la serpe, soit au sécateur (fig. 431) ; on supprime tout ou partie du pivot et l'on plante immédiatement, afin que les racines n'aient point trop à souffrir du contact de l'air et du soleil.

Avant l'arrachage des arbres, on doit creuser des trous pour leur transplantation. Ces trous, selon la nature du sol, doivent avoir 1 mètre à 1^m,50 de diamètre sur 0^m,70 à 1 mètre de profondeur. On en garnit le fond avec de la terre meuble, de bonne qualité, provenant de la partie supérieure du sol, mélangée de fumier et additionnée de phosphate minéral, de sulfate de fer, etc. On dispose l'arbre sur cette couche de terre, la greffe au-dessus du sol, en étalant bien les racines et en les laissant dans leur situation normale ; on achève de combler le trou et l'on tasse légèrement. Si l'arbre est à haute tige, on lui donne un bon tuteur. Au printemps, on donne une bonne fumure en couverture*.

240. La greffe. — La greffe ou le greffage est une opération qui consiste à implanter un végétal ou une portion de végétal, nommé *greffon* ou *scion*, sur un autre végétal de la même famille, nommé *sujet*.

Le greffon s'unit, se soude au sujet dont il tire sa nourriture ; c'est lui qui doit constituer l'arbre cultivé ; le sujet doit avoir une vigueur en rapport avec les dimensions demandées au greffon, il doit surtout s'adapter au sol dans lequel il devra être définitivement planté.

Greffage par approche. — Le greffage par approche (fig. 465) a pour but de souder les branches de deux arbres enracinés. A cet effet, on enlève à chacun des deux arbres, une plaque d'écorce avec un peu d'aubier, au point où l'on veut établir le contact ; on rapproche les deux plaies de façon qu'elles se trouvent en rapport dans le plus grand nombre de leurs points et on ligature fortement.

Cette greffe se pratique au moment où la sève est dans toute son activité.

Greffage de côté sous écorce. — Le greffage sous écorce par rameau simple (fig. 466) se fait à œil poussant, en avril-mai, avec des greffons de l'année précédente ; ou bien à œil dormant, de juillet à septembre, avec des scions détachés de l'arbre au moment du greffage.

Le greffage en couronne. — Le greffage en couronne (fig. 467) se fait en incisant l'écorce seule et en plaçant les greffons taillés entre cette écorce et l'aubier.

FIG. 451.
Scion d'un an. — Rejeton destiné à produire un arbre à fruits par la greffe sur un autre sujet.

FIG. 452.
Arbre de plein vent. — La tête est *en boule*, avec branches mères évasées pour le pommier et le prunier; elle est *pyramidale* pour le poirier, le cerisier, le noyer.

FIG. 453.
Fuseau. — Forme étroite: 0ᵐ.50 à 1ᵐ, avec 3 à 5ᵐ d'élévation.

FIG. 454.
Pyramide. — 2 à 4ᵐ de diamètre à la base, et 4 à 6ᵐ d'élévation.

FIG. 455.
Cep. — Dénomination du pied de la vigne. Dans nos jardins, la vigne est disposée en espalier et en contre-espalier.

FIG. 456.
Auvents. — Sont destinés à préserver les espaliers contre les nuits froides, les gelées printanières.

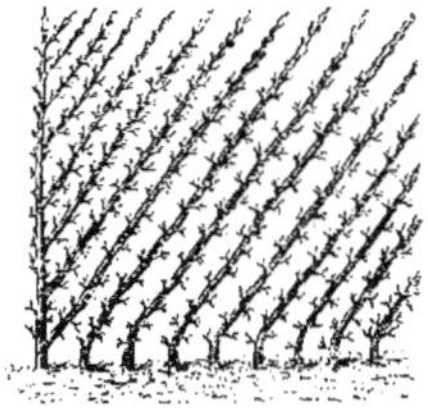

FIG. 457.
Cordons obliques. — Conviennent aux arbres appuyés à des murs ayant de 2 à 3ᵐ de hauteur; sont plantés à 0ᵐ.40 de distance les uns des autres.

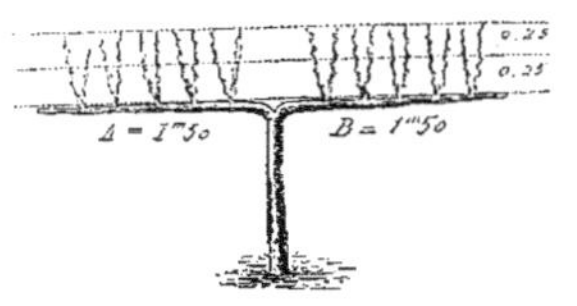

FIG. 458.
Treille. — Vigne disposée en espalier et en contre-espalier pour obtenir une maturité plus précoce. — Vit de 20 à 30 ans dans un terrain ordinaire, et jusqu'à 50 ans dans un sol généreux.

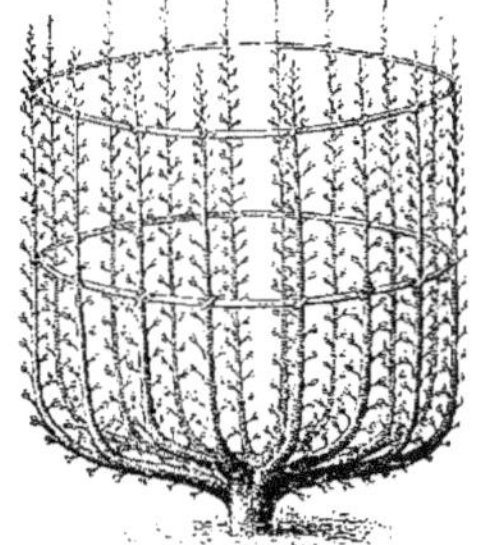

FIG. 459.
Vase. — Forme gracieuse qu'on obtient par la taille et qui est favorable à la fructification.

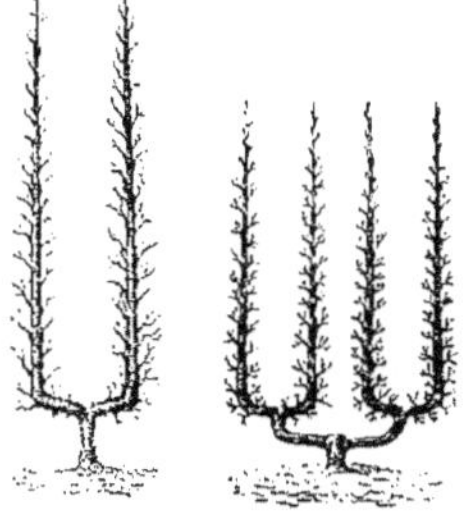

FIG. 460.
Forme en U. Forme en U double. Ces deux formes conviennent aux murs assez élevés; favorisent la végétation et la fructification.

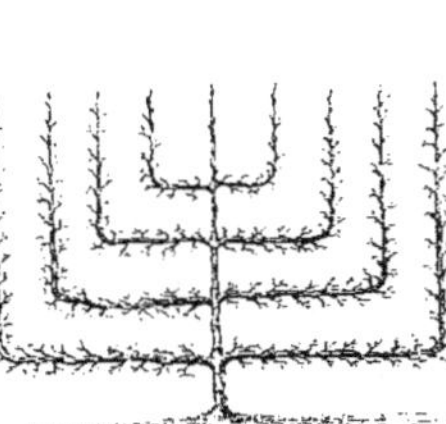

FIG. 461.
Palmette Verrier. — Forme aussi élégante que favorable au grand rendement: convient à toutes les variétés.

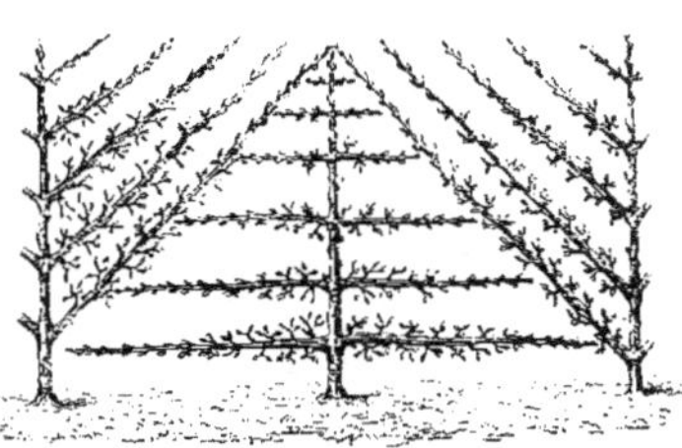

FIG. 462.
Palmettes à branches horizontales et obliques. — Formes fantaisistes. Pour les bien diriger il suffit de maintenir l'équilibre partout.

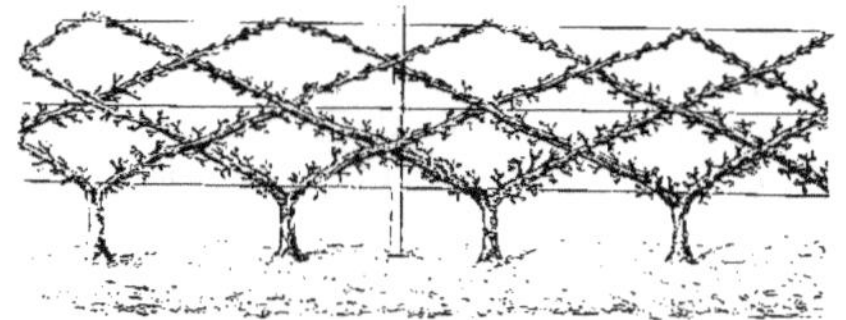

FIG. 463. — Cordons obliques (losanges).
Formes peu élevées, permettant de garnir rapidement un mur ou un contre-espalier. — Choisir autant que possible des sujets greffés sur cognassier.

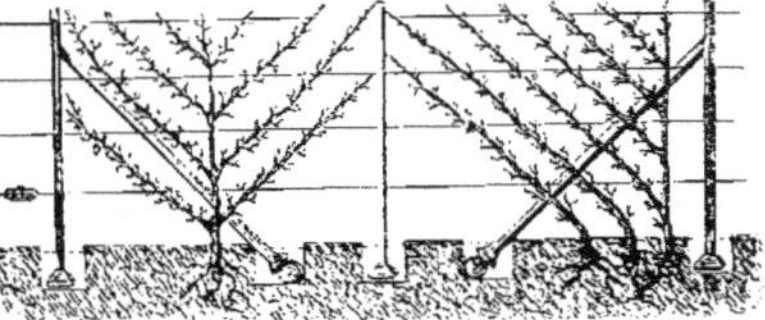

FIG. 464. — Disposition du treillage.
Variétés de forme nombreuses, soumises au seul caprice de l'arboriculteur.

Ce mode de greffage, que l'on emploie pour la restauration des vieux arbres, se pratique au printemps aussitôt que l'écorce peut se détacher facilement de l'aubier, avec des greffons coupés en février-mars et conservés en lieu frais.

Le greffage par incrustation. — Le greffage par incrustation (fig. 468) se pratique toutes les fois que le sujet est trop gros pour pouvoir être fendu et que l'on ne veut ou que l'on ne peut employer le greffage en couronne. Il se fait aussi au printemps.

Le greffage en fente. — Le greffage en fente (fig. 469) est le mode le plus employé. Il se pratique du mois de février au mois de mai avec des greffons que l'on réserve au moment de la taille de novembre et que l'on conserve en terre jusqu'au moment de l'opération.

Le sujet à greffer est coupé transversalement à la hauteur voulue, puis fendu verticalement vers son milieu sur une longueur de plusieurs centimètres. On taille le greffon en forme de lame de couteau et on l'introduit dans la fente, de manière à établir un contact intime entre le *liber* du sujet et celui du greffon ; on ligature ensuite et l'on recouvre les parties mises à nu, soit de mastic spécial au greffage, soit de l'onguent de Saint-Fiacre, composé d'un tiers de bouse de vache et de deux tiers d'argile ou terre glaise.

La greffe en fente est simple ou double, elle se pratique aussi quelquefois avec un œil enchâssé.

Greffe anglaise compliquée. — La greffe anglaise compliquée est une des plus employées, pour la reconstitution des vignobles détruits par le phylloxera (fig. 471). Sujet et greffon sont taillés en becs de flûte allongés et sur chacun d'eux on fait ensuite une fente longitudinale entre la moelle et la pointe du biseau. On réunit ensuite les deux rameaux de manière à faire coïncider les plaies, on les maintient par une ligature.

Le greffage en écusson. — Le greffage en écusson (fig. 472 à 475) est très employé pour toutes les espèces d'arbres et d'arbrisseaux ; il est simple, solide, très expéditif et d'une reprise facile.

On appelle *écusson* une petite plaque d'écorce *B*, portant l'œil greffon.

Le greffage en écusson se pratique : 1° au printemps à *œil poussant*, lorsque la sève permet de soulever facilement l'écorce, avec un œil pris sur un rameau de l'année précédente ou sur un bourgeon de l'année, s'il est possible ; 2° en juillet-août à *œil dormant* avec un œil pris sur un rameau de l'année. Après avoir posé *l'écusson-greffon* sur le sujet on le maintient adhérent à ce dernier par une ligature de laine.

Au printemps suivant, on taille le sujet à 10 centimètres au-dessus de la greffe. Cette sorte d'ergot qui,

l'année suivante, sera rabattu tout près de la branche produite par l'œil de l'écusson, servira à fixer cette branche et à la mettre ainsi à l'abri de toute destruction.

Remarques. — I. Lorsque l'on greffe une branche latérale en écusson, on doit placer celui-ci le plus près possible de la tige.

II. Dès le réveil de la sève, l'année suivante sur les plantes greffées à œil dormant, on supprime les bourgeons qui poussent sur la tige entre le sol et la greffe.

III. On doit visiter fréquemment les greffes en écusson afin de détruire les parasites qui pourraient les attaquer. On devra surtout après la reprise de l'écusson, couper les ligatures pour empêcher l'étranglement du sujet.

241. La taille. — La taille des arbres fruitiers a pour but de régulariser la production fruitière en augmentant le volume et la qualité des fruits. Les arbres soumis à la taille ont des formes régulières et déterminées pour pouvoir occuper complètement et rapidement un espace qui leur est désigné.

La taille prolonge aussi la vie des arbres en même temps qu'elle fait fructifier ceux qui se montrent infertiles.

La taille d'hiver se fait pendant le repos de la sève ; elle comprend : le *rapprochement*, le *ravalement*, le *recepage*, la *coupe du rameau*, le *palissage en sec*, l'*éborgnage*, l'*arcure*, la *torsion*, l'*entaille*, l'*incision*, le *cassement*.

La taille d'été se fait pendant la végétation ; elle comprend : l'*ébourgeonnement*, le *pincement*, la *courbure*, la *coupe en vert*, le *palissage en vert*, l'*incision*, l'*éclaircie des fruits*, l'*effeuillage*.

Les instruments qui servent à la taille sont : la *Serpette*, le *Sécateur*, le *Greffoir* et l'*Égohine*.

Quels que soient le genre de taille et la forme à donner aux différentes espèces d'arbres fruitiers, il est certaines règles générales à observer dans les opérations de la taille ; en voici les principales :

Tailler toujours près d'un œil afin de ne pas laisser de chicot ; cependant, il faut, pour ne pas nuire à l'œil, laisser 2 millimètres pour les bois durs et 1 centimètre pour les bois tendres ou à moelle abondante, notamment la vigne.

La taille s'opère en section légèrement inclinée à l'opposé de l'œil, sans laisser d'onglet.

Il est préférable de se servir de la serpette bien affilée au lieu du sécateur qui meurtrit la branche, surtout si elle est un peu grosse, et rend plus difficile la cicatrisation de la plaie. Cependant, comme l'usage du sécateur est très commode, on s'en sert beaucoup aujourd'hui pour la taille des productions faibles, mais en réservant toujours la serpette pour la taille des prolongements des branches charpentières.

PROMENADES SCOLAIRES

I. Faire assister les élèves à différentes opérations de greffage qu'ils pourront ensuite exécuter eux-mêmes.

II. Faire assister les élèves à la taille des arbres fruitiers ou à celle de la vigne et leur expliquer sur place l'utilité de cette opération.

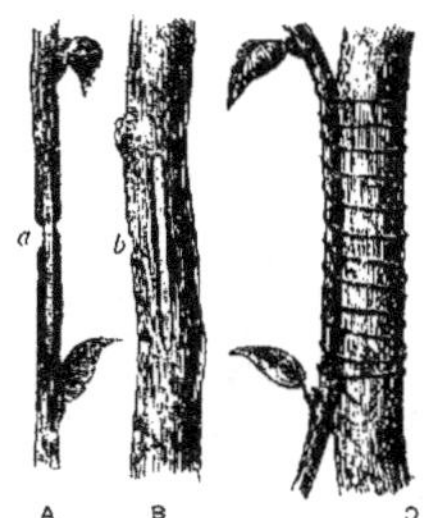

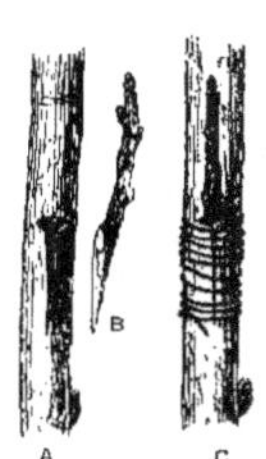

FIG. 465.
Greffage par approche. — A, greffon entamé jusqu'au-dessous de l'aubier *a* ; — B, sujet à greffer, entamé en *b* jusqu'à l'aubier ; — C, opération terminée : les deux parties entamées, *a* et *b*, sont réunies et ligaturées.

FIG. 466.
Greffage de côté sous écorce. — A. sujet à greffer ; — B, greffon ; — C. opération terminée.

FIG. 467.
Greffage en couronne. — A, greffon ; — B. sujet portant les greffons ligaturés.

FIG. 468.
Greffage par incrustation. — A, greffon ; — B, sujet à greffer ; — C, sujet portant le greffon incrusté ; — D, coupe en biseau de l'entaille.

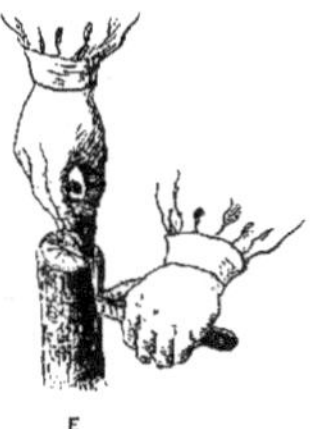

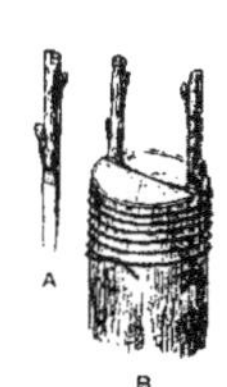

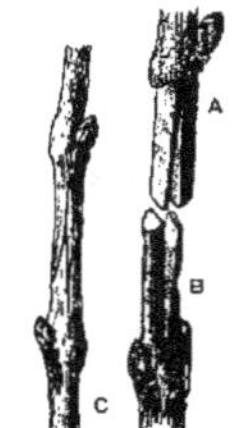

FIG. 469.
Greffage en fente. — A, préparation du greffon ; — B, greffon ; — C, sujet à greffer (préparé) - D, opération terminée ; — E, Insertion du greffon de la greffe en fente.

FIG. 470.
Greffage en fente double. - - A, greffon taillé en coin ; — B, sujet et greffons mis en place et ligaturés

FIG. 471.
Greffe anglaise compliquée. — A et B, greffon et sujet préparés pour la greffe ; — C, opération terminée.

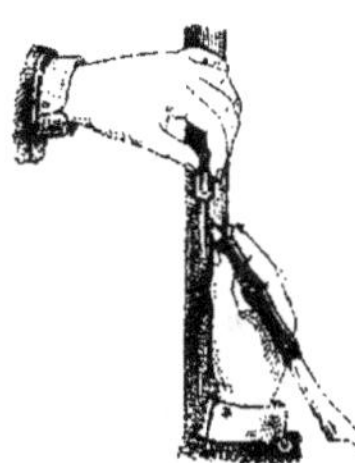

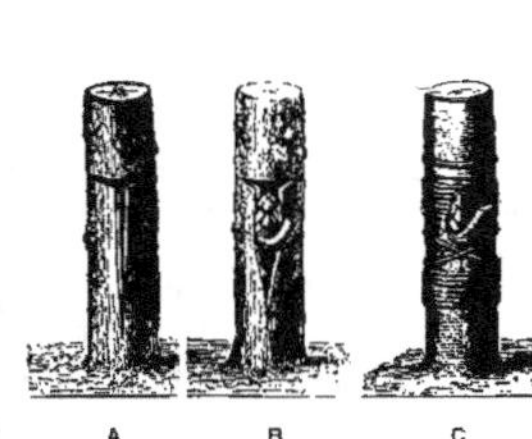

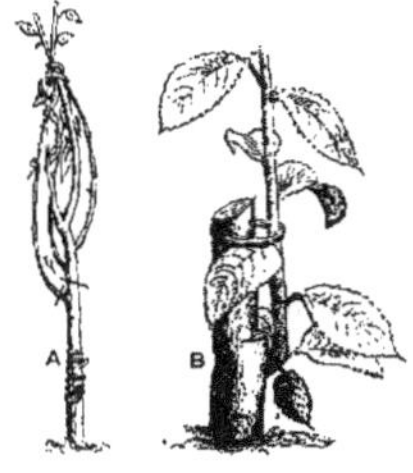

FIG. 472.
Greffe en écusson. — Détachement de l'œil qui doit servir à la greffe en écusson.

FIG. 473.
Greffe en écusson. — Fente en T pratiquée sur l'écorce du sujet à greffer.

FIG. 474.
Greffe en écusson. — A, sujet incisé, préparé pour l'écussonnage ; — B, sujet écussonné ; — C, sujet écussonné et ligaturé.

FIG. 475.
Greffe en écusson — A, sujet écussonné avec rameaux liés et rognés ; — B, dressage du rameau de l'écusson contre l'onglet.

CULTURE POTAGÈRE

26. — Légumes cultivés pour feuilles, jeunes rameaux, fleurs.

242. Le Chou. — Le Chou est un excellent légume dont on fait une grande consommation, notamment dans les campagnes.

On sème le Chou de février en juin, sur couche ou à l'air libre; lorsque le plant est assez fort, on le repique sur un terrain bien meuble et frais*. Il exige d'abondants engrais, (fumier d'étable et autre fumier froid) les sols compacts et les climats humides lui sont favorables.

On distingue les *Choux-cabus*, hâtifs et tardifs; les *Choux de Milan*, petits et gros; le *Choux de Bruxelles*, les *Choux-navets*, les *Choux-raves* et les *Choux-fleurs* (fig. 476 à 478).

243. Les Laitues. — Les **Laitues** (fig. 479) se mangent en salade ou cuites avec de la viande. C'est un aliment fade, peu nourrissant, mais sain et rafraîchissant.

On sème les laitues principalement au printemps jusque en juin, en pépinière pour les repiquer ensuite à demeure, en lignes espacées de 25 à 30 centimètres, selon le volume qu'elles peuvent acquérir. La culture raisonnée de la laitue a créé un grand nombre de variétés qu'on a divisées en quatre groupes :

1° Les Laitues pommées de printemps : Gottes, Cardon rouge, Crêpes, Tom-Pouce, etc.

2° Les Laitues pommées d'été et d'automne : d'Alger, de Batavia, Blonde d'été, Laitue royale, Choux de Naples, Grosse blonde paresseuse, Merveille des quatre saisons, etc.

3° Les Laitues pommées d'hiver : Brune d'hiver, Grosse blonde d'hiver, Morine, Rouge d'hiver, etc.

4° Les Laitues se coupant petites en toutes saisons : Blondes à couper, Frisée à couper, Blonde maraîchère, Verte maraîchère, Verte d'hiver, Romaine ou chicon. En temps de sécheresse, les laitues demandent de fréquents arrosages.

244. Les Chicorées (fig. 480, 481). — Les Chicorées potagères sont des salades qui appartiennent à deux espèces botaniques et dont la culture est complètement différente. La *Chicorée sauvage* est amère et indigène, une de ses variétés est la *Chicorée à café* et elle-même produit la *Barbe de capucin*, sorte de salade blanche d'hiver très estimée. La *Chicorée endive* qui nous vient de l'Inde est plus délicate; la *Scarole* en est une variété. Ce sont des salades les plus estimées à l'automne. On les sème à partir du mois de juin.

245. La Mâche. — La **Mâche**, **Doucette** ou **Boursette**, donne une excellente salade pendant les mois d'hiver. On sème la graine à la volée depuis août jusqu'au commencement d'octobre de façon à obtenir une récolte pendant tout l'hiver (fig. 482).

246. L'Oseille. — L'**Oseille** (fig. 483) dont les usages sont bien connus, est rafraîchissante. Elle se multiplie au printemps de semis ou d'éclats des pieds.

247. L'Épinard. — L'**Épinard** (fig. 484), est, avec raison, considéré comme le plus sain des légumes. On le sème au commencement d'août sur fumure ordinaire. Les semis de printemps réussissent ordinairement mal, parce qu'ils montent vite en graine.

248. La Tétragone. - La **Tétragone** ou **Épinard d'été**, se sème au printemps sur une bonne terre; ou bien sur couche et on le repique*.

249. L'Arroche. — L'**Arroche** ou **Bonne-dame** peut servir à remplacer les épinards. Se sème de mars à septembre.

250. Le Pourpier. — Le **Pourpier** a les feuilles et les tiges grasses et nourrissantes; il peut être consommé comme salade ou comme légume.

251. Le Céleri. — Le **Céleri** (fig. 485, 486) se sème au printemps et exige des arrosages à l'engrais liquide. On distingue le *Céleri à côtes* et le *Céleri-rave*.

252. L'Asperge. — L'**Asperge** (fig. 487, 488) se reproduit au moyen de greffes ou pattes; lors de la plantation, elle exige un terrain bien défoncé. Ce que l'on mange sous le nom d'asperge est un bourgeon.

253. L'Artichaut. — L'**Artichaut** (fig. 489), que l'on sert sur nos tables, n'est qu'une inflorescence et non un bourgeon. Ce qu'on nomme *feuille* n'est qu'une bractée à base charnue; le *foin* est la masse des fleurs non épanouies; le *fond* est le réceptacle charnu portant les fleurs. On reproduit l'artichaut en plantant les œilletons* au printemps, à un mètre de distance les uns des autres, en terrain riche, frais, profond.

254. Plantes condimentaires. — Les plantes condimentaires* les plus utilisées sont : le **Persil** (fig. 490), le **Cerfeuil**, qu'on évitera de confondre avec la ciguë (c'est à l'odorat qu'on distingue le plus sûrement le persil et le cerfeuil de la ciguë); l'**Estragon**, qui est aromatique; le **Cresson de fontaine** (fig. 491) et le **Cresson alénois**; le **Thym**, cultivé en bordures; la **Sauge** ; la **Sarriette** ; l'**Hysope**; la **Ciboule** et la **Ciboulette**, souvent utilisées en cuisine.

PROMENADES SCOLAIRES

1. Les élèves participeront à la culture du jardin de l'école; ils emporteront chez eux les graines et les légumes que l'instituteur leur confiera pour en propager l'espèce, de même qu'on pourra cultiver dans le jardin de l'école des légumes et des plantes envoyés et recommandés par les parents des enfants. Ces échanges entretiendront entre les populations et l'instituteur, au point de vue de l'enseignement horticole, des relations utiles et instructives pour tous, et chacun profitera de l'expérience commune.

FIG. 476. — **Chou de Milan.**

La tête (bourgeon) est généralement moins serrée que dans les autres variétés. Le petit Milan a la tête plus petite, mais plus tendre que le gros Milan.

FIG. 477. — **Chou-fleur.**

La partie comestible de ce chou est constituée par la masse charnue, disposée en tête mamelonnée, granulée et blanche qui forme le cœur de la plante (inflorescence), et est très délicate à manger.

FIG. 478.
Choux de Bruxelles.

Cultivés pour les petites pommes (A) que forment des bourgeons le long de la tige. Ils sont très tendres et d'une digestion facile; on les cueille au fur et à mesure qu'ils grossissent.

FIG. 479. — **Laitue.**

(Rouge d'hiver). Variété très rustique et très productive, surtout propre à la culture d'hiver.

FIG. 480. — **Chicorée frisée.**

Il en existe un grand nombre de variétés: *fine d'été, fine de Louviers, Impériale, fine de Rouen, Reine d'hiver*, etc.

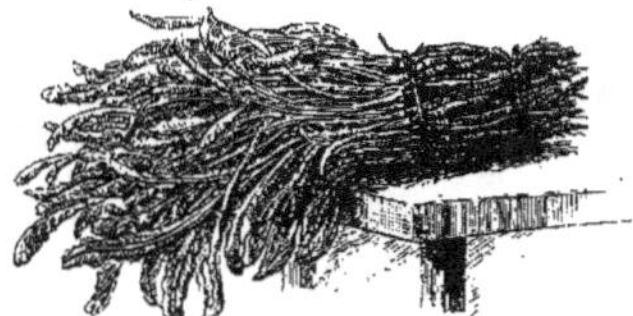

FIG. 481. — **Barbe de Capucin.**

On obtient cette bonne salade avec la chicorée sauvage: à l'approche de l'hiver, on choisit des plans de chicorée à grosses racines qu'on place en cave dans une couche de terreau déposée sur l'aire ou dans des caisses percées; sous l'influence de l'humidité du terreau et de la température de la cave, les plants produisent des pousses allongées d'un beau jaune qu'on récolte à mesure qu'elles poussent.

FIG. 482.
Mâche ou Doucette.

Bonnes variétés à cultiver: *Mâche verte d'Etampes*, très rustique; *à grosse graine*, grande et vigoureuse; *verte à cœur plein*; *d'Italie*, à feuilles larges de laitue.

FIG. 483. — **Oseille.**

Il convient de renouveler de temps en temps les plants d'oseille par des semis.

FIG. 484. — **Épinard.**

Bonnes variétés à cultiver: *Épinard de Hollande* à graine ronde; *de Viroflay*, très vigoureux à larges feuilles; *d'été*, vert foncé, fort lent à monter; *d'Angleterre*, très larges feuilles, etc.

FIG. 485.
Céleri en tiges.

Bonnes variétés: *Céleri plein blanc, plein blanc d'Amérique; plein blanc doré; plein à feuilles larges.*

FIG. 486.
Céleri rave.

Bonnes variétés: *Céleri de Paris amélioré, géant de Prague, à pomme, à feuilles panachées.*

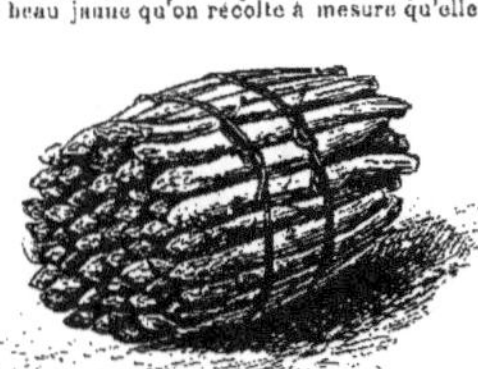

FIG. 487.
Asperges.

FIG. 488.
Griffes ou rhizome de l'asperge.

Les griffes ou plants d'asperges provenant d'un semis de 2 ans se placent en lignes espacées de 0ᵐ,60 à 1ᵐ; elles commencent à donner dès la 3ᵉ année. Les meilleures variétés sont: *Asperge d'Argenteuil hâtive; A. d'Argenteuil tardive; A. violette longue; A. violette naine*, très hâtive; *A. violette ronde; A. ronde de Chine (noire de Pékin).*

FIG. 489. — **Artichaut.**

Bonnes variétés: *Artichaut vert de Laon; A. violet hâtif; A. gros violet de Paris*, etc.

FIG. 490. — **Persil.**

Il est important de savoir distinguer le *persil* de la *ciguë*, plante très vénéneuse qui a une certaine ressemblance avec la première.

FIG. 491. — **Cresson.**

On plante le cresson autant que possible sur un sol ferme, dans des fossés inclinées où l'on fait arriver une eau courante.

FIG. 492. — **Pissenlit.**

On obtient avec le pissenlit une espèce de barbe de capucin, en serrant les plants en cave, ou en recouvrant les plates-bandes de terre ou de sable.

FIG. 493. — **Cardons.**

Bonnes variétés: *Blanc d'ivoire, Plein inerme, de Tours.*

CULTURE POTAGÈRE

27. — Légumes cultivés pour leurs tubercules, leurs racines, leurs graines, leurs fruits.

255. La Pomme de terre (Voir XIV° leçon).

256. La Betterave. — La Betterave (fig. 494) demande une forte fumure sur terrain frais, profond, léger et fertile. Dans le jardin, on cultive la Betterave *rouge de Castelnaudary* la *rouge ronde précoce*, la *Reine des noires* et d'autres que l'on fait cuire en hiver pour les manger en salade, mêlées au Céleri, à la Mâche, à la Barbe de capucin (Voir XIII° leçon).

257. La Carotte. — La Carotte potagère (fig. 495) exige un terrain profond, frais, bien ameubli, mais fumé de l'année précédente. On cultive la *Carotte hâtive de Hollande*, la *Carotte demi-longue obtuse*, la *Carotte demi-longue nantaise*. On sème la Carotte de fin février à mai et même à juin (Voir XIII° leçon).

258. Le Panais. — Le Panais (fig. 496) sert à relever le goût du potage. On cultive, dans le potager, le *Panais rond hâtif* et le *Panais demi-long*. On sème aux mêmes époques que la carotte.

259. Le Navet. — Le Navet (fig. 497) demande des engrais bien consommés; on le sème de fin juin à fin août. Le *Navet plat rose*, le *Navet long des Vertus* et le *Navet blanc dur d'hiver* sont des variétés à cultiver pour la cuisine.

260. Les Radis. — Les Radis (fig. 498) se sèment toute l'année, sur couche au printemps, en pleine terre dans les autres saisons. Ils demandent beaucoup d'eau en été et pour les conserver tendres, il faut, dans cette saison, les arroser deux fois par jour. Outre les Radis roses, on cultive le *Radis noir d'hiver* que l'on sème à la fin de juin, sur fumure abondante.

261. La Scorsonère. — La Scorsonère ou *Salsifis noir* (fig. 499) se sème en planches en avril; on récolte les racines en automne et en hiver.

262. L'Oignon. — L'Oignon (fig. 500) se sème en février-mars sur terrain bien rassis; il redoute les fumures trop récentes. Les variétés d'Oignons sont nombreuses; mais les meilleurs à cultiver sont l'*Oignon blanc*, l'*Oignon jaune paille des Vertus*, l'*Oignon rouge de Niort* et l'*Oignon de Mulhouse* qui, semé en avril, donne en septembre des oignons de la grosseur d'une noisette que l'on repique au printemps suivant.

263. Le Poireau. — Le Poireau (fig. 502) se sème en mars et se met en place lorsque les jeunes sujets ont atteint la grosseur d'un crayon. Bonnes variétés cultivées : *Poireau gros d'été*, hâtif, mais sensible au froid, *Poireau long d'hiver*, *Poireau très gros de Rouen*, *Poireau monstrueux de Carentan*, etc.

264. L'Ail et l'Échalote. — L'Ail (fig. 501) et l'Échalote (fig. 503) se reproduisent de leurs bulbes plantés, soit avant l'hiver, soit en février-mars.

265. Le Pois. — Le Pois (fig. 504) comprend des variétés naines, demi-naines et des variétés à rames. Le Pois se mange en vert ou en sec. Bonnes variétés, à rames, à manger en vert : *P. sans parchemin hâtif, a larges cosses*, plus précoce de 15 jours que le *P. cornes de bélier*, aussi excellent: *P. sans parchemin géant*, etc. Pois mange-tout, nains: *P. sans parchemin, hâtif breton*; *P. nain mange-tout Debarbieux*, etc. Pois à écosser à rames : *P. Prince-Albert, vrai*, *P. Michaux de Hollande*, etc. Pois à écosser nains: *P. nain très hâtif d'Annonay*, *P. très nain de Bretagne*, *P. Prince royal*, etc.

266. La Fève. — La Fève (fig. 505) demande des terrains légers, frais, profonds, bien ameublis: elle réussit bien sur vieille fumure. On plante les Fèves de février en avril, en lignes. Leur fruit constitue un légume sain.

267. Le Haricot. — Le Haricot (fig. 506) comprend des variétés naines et des variétés à rames : des variétés dont on ne mange que le grain vert ou sec ou la gousse avec son grain vert. Bonnes variétés à rames à manger en vert : *H. Beurre noir*, *H. Beurre blanc*, *H. Blanc géant*, etc. Haricots à rames à écosser : *H. flageolet rouge*, *H. sabre*, à très grandes cosses, *H. de Soissons blanc*, etc. Haricots nains mange-tout : *H. d'Alger (beurre) noir, nain*, *H. Beurre blanc*, *H. Nain blanc, hâtif*, etc. Haricots nains à écosser : *H. de Bagnolet (Suisse gris)*, *H. flageolet blanc à longue cosse*, etc.

268. La Lentille. — La Lentille se cultive plutôt dans les champs que dans les jardins.

269. Le Concombre. — Le Concombre (fig. 507) demande un terrain frais, léger, bien ameubli et fortement fumé. On le sème en mai.

270. La Courge. — La Courge, la Citrouille et le Potiron (fig. 508) exigent les mêmes terrains que le concombre.

271. Le Melon. — Le Melon (fig. 509), dont les meilleures variétés sont les *Cantaloups*, se sème sur couche, et ne se met en place en plein air que quand la température est suffisamment élevée, c'est-à-dire vers la fin de mai. Les branches principales doivent être taillées; celles qui font confusion doivent être supprimées.

272. La Tomate. — La Tomate (fig. 510) se sème en avril-mai.

273. Les Fraisiers. — On distingue deux espèces ou races différentes de Fraisiers; une nous vient d'Amérique et n'est pas remontante, c'est l'espèce des variétés à gros fruits. La race à petits fruits est d'origine européenne et donne des produits toute l'année, c'est pourquoi on lui a donné le nom de *Fraisier des quatre saisons*.

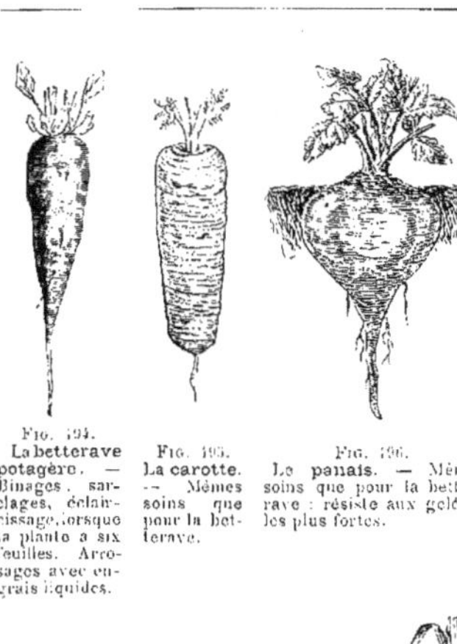

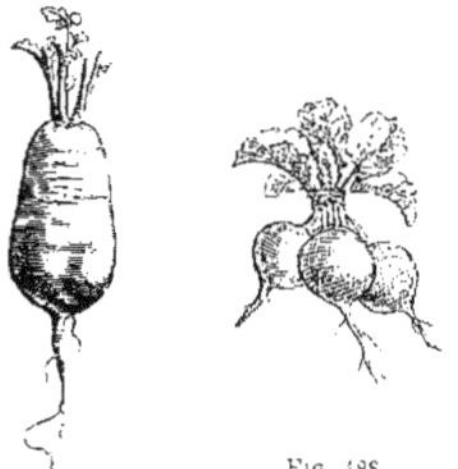

Fig. 494.
La betterave potagère. — Binages, sarclages, éclaircissage, lorsque la plante a six feuilles. Arrosages avec engrais liquides.

Fig. 495.
La carotte. — Mêmes soins que pour la betterave.

Fig. 496.
Le panais. — Même soins que pour la betterave : résiste aux gelées les plus fortes.

Fig. 497.
Le navet. — La chaux et les engrais potassiques conviennent à la culture du navet.

Fig. 498.
Le radis. — Binages légers, arrosages fréquents.

Fig. 499.
La scorsonère. — Binages, sarclages, éclaircissage, arrosage avec engrais liquide.

Fig. 500.
L'oignon. — Après la levée, il est bon de répandre sur les planches d'oignons un peu de colombine sèche ou tout autre engrais analogue pulvérulent.

Fig. 501.
L'ail. — Binages, arrosages ; déchausser les bulbes et lier les fanes en juin.

Fig. 502.
Le poireau. — Pour combattre les larves qui attaquent les poireaux, en couper les feuilles rez de terre dès qu'elles jaunissent.

Fig. 503.
L'échalote. — Binages, suppression des tiges florales ; déchaussement des bulbes.

Fig. 504.
Le pois. — Éviter de faire revenir les pois trop souvent à la même place, parce qu'ils dégénèrent rapidement.

Fig. 506.
Le haricot. — Légume sain et excellent, on consomme la gousse en vert ou le fruit (haricot).

Fig. 507.
Concombres. — Sarclage, éclaircissage ; pincement de la tige principale au-dessus du 2e œil, pour la forcer à se ramifier.

Fig. 505.
La fève. — Sarclages, binages, buttage, écimage ; arrosages avec le jus de tabac pour combattre les ravages causés par les pucerons, bruches, larves, etc.

Fig. 508.
La courge. — Sarclages, binages, écimage, fréquents arrosages.

Fig. 509.
Le melon. — On reconnaît que le melon est mûr quand il jaunit au-dessus, quand la queue semble se détacher, quand il devient odoriférant.

Fig. 510.
La tomate. — Écimage, tuteurage et palissage. — Réclame une forte fumure terreautée.

Fig. 511.
Le fraisier. — Sarclages, binages, arrosages avec engrais liquide au printemps, paillage, suppressions des stolons ou coulants. Les stolons (A) ont donné naissance à un 2e pied (B).

PLANTES POUR BOISSONS

28. — La vigne.

274. Définition. — La vigne est un arbuste sarmen-teux, dont le fruit ou *raisin* sert à fabriquer le *vin*.

275. Sol et exposition. — La vigne prospère dans tous les terrains ; mais c'est surtout dans les sols calcaires ou siliceux, à sous-sol perméable, qu'elle donne les vins les plus estimés. Les expositions du sud, du sud-est et du sud-ouest sont celles qui lui conviennent le mieux.

276. Préparation du sol à planter en vigne. — Avant de planter une vigne, le sol doit être bien défoncé, à la pioche ou à la charrue. Il est utile d'enfouir dans le sol défoncé et à dose convenable un engrais à action lente, comme cornailles*, débris de cuir, sang desséché, chiffons de laine à dose de 1 500 à 2 000 kilos à l'hectare, ou à défaut : 20 à 30 000 kilogrammes de fumier de ferme.

277. Plantation. — Le terrain étant préparé, on trace les lignes des ceps à la distance usitée dans la localité et l'on plante en quinconce sur toute la longueur de la plantation.

278. Multiplication de la vigne. — La vigne se multiplie par le *semis*, par le *bouturage*, par le *marcottage* ou *provignage*, et par le *greffage*.

On pratique le *semis* en vue d'obtenir des cépages* nouveaux ou des cépages américains comme porte-greffes.

Par le *bouturage* on prélève sur les sarments de l'année bien vigoureux et sains, des fragments de 0^m.30 à 0^m,80 de longueur (fig. 512) qu'on taille en biseau à un demi-centimètre de l'œil du bas et que l'on enfonce dans un sol convenablement préparé en vue de leur faire déve-lopper des racines adventives. La bouture à crossette conservant à son extrémité un peu de vieux bois, (fig. 512, B) réussit mieux que la bouture simple. Si l'on a effectué l'opération en pépinière, à la reprise, on obtient des boutures dites *enracinées* (fig. 513).

Lorsqu'il s'agit de la multiplication des variétés rares, on peut faire usage de la *bouture anglaise* (fig. 517) qui consiste en un œil ou bouton découpé dans le sarment et que l'on dépose en pot ou en pleine terre, en châssis ou sous couche chaude, en la recouvrant de quelques centi-mètres de terreau. On peut ainsi obtenir, au bout d'un an, une pousse de 0^m,40 à 0^m,80.

On emploie deux procédés distincts pour le *marcottage* ou *provignage* de la vigne :

1° On pratique le provignage au printemps, par *marcotte simple* (fig. 514), en couchant dans le sol, à une profondeur de 0^m,20 à 0^m,25, sans le séparer de la souche, un sarment auquel on ne laisse que deux yeux hors de terre et dont on fixe l'extrémité à un tuteur ; un an après, le sarment est suffisamment enraciné pour être détaché du pied-mère et replanté ailleurs s'il est besoin.

2° On fait le provignage par *couchage de souche* (fig. 515), en ouvrant une fosse autour d'un cep vigoureux auquel on ne conserve que deux ou trois rameaux. On couche le cep au fond du fossé ainsi ouvert et on recouvre de terre souche et sarments, en ayant soin d'assigner l'espacement et la position qui conviennent à chacun des rameaux, ceux-ci sortant légèrement au-dessus de la surface du sol. Ce procédé a, tout à la fois, l'avantage de multiplier et de rajeunir la vigne.

3° Par le *greffage* on soude un rameau de vigne sur une bouture d'un autre cépage. — Aujourd'hui c'est par le *greffage* des vignes françaises sur des porte-greffes américains que l'on reconstitue les vignobles détruits par le phylloxera.

Les principales méthodes de greffage employées en viticulture sont : 1° La greffe anglaise; 2° la greffe en fente simple ou double.

279. Culture du sol. — Le sol planté en vigne exige une très grande propreté : aussi doit-il être souvent débarrassé des mauvaises herbes. Au printemps, on donne un premier labour de 0^m,20 à 0^m.25 de profondeur et, dans l'été, plusieurs binages superficiels effectués par un temps sec. Ces travaux se font à l'aide de la pioche, dont la forme varie suivant les localités, ou à l'aide d'une charrue spéciale (fig. 516) que l'on emploie partout où les pentes ne sont pas trop rapides.

280. Taille de la vigne. — Pour tailler la vigne, on emploie surtout le sécateur. En février-mars, on supprime les sarments les plus faibles pour ne conser-ver que les deux ou trois plus vigoureux et mieux placés (fig. 519) et on les rabat* sur deux ou trois yeux ; l'œil de la vigne s'appelle aussi *bourre*. Suivant la nature des cépages on pratique la taille longue ou courte. La taille a toujours pour but de régler la végétation et la fructification de chaque cep de façon à lui faire produire beaucoup de beaux raisins sans l'*épuiser*. Les rameaux conservés sur le cep sont toujours ceux de l'*année ;* les *coursons* ou rameaux destinés à produire du fruit ne se développent pas, en général, sur le *vieux bois*.

281. Engrais et amendements. — C'est un préjugé de croire que les fumures données aux vignes altèrent la qualité des vins. Le fumier est un excellent engrais.

On peut donner, selon la richesse naturelle du sol et l'abondance des récoltes ordinaires, de 20 à 30 000 kilo-grammes de fumier tous les 4 ans. Il est presque tou-jours bon de compléter ces fumures par des engrais minéraux répandus *chaque année*. On utilise le nitrate de soude, les superphosphates de chaux et le sulfate de potasse ou le chlorure de potassium.

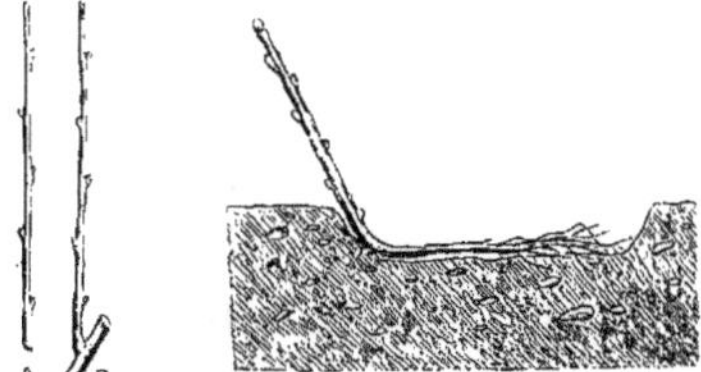

Fig. 512. — La bouture. — A, bouture simple; — B, bouture avec crossette. — On couche la bouture dans une fosse, on relève l'extrémité supérieure et on ne laisse que deux yeux hors du sol.

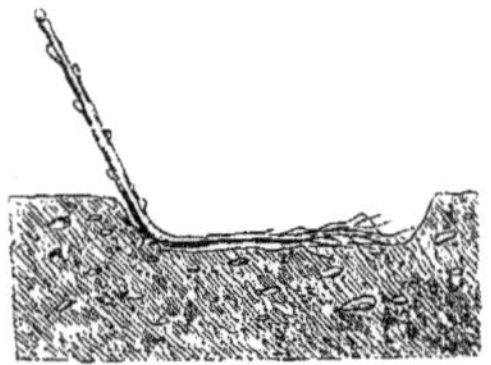

Fig. 513. — Bouture enracinée. On la met en place après une année de plantation afin de combler des vides.

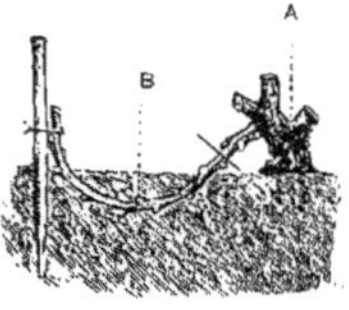

Fig. 514. — Provignage par marcotte simple. — La marcotte fatigue la souche. — A, vieille souche; — B, rameau couché dans le sol et constituant la marcotte.

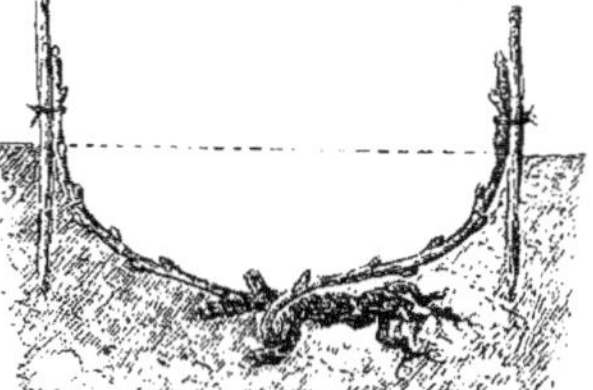

Fig. 515. — Provignage par couchage de souche. — On couche la souche et les sarments dans une fosse; on recouvre de terre et de fumier et on taille les sarments à 2 ou 3 yeux au-dessus du sol.

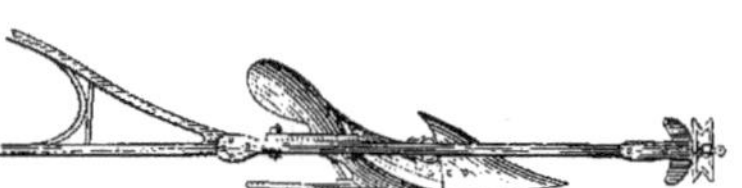

Fig. 516. — Charrue vigneronne déchausseuse (en plan). Le travail à la charrue est très expéditif, mais il doit être complété à la pioche entre les ceps d'une même vigne.

Fig. 517. — Bouture anglaise. — La partie du sarment opposée à l'œil est entaillée du tiers de son épaisseur.

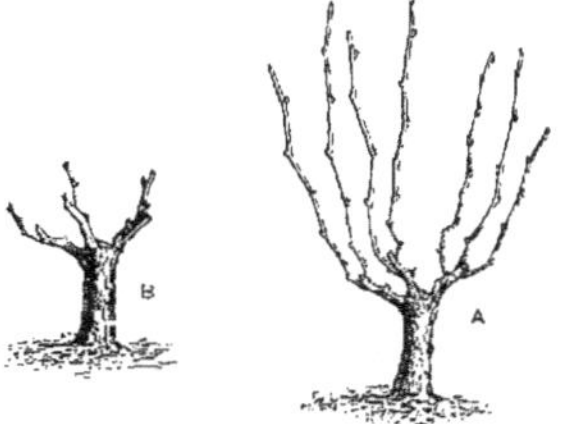

Fig. 518. — La taille. — A, vigne avant la taille; — B, vigne après la taille. — Chaque sarment conservé pour la production du fruit se taille en biseau à l'opposé et un peu au-dessus du dernier œil.

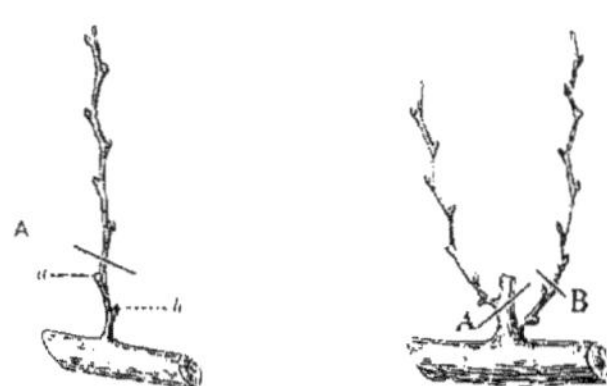

Taille de la vigne en treille.

Fig. 519. — *Première taille à 2 yeux, A*: le premier œil a produira une branche *fructifère*. l'œil de la base *b* donnera naissance à un rameau de remplacement pour l'année suivante.

Fig. 520. — *Deuxième taille*. On fait disparaître en A le rameau qui a porté du fruit et l'on taille à 2 yeux le rameau de remplacement B.

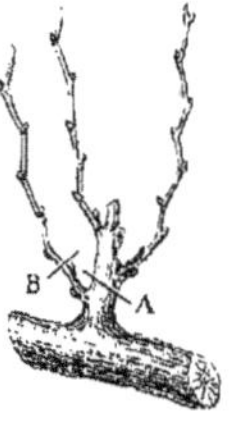

Fig. 521. — Restauration. — Suppression du vieux bois par la taille A, favorisée par le rejet B qu'on taille à 2 yeux.

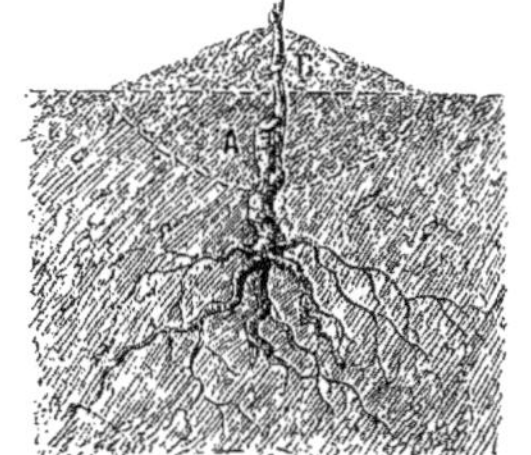

Fig. 522. — Restauration par la greffe en fente sous terre. — Employée pour rajeunir une vieille vigne ou pour remplacer une variété qui ne plaît pas. — A, vieille souche; — B, greffon.

Fig. 523. — L'oïdium est caractérisé par des taches grises qui maculent les feuilles, les branches et les fruits; le grain de raisin se crevasse et se dessèche.

Fig. 524. — Soufflet pour le soufrage de la vigne.

Fig. 525. — Le mildiou ou mildew. — A son début, le mildiou présente sous les feuilles des taches blanchâtres qui se développent rapidement, puis sur la face supérieure des feuilles on voit des taches correspondantes d'un jaune brunâtre.

Fig. 526. — Pulvérisateur pour répandre le liquide qui préserve la vigne du mildew. On fait 3 traitements avec une solution contenant : 2 kilogrammes de sulfate de cuivre et 2 kilogrammes de chaux pour 100 litres d'eau.

Les doses et proportions varient avec la composition du sol et la productivité du vignoble. On peut employer comme engrais des *tourteaux* de graines oléagineuses, des chiffons de laines, etc., etc.

282. Maladies de la vigne. — La chlorose ou jaunisse est occasionnée, surtout sur terres calcaires, par le froid, l'humidité ou une sécheresse excessive. Pour soigner cette maladie, on peut essayer le sulfate de fer, à raison d'un kilo par hectolitre d'eau et l'on répand, par cep atteint, dix litres du liquide ainsi obtenu.

L'oïdium (fig. 523) est occasionné par un champignon microscopique qui envahit toutes les parties aériennes de la vigne.

On reconnaît cette maladie à une efflorescence* d'un blanc-grisâtre, terne, formant un lacis* sur toutes les parties malades. Ce lacis de filaments microscopiques fait rider les grains qui se fendillent, se dessèchent et tombent; l'oïdium est aussi très pernicieux aux sarments dont il retarde l'*aoûtement**.

On *prévient* cette maladie par l'emploi du soufre en poudre que l'on répand à l'aide d'un soufflet spécial (fig. 524), par une journée chaude et calme. On doit faire un premier soufrage sur les jeunes pousses (15 kilogrammes à l'hectare), un deuxième à la floraison (30 kilogrammes) et un troisième à la véraison* (40 kilogrammes).

Le mildiou ou mildew (fig. 525) est, comme l'oïdium, caractérisé par la présence d'un champignon qui vit sur les parties vertes de la vigne, les dessèche et les fait tomber; le fruit mûrit mal et ne donne qu'un vin médiocre.

Sur les feuilles, on observe des taches plus ou moins grandes, irrégulières, de couleur feuille morte, mais présentant une efflorescence blanche à la face inférieure. On *prévient* ce mal en arrosant les feuilles avec de la *bouillie bordelaise**, à l'aide d'un pulvérisateur (fig. 526). On fait subir 3 traitements au moins à la vigne malade : le premier, lorsque les pousses ont 0m,30 à 0m,40 de longueur, ou dès que les taches apparaissent, le deuxième, peu de temps après la floraison (quelques jours; et le troisième à la véraison.

Le **black-rot** semble exiger les mêmes précautions préventives : faire des traitements dès les premières pousses et les répéter 3 et 4 fois au besoin, *avant l'apparition des taches sur les raisins* et par conséquent dès que les feuilles sont tachées.

Le champignon détermine ici sur les feuilles, des taches circulaires de couleur feuille morte de 2 à 3 centimètres de diamètre et se couvrant de petites proéminences noires. Les raisins atteints, d'abord tachés de rouge livide, sont bien vite flétris, puis desséchés et ridés et montrent alors de très nombreuses ponctuations légèrement proéminentes.

L'*anthracnose* ou *rouille noire* est déterminée également

par la présence d'un champignon qui noircit bientôt toutes les parties vertes du cep, les altère et produit l'étiolement* de la vigne. On combat cette maladie par la chaux, le soufre et le sulfate de fer.

283. Insectes nuisibles. — Le phylloxera (fig. 527) est un insecte microscopique qui se nourrit des racines de la vigne et la fait périr en quelques années.

Les moyens employés pour combattre cet ennemi redoutable sont la *submersion*, le *sulfure de carbone* que l'on introduit dans le sol au moyen du pal injecteur (fig. 528) et le *sulfocarbonate de potasse* ou de *soude* qui paraît bon mais exige l'emploi de beaucoup d'eau.

On reconstitue les vignobles dévastés par le phylloxera à l'aide de plants américains sur lesquels on greffe les bons cépages français.

Les plants américains employés comme porte-greffes doivent être appropriés à la nature du sol, à la quantité de calcaire qu'il renferme[1].

L'attelabe ou cigareux (fig. 530) est un insecte dont la femelle et les larves attaquent les feuilles.

L'eumolpe ou écrivain, ou gribouri (fig. 531) attaque les feuilles et les racines.

La pyrale (fig. 532) dépose, sur les feuilles de la vigne, de très petits œufs. Les chenilles qui en sortent rongent les feuilles et arrêtent la végétation.

On peut encore citer, parmi les insectes ennemis de la vigne, l'*altise*, la *cochylis*, et les insectes qui déterminent la maladie appelée l'*érinose*.

284. La vendange. — Les raisins mûrs, détachés du cep à l'aide d'une serpette, sont déposés dans des paniers par les vendangeurs. On verse les paniers pleins dans une hotte portée à dos d'homme. De la hotte, les raisins sont versés dans des tonneaux où on les foule modérément. Les tonneaux pleins sont transportés dans la cuve où on foule de nouveau (fig. 533). La fermentation ne tarde pas à commencer; au bout de quelques jours, elle devient tumultueuse. Lorsque la fermentation a cessé, on soutire le vin dans des tonneaux bien propres, exempts de tout mauvais goût et rincés avec soin. Le résidu ou marc est transporté au pressoir (fig. 534) pour en extraire le reste du liquide.

Pour obtenir le vin blanc, qui se fabrique non seulement avec des raisins blancs, mais aussi avec des raisins rouges, on transporte le raisin au pressoir immédiatement après sa cueillette.

285. Hygiène du vin. — Le vin, mis en tonneaux, achève de se faire; on doit remplir souvent ces tonneaux afin de préserver le vin du contact de l'air qui lui ferait perdre de son bouquet. A la fin de décembre et au mois de mars suivant, on procède au soutirage qui a pour but de séparer le vin de la lie. Cette opération se fait tous les ans aux mêmes époques, par un temps sec avec un ciel serein.

---

1. Le *rupestris Martin* et le *rupestris du Lot* sont employés dans les terrains maigres, peu profonds et contenant du calcaire; les *riparia* conviennent aux bons sols, assez frais et profonds; le *berlandiéri* peut réussir dans les bonnes terres renfermant plus de 35 °/₀ de calcaire; les *solonis* pour les terres fortes et humides et contenant jusqu'à 25 °/₀ de calcaire. *Faire toujours des essais avant de planter de grandes surfaces.*

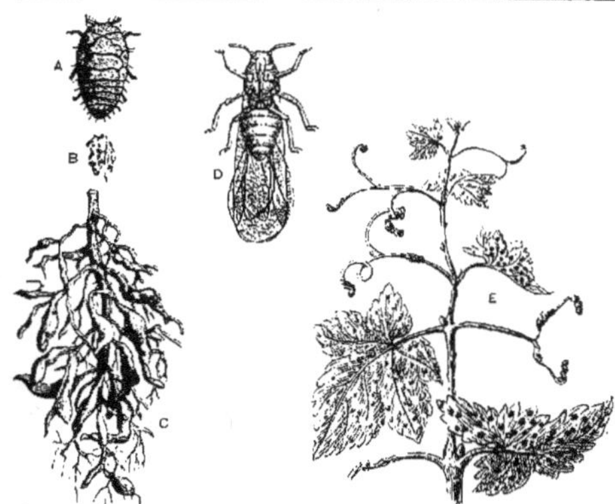

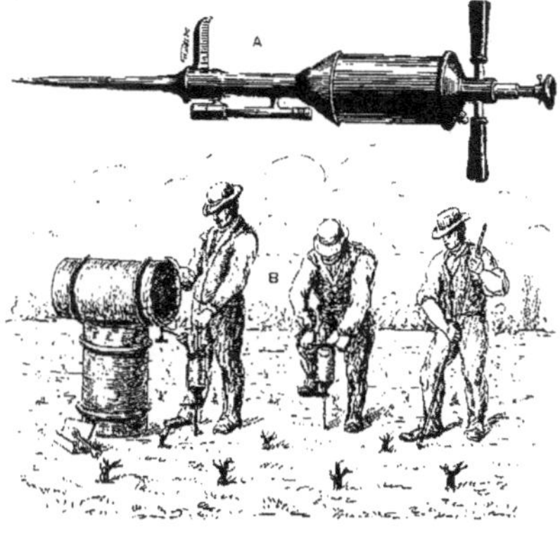

Fig. 527. — **Le phylloxera et ses ravages.** — A, phylloxera très grossi ; — B, amas de phylloxera ; — C, racine de vigne attaquée par le phylloxera ; — D, phylloxera ailé (très grossi). Il va au loin infester les vignobles ; — E, rameau de vigne avec galles sur les feuilles et sur les vrilles.

Fig. 528. — A, **pal injecteur** à sulfure de carbone ; — B, traitement d'une vigne phylloxérée par le sulfure de carbone. — Les traitements ne sont efficaces que dans les sols meubles.

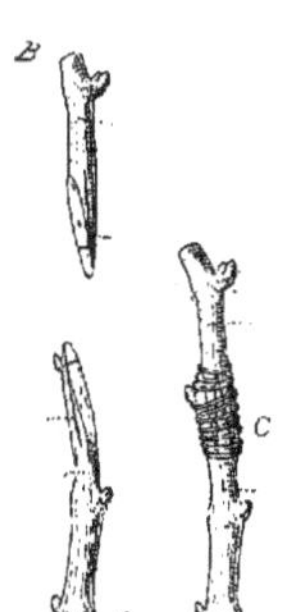

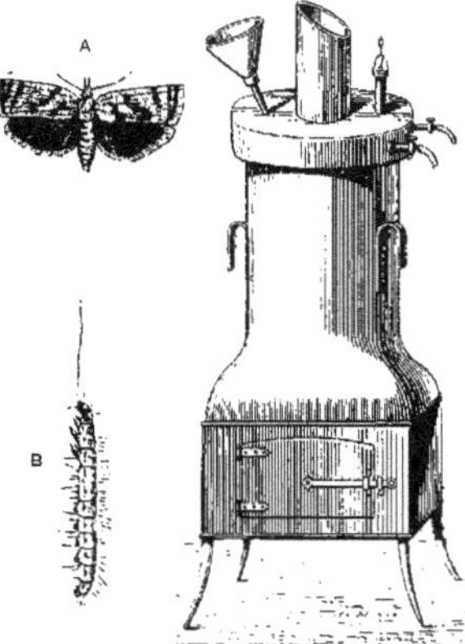

Fig. 529. — **La greffe anglaise.** — Lorsque les sujets sont greffés on les met en pépinière, et au bout d'un an on les arrache pour les planter à demeure. — A, porte-greffe ; — B, greffon ; — C, greffe ligaturée.

Fig. 530. — **L'attelabe.** — A, l'attelabe ou cigareux ; — B, feuille enroulée par la femelle pondeuse. — Récolter les feuilles roulées et les brûler.

Fig. 531. — **L'eumolpe.** — A, Eumolpe (grandeur réelle) ; — B, Eumolpe (grossi) ; — C, feuille de vigne chargée de larves d'Eumolpe. Pour détruire l'insecte, on secoue les ceps infestés dans un entonnoir auquel est adapté un sac que l'on expose ensuite à la chaleur du four.

Fig. 532. — **La pyrale.** — A, papillon de la pyrale (grandeur réelle) ; — B, larve de la pyrale (grandeur réelle) ; — C, appareil pour l'échaudage. — On échaude les ceps et on passe les échalas au four.

Fig. 533. — **Le raisin,** après avoir été foulé au moment de la cueillette, est versé dans une cuve où doit s'opérer la fermentation. Les cuves à fermentation dégagent un gaz, l'acide carbonique, qui peut occasionner la mort. On ne doit approcher qu'avec prudence des cuves à fermentation.

Fig. 534. — **Le pressoir.** — Lorsque le vin est tiré, on porte le marc au pressoir afin d'en extraire le reste du liquide. Le marc est alors repris avec de l'eau et distillé pour donner de l'eau-de-vie, dite *eau-de-vie de marc.*

PLANTES POUR BOISSONS

29. — Le cidre.

286. Définition. — Le cidre est une boisson fermentée que l'on fabrique avec des pommes ; le **poiré** est fabriqué avec des poires.

287. Plantation des pommiers à cidre. — Les sujets greffés destinés à la plantation doivent être sains et vigoureux, exempts de goître à la greffe. On supprime les racines meurtries et celles qui tendent à se diriger verticalement. La plantation a lieu en automne, dans les terres sèches et au printemps dans les sols humides. Chaque arbre doit, après sa plantation, être muni d'un tuteur solide.

288. Variétés de pommes à cidre. — Les pommes à cidre comprennent des fruits de *première saison*, qui mûrissent en septembre, de *deuxième saison*, qui mûrissent en octobre et de *troisième saison*, qui mûrissent en novembre. Les pommes *douces* donnent une boisson agréable, mais de courte durée ; les pommes amères donnent un liquide fort, épais ; les pommes *acides* donnent une boisson abondante, mais médiocre.

Le meilleur cidre s'obtient en mélangeant tous ces fruits dans des proportions convenables. Pour un cidre à conserver longtemps, on prend un tiers de pommes douces et deux tiers de pommes amères ; pour le cidre doux, on renverse les proportions qui précèdent. Certaines variétés (*Saint-Laurent, Branlot, Petit-blanc, Mollet*, etc.), employées seules, donnent un cidre de bonne qualité. Les pommes à peau rugueuse et terne sont les meilleures pour la fabrication du cidre ; mais les fruits à robe blanche sont, en général, de médiocre qualité.

289. Récolte des fruits. — Lorsque les fruits répandent une bonne odeur, on les cueille, par un temps sec, et on les dépose sous un hangar couvert, bien aéré, où ils restent un certain temps, afin de subir des transformations chimiques qui influent sur la qualité du cidre.

290. Écrasage et pressurage des pommes. — Avant de procéder à l'écrasage des fruits, on les lave rapidement dans une eau pure. Il existe divers instruments pour broyer les pommes : le plus simple et le plus commode est l'appareil spécial (fig. 535). Si l'on veut obtenir un cidre à conserver longtemps, dit « cidre pure goutte » ou cidre « mère goutte », on dépose la masse broyée et son jus *sans y mettre d'eau* sur le pressoir où elle subit un faible pressurage. En ajoutant de l'eau au marc et en le soumettant à une pression plus énergique, le liquide obtenu est chargé d'une quantité de principes sucrés suffisante pour constituer, par la fermentation, un cidre agréable à boire. Pour avoir le cidre de commerce, on ajoute 10 à 15 litres d'eau par 100 kilogrammes de pulpe. Enfin, si l'on verse une certaine quantité d'eau dans le marc, en pressant à nouveau on obtient un liquide plus faible (petit cidre), encore de bonne qualité, mais qui se conserve peu de temps.

291. Mise en tonneaux. — En sortant du pressoir, le jus est mis en tonneaux bien propres, où s'opère la fermentation qui dure de 4 à 6 semaines. On peut stimuler et hâter cette dernière en faisant dissoudre une quantité convenable de sucre dans du jus chaud que l'on verse ensuite dans le tonneau en agitant bien le mélange.

292. Soutirage et clarification. — Le premier soutirage se fait assez tôt, afin que l'acide carbonique qui se dégage alors puisse être remplacé dans la seconde fermentation. Ce soutirage se fait entre la lie du fond et le chapeau de fermentation. Ensuite, on soutire chaque fois qu'en ôtant la bonde, on aperçoit la lie surnager. On clarifie le cidre en y ajoutant, par hectolitre, 30 grammes de cachou et 20 grammes de tanin.

293. Maladies du cidre. — Si le cidre a une tendance à devenir *aigre*, il faut éviter soigneusement son contact avec l'air. On neutralise ce commencement d'acétification, en ajoutant au cidre, avant de le boire, un peu de bicarbonate de soude. Si le cidre se *trouble*, on provoque une nouvelle fermentation en employant, par hectolitre 250 grammes de sucre dissous dans du cidre chaud, puis on soutire. Si le cidre *tombe au gras*, on verse dans le tonneau 300 grammes d'alcool et environ 6 grammes de tanin par hectolitre, puis on soutire après le dépôt. Si le cidre *noircit*, on emploie, par hectolitre, 250 grammes d'écorce de chêne et 20 grammes d'acide tartrique dissous.

294. Insectes nuisibles. — On combat les *pucerons verts* et les *pucerons gris* par la nicotine à 15° (1 litre dans 15 litres d'eau), ou par le savon noir.

Contre le *puceron lanigère* (fig. 536) on emploie la naphtaline, mélangée à de la chaux éteinte assez liquide et un peu de pétrole. On étend cette bouillie à l'aide d'un pinceau sur les parties attaquées.

Pour combattre l'*anthonome* (fig. 537), on râcle les écorces, on enlève les mousses. Mais pour le détruire, on étend une toile sous l'arbre, puis on secoue vigoureusement les branches ; les insectes tombent sur la toile et on peut les détruire.

L'*yponomeute* (fig. 538) se détruit comme le puceron lanigère.

Pour toutes les autres chenilles, la *livrée* (fig. 539), le *cul-doré* (fig. 541), etc., le meilleur moyen de les détruire, est de procéder, chaque année, à l'*échenillage*.

Le *scolyte destructeur* (fig. 540), n'attaque guère que les arbres déjà malades. Pour détruire ses larves, on enlève l'écorce attaquée et l'on badigeonne avec du goudron de bois étendu d'un cinquième d'alcool de bois.

La *pyrale des pommes* (fig. 542), attaque les fruits.

Récolter les pommes piquées et les détruire.

PROMENADES SCOLAIRES

I. Visiter des vergers bien tenus et faire étudier les diverses variétés de pommes à cidre.

II. Étudier sur place les moyens employés pour la fabrication du cidre.

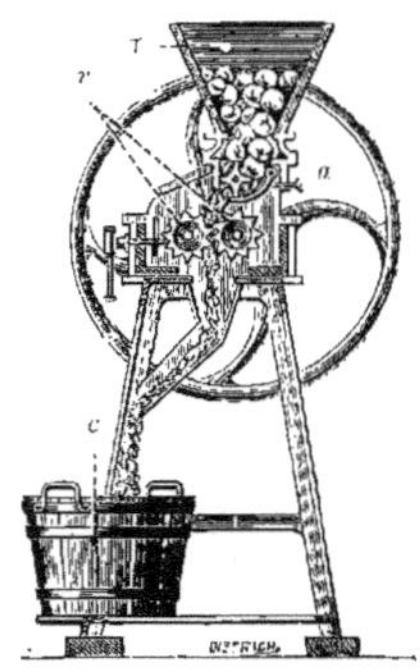

Fig. 535. — **Concasseur de pommes.** — T, trémie; — a, axe tournant concassant les pommes; — r, r, paire de rouleaux écrasant les fragments de pomme; — c, cuveau recevant la pulpe et le jus.

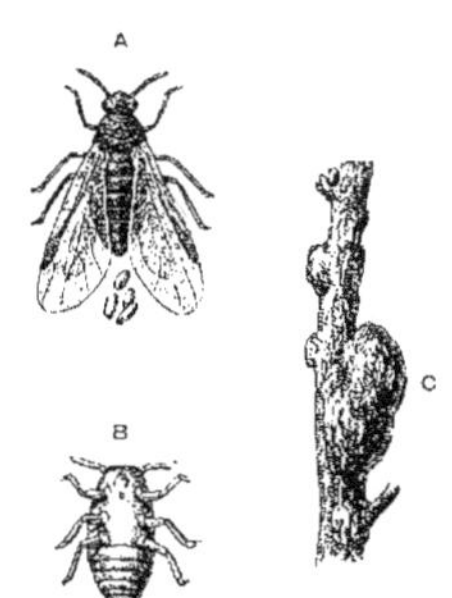

Fig. 536. — Le puceron lanigère (grossi); — A, femelle ailée; — B, mâle; — C, chancres et nodosités occasionnés par le puceron lanigère, ils empêchent la circulation de la sève.

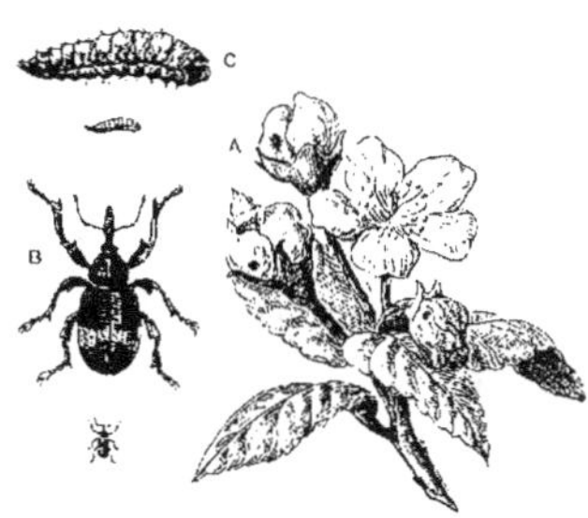

Fig. 537. — **L'anthonome.** — A, bouton de fleur attaqué par l'anthonome du pommier; — B, anthonome très grossi; — C, larve grossie. — La femelle dépose un œuf dans chaque fleur. La larve ronge les organes de cette fleur et la rend stérile.

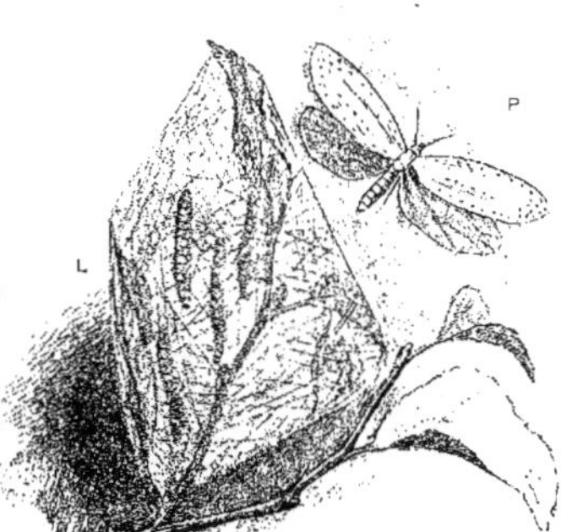

Fig. 538. — **Yponomeute du pommier.** — P, papillon; — L, larves. — L'yponomeute pond ses œufs sur les branches, et les larves qui éclosent au moment où se développent les feuilles, les dévorent.

Fig. 539. — **La livrée.** — A, Bombyx à livrée, mâle; — B, chenille mâle; — C, ponte disposée en bague autour d'une branche. — Au printemps, les larves dévorent les feuilles. On doit détruire les bagues.

Fig. 540. — A, **Scolyte destructeur** (grossi); — B, coupe d'un morceau de bois dans lequel se trouve la larve qui y creuse ses galeries.

Fig. 541. — A, le **Cul-doré mâle**; — B, le **cul-doré femelle pondant**; — C, chenille du cul-doré; — D, nid de chenilles avec ponte. Le papillon femelle pond ses œufs sur les feuilles et sur les branches; les larves naissent à la fin de l'été et se filent des toiles dans lesquelles elles hivernent. Procéder à l'échenillage pendant l'hiver.

Fig. 542. — A, **Pyrale des pommes**; — B, pomme ouverte dont le cœur est occupé par une chenille prête à se transformer.

30. — Les jardins d'ornement.

295. — La branche de l'horticulture qui s'occupe de la distribution et du tracé des jardins d'ornement est l'*Architecture des jardins*; elle est complétée par la *Floriculture* et l'*Arboriculture d'ornement*, deux sciences qui traitent plus spécialement de la description et de la culture des plantes qui contribuent le plus à la décoration de ces jardins de luxe.

Les plus grands jardins d'ornement sont appelés *Parcs*. Ils sont formés d'arbres en taillis ou futaies constituant des massifs ou bosquets, d'éclaircies couvertes de prairies, de tapis verts, de pelouses d'où la vue s'échappe sur les sites les plus agréables des environs; on rencontre enfin, des allées, des pièces d'eau, lacs ou étangs, des sources et des rivières.

Plus petits sont les jardins *paysagers* ou *anglais*. Ici les allées sont sinueuses avec un sol plus ou moins accidenté.

Les promenades publiques, les avenues, les squares sont des jardins qui se rattachent à l'une ou à l'autre de ces deux catégories de jardins d'ornement.

Naturellement ces jardins de plaisance accompagnent des demeures somptueuses ou bourgeoises et le propriétaire doit y rencontrer, en outre des conditions ordinaires de l'existence, la sécurité, le bien-être et la beauté.

La distribution des plantes ornementales y est faite avec art. On tient compte pour l'emplacement de chacune d'elles, de son mode de végéter, de sa taille, de sa rareté comme de sa beauté et aussi de la distance à laquelle elle peut être observée.

Des surfaces spécialement réservées à la culture des plus belles plantes herbacées florales sont dénommées *parterres*. Des corbeilles fleuries ornent les pelouses dans le voisinage des allées. Des serres ou *jardins d'hiver*, chauffés par des thermosiphons, servent d'abris aux plantes exotiques délicates.

L'ornementation des appartements, des fenêtres, des balcons, des terrasses, est faite à l'aide de végétaux de toutes catégories, grâce à la culture en pots ou en caisses de la plupart des plantes ornementales employées. Ces plantes sont nombreuses, beaucoup d'entre elles constituent des collections chaque jour plus améliorées et plus belles; il en est d'annuelles, de bisannuelles, d'exotiques et d'indigènes dont la culture et la rusticité diffèrent essentiellement. Des arbres ou des arbustes à essence rare et recherchée ont un port majestueux, élancé ou arrondi. Les feuillages panachés, découpés aussi bien que les fleurs, contribuent pour une grande part à la décoration des jardins.

Nous ne signalerons que les plantes les plus employées.

Les massifs boisés comprendront : le Chêne, le Châtaignier, le Cerisier, le Bouleau, le Hêtre, le Cytise, le Charme, l'Erable, le Frêne, le Peuplier, l'Aulne: sur les éminences du sol seront les Sapins, les Pins, l'Epicea, le Cèdre, les Thuya, les Mélèzes et près de l'eau les Cyprès chauves.

Des arbustes comme les Groseilliers, le Jasmin, les Lilas, le Tamarin, le Seringat, les Genevriers, les Pêchers, les Spirées, l'ajonc composeront les bosquets.

De même le Buis, le Houx, les Lauriers, les Troènes, le Romarin, les Viornes, l'Aucuba, les Mahonia, les Evonymus, les Bambous, le Buisson ardent pourront constituer des massifs. Les avenues seront bordées de Tilleuls, de Sophora, de Tulipiers, de Sorbiers, de Platanes, de Frênes, de Paulownia, de Robiniers, d'Ormes, etc. — Des haies pourront être formées de Buis, d'Aubépine, d'If, de Troène, de Charme.

Signalons quelques arbrisseaux grimpants pour les tonnelles tels que les Cissus, le Chèvrefeuille, la Clématite, l'Aristoloche. Des arbustes de terre de bruyère, tels les Rhododendrons, les Azalées, les Andromèdes pourront former des massifs au voisinage de l'habitation. Les Welingtonia, les Tulipiers, les Cèdres et autres arbres remarquables formeront des groupes isolés.

Parmi les nombreuses plantes de parterre nous signalerons : les Roses, les OEillets, les Chrysanthèmes, les Reines-marguerites, les Dahlias, les Jacinthes, les Lis, les Narcisses, les Glaïeuls, les Pivoines, les Magnolia, les Anémones, les Renoncules d'Asie, les Pélargonium, les Pétunias, les Bégonias, les Fuchsias, les Balsamines, les Cannas, les Zinnias, les Phlox, les Asters, les Pensées, les Giroflées, les Primevères, l'Héliotrope, les Violettes, les Myosotis, etc. — Des plantes grimpantes : comme les Pois à bouquets, les Calystegia, les Capucines; des plantes annuelles, bisannuelles, tels que le Muflier, le Perilla de Nankin, la Silène d'Orient, les Delphinium, l'Escholtzia, la Godetie, la Belle-de-jour, le Collinsia et une quantité d'autres. Des plantes aquatiques, telles que les Nénuphars, le Calla, la Sagittaire. Des plantes pittoresques, comme le Gynerium, les Rhubarbes, les Polygonum et enfin des plantes d'appartement comme les Palmiers, les Dracœnas, les Ficus, les Aspidistra, les Orchidées, les Fougères.

C'est à proximité de la maison d'habitation et de manière à être vu des fenêtres et des terrasses que sera placé le *jardin fleuriste* ou *parterre*. Cet endroit de prédilection, où seront amassées les plus belles plantes ornementales, devra être accessible par tous les temps; il sera, sous les climats analogues à ceux du nord de la France, situé de préférence à l'exposition est ou sud-est de manière à faire mieux profiter les cultures de l'illumination solaire.

Dans les jardins ruraux il n'est pas rare de rencontrer ces cultures florales en mélange avec celles des légumes et des fruits, c'est là, en quelque sorte, l'enfance de la floriculture qui prend tout son essor dans l'ornementa-

Les arbustes des jardins et d'appartement.

Fig. 543. — La rose « reine des fleurs » se multiplie par la greffe en écusson sur l'églantier. Il en existe de nombreuses variétés.

Fig. 544. — Le lilas est un arbrisseau qui fleurit au printemps, il convient à la plantation des bosquets.

Fig. 545. — L'Aucuba est un arbuste à feuillage persistant très rustique ; on le multiplie par la bouture.

Fig. 546. — Le caoutchouc ou ficus elastica est un arbrisseau de serre très employé par l'ornementation des appartements.

Fig. 547. — Le fusain du Japon est un arbrisseau toujours vert, rustique, qui convient pour la plantation des bosquets.

Fig. 548. — Le palmier des Canaries est un dattier cultivé en pleine terre dans le midi de la France ; dans le nord, c'est une plante de serre propre à orner les appartements.

Fig. 549. — Le dragonnier indivis est un petit arbre de serre exclusivement employé à l'ornementation des appartements.

Fig. 550. — L'araucaria excelsa est rustique dans la région du midi de la France ; dans le nord, il devient une plante d'appartement très appréciée.

Fig. 551. — Le latania borbonica est un palmier rustique dans le midi de la France; dans le nord, c'est une plante de serre et d'appartement.

Fig. 552. — Les cactées sont dénommées *plantes grasses* ; leur floraison est très belle et la plupart sont des plantes de serre ou d'appartement.

Fig. 553. — La vigne vierge ou *Cissus*, sert à garnir des tonnelles. C'est une plante rustique de culture facile.

Fig. 554. — L'agave d'Amérique est cultivée en orangerie sous le climat du nord de la France. C'est une belle plante ornementale et de culture facile.

tion des riches domaines particuliers, comme aussi dans les jardins publics.

Le dessin du parterre est une œuvre d'art souvent difficile à réaliser. On y rencontre, des allées sablées droites ou sinueuses, des corbeilles fleuries, exhaussées au-dessus du sol environnant, des pelouses, des bassins avec jets d'eau, des arbres exotiques en caisses tels que des *orangers* et des *palmiers;* on y voit encore des statues, des vases artistiques, des charmilles ou salles d'ombrage, munies de bancs et autres sièges rustiques.

Les plantes employées pour l'ornementation des corbeilles fleuries sont plantées au printemps. Ce sont des espèces indigènes ou exotiques, rustiques ou frileuses et décoratives par leurs fleurs ou leur feuillage. Elles sont choisies naturellement tant au point de leur tempérament qu'à celui de leur hauteur et de leur végétation. On les plante en mélange ou par séries symétriquement placées en tenant le plus grand compte de l'harmonie des couleurs des fleurs et du feuillage.

Les gazons entrent avantageusement dans la composition d'un parterre. Les prairies qui garnissent les flancs des coteaux et le fond des vallées sont d'une étendue plus grande quoique de même nature; loin de l'habitation elles sont traitées comme des cultures productives et d'un effet ornemental moins recherché.

Les pelouses de parterre forment comme un fond de tableau où, sur leur couleur vert tendre vient se reposer la vue; elles encadrent les massifs de fleurs variées et en rehaussent l'éclat par leur uniformité.

Maintenues à l'état d'herbe courte par une tonte répétée tous les huit jours, elles constituent des *tapis-verts* beaux et frais des plus recherchés. Nous devons ajouter cependant que ces nappes verdoyantes si agréables sont plus difficiles à réaliser à mesure qu'on s'éloigne des climats brumeux du nord de l'Europe pour se rapprocher des contrées méridionales.

Ces gazons sont pour la plupart, composés de *Ray-grass anglais*, sorte de graminée très propice à leur confection; on y ajoute cependant suivant les terres calcaires ou siliceuses, ombragées ou ensoleillées, d'autres plantes appropriées à la circonstance. Ce sont, les *Bromes*, les *Fétuques*, les *Paturins*, l'*Avoine élevée*, la *Crételle des prés*, le *Trèfle blanc rampant*, etc., et quelquefois aussi des fleurs comme les *Narcisses*, les *Scilles*, les *Crocus*, les *Tulipes*, les *Pâquerettes*, les *Primevères* qui viennent émailler en leur saison ces champs d'herbe verte.

On sème ces gazons au printemps ou à l'automne. Quand il s'agit de la création rapide d'une pelouse ou de son établissement sur des pentes abruptes, on procède par placage et à cet effet on découpe des plaquettes gazonnées dans une prairie pour les transplanter à l'emplacement nouveau que l'on désire engazonner. On fume les gazons en hiver en répandant à leur surface du terreau ou des engrais pulvérulents.

La culture des arbres et des arbustes d'ornement est soumise aux mêmes lois que celles relatives aux végétaux herbacés. Des espèces exigent pour prospérer et se montrer dans toute leur beauté une nature de terre spéciale; d'autres, au contraire, vivent indifféremment sur tous les sols. Il y a lieu en conséquence de s'enquérir, au moment de la plantation, de la nature du sol, calcaire, argileux ou siliceux; de sa richesse et de sa profondeur comme aussi de son état sec ou humide. Les arbustes et les arbrisseaux décoratifs sont variables aussi avec les climats froids ou chauds, les expositions ensoleillées ou ombragées et suivant qu'ils garnissent des coteaux ou des parties de terre horizontales. Les arbrisseaux nains et très florifères rentrent dans la catégorie des plantes de parterre; ils sont alors soumis par la taille à des formes buissonnantes ne dépassant pas un et deux mètres de hauteur; tels sont par exemple, les *Lilas*, les *Pivoines en arbre* les *Rosiers*, la *Mauve de Syrie*, le *Laurier-rose*, les arbustes de terre de bruyère comme les *Rhododendrons* et les *Azalées*.

L'effet ornemental des différents arbustes est très variable et il en est qui, à ce point de vue, n'ont qu'une valeur médiocre et sont, pour cette raison, relégués dans les parties éloignées où ils ne servent qu'à constituer des massifs touffus destinés à intercepter la vue. Il en est enfin qui se prêtent à la culture en pots et servent alors à l'ornementation des terrasses, des vérandas, des balcons et des fenêtres, tels sont : les *Hortensia*, les *Orangers*, le *Laurier-rose*, divers *Lauriers* à feuillage, les *Aucuba*, les *Fusains*, non comprise la série des plantes de serre qui renferme un plus grand nombre de végétaux destinés à cet usage ornemental.

Dans la pratique courante du jardinage, on classe les arbustes d'ornement en trois catégories principales savoir : 1° les *arbustes et arbrisseaux fleurissants* qui sont décoratifs par leurs fleurs; 2° les *arbustes de terre de bruyère* remarquables par la beauté de leurs fleurs et de leur feuillage mais qui exigent pour végéter d'être plantés dans la terre de bruyère; 3° les *arbrisseaux à feuilles persistantes* par opposition à ceux de la première catégorie qui sont à feuilles caduques et ornent par la valeur décorative de leur feuillage.

De tout temps les arbres ont été regardés comme étant une des plus belles parures de la terre; de nos jours on reconnaît, en outre de leur valeur ornementale, qu'ils sont très utiles dans l'économie de la nature. En absorbant par leurs feuilles l'acide carbonique de l'air exhalé par les hommes et les animaux, ils purifient l'air; ils favorisent la condensation en pluie de la vapeur d'eau contenue dans l'atmosphère; sur les pentes, leurs racines maintiennent les terres en s'opposant aux ravinements; le bois, les feuilles et quelquefois les fruits qu'ils fournissent sont des produits fort utiles.

La distribution des arbres dans un jardin n'est soumise à aucune règle précise; on cherche en quelque sorte à imiter, à reproduire les plus beaux sites de la nature. Les parties voisines de l'habitation, les avenues, les quinconces, les parterres même, reçoivent des arbres

Les plantes des parterres.

Fig. 555. — L'œillet est une plante d'ornement très appréciée. On le multiplie par semis, bouture et marcotte.

Fig. 556. — Les dahlias sont des plantes vivaces à racines tuberculeuses qu'on rentre en cave en hiver pour les replanter au printemps.

Fig. 557. — La jacinthe se prête à la culture sur carafes en appartement pendant l'hiver.

Fig. 558. — Le chrysanthème de l'Inde, fleurit à l'automne. C'est une plante très gracieuse. On fait les boutures en avril.

Fig. 559. — La reine-marguerite se sème en avril en pépinière, sous châssis. Il en existe de nombreuses variétés très belles.

Fig. 560. — La pensée orne les massifs au printemps, on la sème en juillet. De nombreuses variétés sont cultivées.

Fig. 561. — Les glaïeuls fleurissent depuis juillet jusqu'en octobre. On plante les oignons en avril.

Fig. 562. — Les phlox vivaces sont rustiques et de culture facile. On les multiplie par éclats ou par boutures.

Fig. 563. — Le pélargonium se multiplie de boutures en août. C'est une des plantes les plus employées pour la décoration des parterres.

Fig. 564. — L'aspidistra est une plante à feuillage d'appartement assez rustique.

Fig. 565. — Les zinnias se sèment en mars-avril sous châssis de préférence. Ils sont très décoratifs.

Fig. 566. — Le gynérium argenté est une plante pittoresque rustique qu'on plante isolée sur les pelouses.

plantés en lignes symétriques et régulières; le parc paysager au contraire ne comporte que des irrégularités dans les plantations. Tout en tenant compte de la situation plus ou moins favorable à la vie des espèces, l'imagination doit ici mettre en application ce vers de Boileau :

« Souvent un beau désordre est un effet de l'art. »

Des espèces nouvelles, exotiques et d'introduction récente, curieuses par leurs physionomies plus ou moins différentes de celles de nos arbres indigènes, seront mises en évidence; elles augmenteront ainsi le charme, la beauté des plantations.

Tous ces arbres sont multipliés dans les pépinières par le semis, la marcotte, la bouture ou la greffe. Des soins d'entretien sont prodigués et continués dans les jardins après leur plantation définitive. Jeunes, ils sont armés de corselets protecteurs, de tuteurs; l'élagage surtout réglera la pousse des branches pour accentuer le port naturel à chaque espèce. Les uns à port pyramidal comme le *Peuplier d'Italie*, le *Cyprès*, seront favorisés pour l'élongation de leur tige verticale; d'autres resteront en cimes arrondies comme le *Noyer*, le *Hêtre*, le *Pommier*; d'autres encore à branches retombantes ou pleureurs comme le *Saule de Babylone*, le *Sophora du Japon*, contribueront par contraste à augmenter l'intérêt des surfaces plantées.

Les arbres comme les arbustes pourraient être divisés en arbres à feuilles caduques et en arbres à feuilles persistantes. A cette dernière catégorie appartient le groupe des *Conifères* qui renferme des arbres capables de la plus belle ornementation dans les jardins. C'est dans ces plantes qu'on rencontre un des géants du règne végétal, le *Sequoia gigantea*, arbre de Californie qui atteint jusqu'à 100 mètres de hauteur. Les Pins, les Sapins, les Epicea, les Cèdres sont des genres qui possèdent de très beaux sujets appartenant à toutes les contrées tempérées du globe et formant des pyramides compactes d'un vert sombre dont la hauteur peut atteindre 30 à 40 mètres. Nous signalerons parmi les plus remarquables : le *Sapin pinsapo* originaire des montagnes de l'Espagne méridionale, d'une stature régulièrement pyramidale avec un feuillage dense et luisant; le *Cèdre du Liban*, célèbre depuis les temps anciens et dont le premier exemplaire actuellement vivant au Jardin des plantes de Paris, fut importé en 1730 par Bernard de Jussieu; l'*If commun* qui se prête à la taille et dont on fait d'élégantes pyramides au voisinage des parterres; le *Pin du Lord* grand arbre du Canada qui préfère les sols argileux frais.

Quelques conifères sont indifférents sur la nature de la terre mais la plupart cependant, préfèrent les terrains silico-argileux en même temps qu'une situation proéminente et aérée.

L'embellissement du séjour de l'homme par les plantes remonte aux temps les plus reculés, les Egyptiens, les Perses, les Babyloniens, les Israélites ont cultivé comme nous le faisons, les végétaux les plus décoratifs pour charmer leurs loisirs et embellir leurs demeures. Tous les peuples de la terre, les plus civilisés comme les plus barbares, ont leur culture de luxe, tant il est vrai que l'homme aime le jardinage d'agrément pour ses beautés naturelles et variées à l'infini, dont les plantes si différentes d'aspect, constituent l'élément principal. Les nations civilisées plus riches toutefois, ont donné à l'horticulture ornementale une impulsion de plus en plus grande; la floriculture autrement dit, s'est développée avec le bien-être et aujourd'hui cette branche du jardinage est pour la France une industrie importante et prospère.

Des fleurs partout et toujours des fleurs; elles sont de toutes nos fêtes en même temps qu'elles nous consolent dans le malheur. Leur arrangement artistique en des bouquets, des gerbes ou des couronnes, a fait naître la profession de *fleuriste*. Les fleurs sont dans les salons, sur nos fenêtres, sur nos cheminées, elles rehaussent de leur éclat en les accompagnant, les tableaux, les objets d'art; elles garnissent les coins, les glaces, les murs; en un mot, elles se prêtent au mieux à la décoration de toute la maison. On met des fleurs sur nos tables de salle à manger, ce sont des corbeilles, de petits bouquets à l'aspect gracieux et dont les couleurs chatoyantes font un objet des plus appréciés dans les dîners d'apparat. Ce sont les fleurs qui servent à exprimer la reconnaissance, le souvenir; c'est avec elles qu'on souhaite les fêtes aux parents, aux amis. Dans les soirées, elles deviennent décoratives au plus haut degré en devenant une parure aux plus beaux costumes.

Les fêtes de bienfaisance dénommées « fêtes des fleurs » sont devenues fréquentes, on sème les fleurs à profusion par générosité, elles sont le trait d'union entre le riche et le pauvre. L'horticulteur encouragé perfectionne, améliore les fleurs pour tenir sous leur charme les yeux du public amateur.

En hiver, c'est la culture méridionale des Alpes maritimes qui alimente la capitale d'une grande partie des fleurs hivernales dont elle a besoin et cela grâce à la rapidité des transports. On cultive aussi à Paris et dans le voisinage des plantes abritées dans des serres ou des châssis vitrés. Ce sont là des cultures de spécialités; on réclame surtout la fraîcheur de ces produits.

Telles sont, en résumé, les considérations les plus générales qui se rapportent à la culture des plantes décoratives et des jardins d'ornement.

Les arbres des bois et des avenues.

Fig. 567. — Le **Séquoia gigantea** atteint plus de 100 mètres de hauteur en Californie. Bel arbre qui aime les sols siliceux frais.

Fig. 568. — Le **sapin des Vosges** constitue des forêts dans les régions montagneuses de l'est de la France ; il peut atteindre 40 mètres de hauteur.

Fig. 569. — Le **pin sylvestre** est un arbre robuste peu difficile sur la qualité du sol.

Fig. 570. — Le **cyprès fastigié** appartient aux contrées méridionales. Sols secs, légers et profonds ; on l'emploie comme brise-vent.

Fig. 571. — Le **frêne commun** aime les terrains frais. Il existe une variété à rameaux retombants qui est très décorative (Frêne pleureur).

Fig. 572. — L'**Orme champêtre** est communément employé pour les avenues. C'est un arbre de culture facile.

Fig. 573. — Le **Chêne rouvre** est l'arbre qui, avec le Ch. pédonculé, constitue l'essence principale de la plupart des forêts de plaine.

Fig. 574. — Le **Peuplier d'Italie**, ou pyramidal, a un port très élancé et peut atteindre 40 mètres de haut ; il aime les sols frais.

31. — Plantes médicinales usuelles.

296. Plantes tempérantes. — Les plantes tempérantes calment l'irritation ou modèrent l'activité de la circulation, telles sont : l'*oseille*, la *cerise* (fig. 575), la *fraise* (fig. 576), la *framboise* (fig. 577), les *groseilles* (fig. 578), les racines de *chiendent*, etc.

297. Plantes émollientes. — Les plantes émollientes adoucissent les organes atteints d'irritation ou d'inflammation, telles sont : le *bouillon-blanc* (fig. 579), la *guimauve*, la *mauve* (fig. 580), la *graine de lin*, l'*amande*, l'écorce et les feuilles de *tilleul*, etc.

298. Plantes toniques astringentes. — Les plantes toniques astringentes arrêtent les hémorragies, provoquent la cicatrisation des plaies, résolvent les inflammations superficielles, telles sont : les feuilles de *noyer*, de *ronces*, les parties souterraines de la grande *consoude* (fig. 581), du *fraisier*, de la *benoîte*, de la *tormentille*, de la *bistorte* (fig. 582), de la *patience*, les *coings*, le *brou de noix*, etc.

299. Plantes toniques amères. — Les plantes toniques amères sont aussi apéritives. Citons : les feuilles d'*artichaut*, de *chicorée sauvage* (fig. 583), de *fumeterre* (fleurs), d'*eupatoire chanvrin*, les souches de *bardane*, de *grande gentiane* (fig. 584), les cônes de *houblon*, etc.

300. Plantes antispasmodiques. — Ces plantes agissent spécialement sur le système nerveux, telles sont : la *mélisse officinale* (fig. 585), la *lavande vraie*, la *sauge officinale*, les feuilles d'*oranger*, les *capitules de la matricaire camomille*, les *racines de valériane officinale*, etc.

301. Plantes stimulantes. — Les plantes stimulantes ont la propriété de rendre de l'énergie aux malades, telles sont : l'*arnica des montagnes* (fig. 586), la *matricaire officinale*, l'*aunée*, la *menthe poivrée*, la *sauge*, la *lavande*, la *mélisse*, l'*asaret* (fig. 587), l'*acore vrai*, le *carvi*, les fruits du *fenouil ordinaire*, etc.

302. Plantes antiscorbutiques. — Les plantes antiscorbutiques s'emploient contre le scorbut et les scrofules, telles sont : la *cochléaire* (fig. 588), le *cresson de fontaine* (fig. 589), le *cresson de cheval*, la *gentiane*, la *chicorée sauvage*, le *fumeterre officinal*, le *noyer* (feuilles), etc.

303. Plantes sudorifiques. — Les plantes sudorifiques, qui provoquent ou accroissent la sécrétion de la sueur, sont : la *bourrache* (fig. 590), la *pulmonaire*, la *buglosse*, les feuilles de *bardane*, de *pensée sauvage*, les racines de *bardane*, de *grande centaurée*, d'*asclépiade*, les tiges de *douce-amère*, les fleurs de *sureau*, de *tilleul*, etc.

304. Plantes diurétiques. — Les plantes diurétiques excitent la sécrétion des urines, telles sont : la *pariétaire*, les *rhizomes de chiendent*, d'*asclépiade*, d'*asperge* (fig. 592), les tiges de *prêles* (fig. 591), les feuilles de *saponaire*, les *queues de cerises*, etc.

305. Plantes expectorantes. — Les plantes expectorantes stimulent l'appareil bronchique et pulmonaire, telles sont : l'*hysope officinale*, le *lierre terrestre*, les feuilles et les capitules de *tussilage* (fig. 593), les *fleurs de coquelicot* (fig. 594), de *violette*, d'*antennaire dioïque*, les racines de *polygala*, etc.

306. Plantes purgatives. — Parmi les plantes purgatives, citons seulement celles qui sont *laxatives*, c'est-à-dire déterminant une purgation qui n'irrite pas le tube intestinal : les feuilles de *pervenche*, les racines de *liseron scammonée* (fig. 595), d'*eupatoire chanvrin*, de *rhubarbe*, les *baies de sureau*, de *nerprun*, de *houx commun*, etc.

307. Plantes vermifuges. — Les plantes vermifuges s'emploient contre les vers intestinaux, telles sont : les sommités fleuries d'*absinthe* (fig. 596), d'*armoise maritime*, de *tanaisie*, les rhizomes de *fougère mâle*, de *rhubarbe*, les fruits de la *coloquinte*, etc.

308. Plantes fébrifuges. — Ces plantes constituent des remèdes dont l'emploi combat ou fait disparaître la fièvre, telles sont : l'*absinthe*, l'*amande amère*, la *benoîte*, la *camomille romaine*, la *petite centaurée* (dite quinquina du pauvre), le *chêne*, le *frêne*, la *gentiane*, le *houx*, le *lycope* d'*Europe*, le *marronnier d'Inde*, le *ményanthe*, l'*olivier*, le *persil*, le *prunellier*, le *saule blanc*, le *tulipier*, etc.

309. Plantes vénéneuses. — Beaucoup de plantes médicinales prises à fortes doses peuvent devenir des plantes vénéneuses, telles sont : le *sureau*, le *nerprun* (par leurs baies), l'*armoise*, l'*absinthe* (par leurs sommités florifères) et plusieurs autres analogues. Les fruits de la *belladone*, des *solanées* en général et toutes les parties de plantes de cette famille doivent être regardés aussi comme suspects. De même, les aubergines, les tomates non complètement mûres, et même les tubercules de pomme de terre, s'ils ont verdi, sont autant de parties dangereuses surtout à l'état cru.

Au nombre des plantes vénéneuses nous citerons encore : le *tabac*, la *digitale*, la *grande ciguë*, la *bryone*, l'*asclépiade*, l'*arum maculé*, le *colchique*, le *mouron rouge* des champs, certaines *renoncules* à l'état vert (car desséchées elles peuvent être mangées sans crainte par les animaux), l'*ellébore*, l'*aconit*, le *pavot somnifère*, l'*agrostemme des moissons*, la *rue*, la *sabine*, les *rhinanthes* et les *mélampyres*. Enfin, il faut se défier de certaines plantes légumineuses et particulièrement de leurs graines ; ainsi les graines de *gesse*, de *fève* ont causé des accidents à l'état cru.

PROMENADES SCOLAIRES BOTANIQUES

I. Former un herbier des plantes médicinales de la contrée et étudier les propriétés de chaque plante.

II. Indiquer la manière de recueillir les fleurs, les feuilles, les tiges des racines.

Fig. 597. — **Écurie d'élevage** aérée par les impostes placées au-dessus des portes et surmontée d'un grenier à fourrage.

Fig. 598. — **Poulailler** élevé sur des piliers qui l'isolent du sol : il est ainsi moins humide, mieux aéré et d'un accès plus difficile pour les animaux nuisibles.

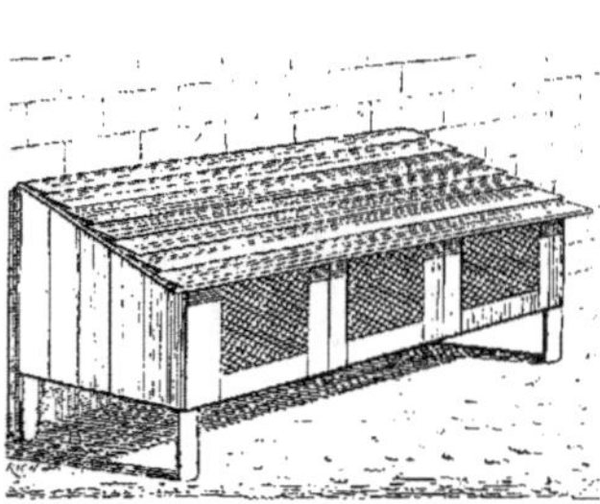

Fig. 599. — **Clapier** en forme de coffre, s'ouvrant par le dessus, grillage en avant.

Fig. 601. — **Grange.** — Élévation et plan. A, passage assez large pour qu'une voiture puisse y entrer ; — PP, portes ; — BB, aires battues, ou sablées, ou en asphalte.

Fig. 601. — **Volière** pour l'élevage des pigeons, tourterelles, pintades, etc.

Fig. 600. — **Tonneaux-loges.** — Installation économique pour l'élevage des lapins, au moyen de tonneaux munis d'une porte grillagée.

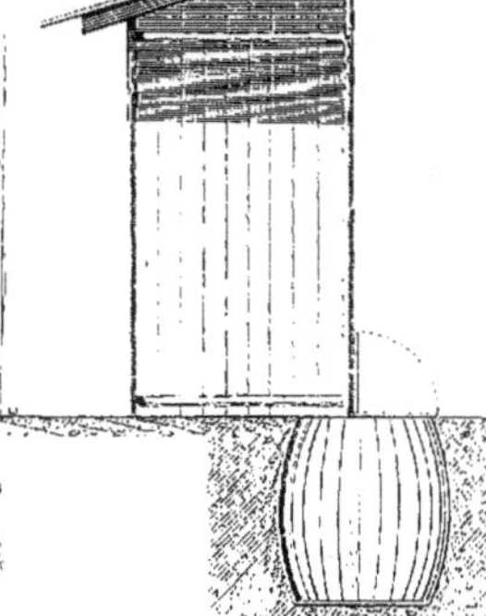

Fig. 602. — **Latrines.** — Guérite en bois surmontant un tonneau enfoncé au ras du sol et s'ouvrant extérieurement par une trappe mobile pour la vidange.

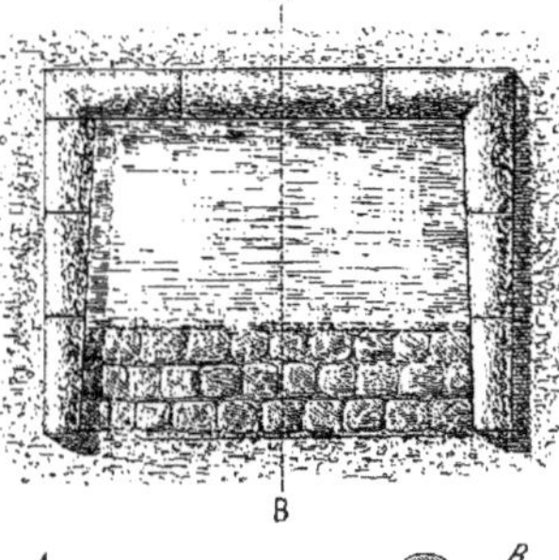

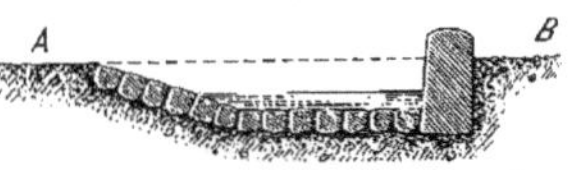

Fig. 605. — **Abreuvoir.** Plan et coupe en AB.

Fig. 603. — **Appentis** permettant de décharger les voitures à couvert.

d'une fosse ou d'un récipient, qui est fixe ou mobile, mais fermé. Dans les petites fermes, le système de vidange le plus simple consiste dans un tonneau, muni de crochets qui permettent de le transporter en brancardier. Dans les grandes fermes, le récipient le plus commode est un petit chariot enfermé dans la fosse et auquel on attelle un cheval pour le transport de matières fécales sur le fumier.

321. Les eaux dans la ferme. - Si l'on dispose d'une *source* non loin de la ferme, on la capte et on l'amène dans un réservoir construit à cet effet.

A défaut de source, il faut creuser un *puits* le plus près possible des étables et des auges à bestiaux, mais assez éloigné des fumiers et surtout des fosses à purin et des latrines, afin d'éviter les infiltrations qui nuiraient à la qualité de l'eau et, par conséquent à la santé des habitants de la ferme.

Les **citernes** sont destinées à recevoir les eaux pluviales, par l'intermédiaire des toits des bâtiments de l'exploitation agricole. Toutes les gouttières sont reliées entre elles par des tuyaux qui amènent les eaux dans le réservoir. La citerne est rendue parfaitement étanche à l'aide d'un ciment de chaux hydraulique appliqué sur une épaisseur convenable. Pour la citerne, comme pour le puits, il faut éviter avec le plus grand soin les infiltrations de purin.

322. Les abreuvoirs pour les bestiaux. — Les abreuvoirs ne servent pas seulement à désaltérer les animaux de la ferme, mais aussi à les baigner et à les laver. Il est donc indispensable de disposer d'un abreuvoir artificiel lorsque la ferme n'est pas voisine d'un cours d'eau.

Les meilleurs abreuvoirs sont ceux qu'on peut alimenter d'eau courante. Il est bon que l'abreuvoir soit pavé, à moins que le fond soit sur gravier. Souvent on est obligé de se contenter d'une mare stagnante dont les eaux proviennent des pluies ou de l'assainissement des terrains supérieurs. On peut quelquefois, pour en rendre l'eau plus pure, pratiquer vers la partie la plus basse, un fossé d'écoulement fermé par une petite vanne qui permettra, quand les eaux deviendront trop sales, de vider entièrement l'abreuvoir pour en renouveler l'eau.

Pendant l'été, il se développe, à la surface des eaux stagnantes, des végétations cryptogamiques, vulgairement nommées *rouffes* qu'il faut enlever, car elles pourraient causer des indispositions aux animaux qui les absorberaient. Il faut veiller aussi à ce qu'il n'y séjourne pas de cadavres de petits animaux.

2° COMPTABILITÉ AGRICOLE.

323. Tenue des comptes de la ferme. — Tous les comptes de la ferme doivent être tenus au jour le jour. Quelque fatigué que soit le cultivateur, il ne doit prendre de repos qu'après avoir mis ordre à sa comptabilité. La femme du cultivateur doit également tenir une comptabilité, notamment celle qui se rapporte à la basse-cour et à la laiterie dont elle s'occupe le plus souvent.

A. — COMPTABILITÉ, ESPÈCES.

Un agriculteur doit connaître les recettes et les dépenses de son exploitation : l'origine de ces recettes, la destination de ces dépenses. Les unes et les autres donnent lieu à des mouvements de fonds. Il faut noter ces mouvements d'espèces au moyen du *livre de caisse* qui peut être disposé de la façon suivante :

Chaque jour l'agriculteur inscrit ce qu'il reçoit et ce qu'il paie en indiquant d'un mot l'origine de la recette, le but de la dépense.

A la fin de chaque semaine, on additionne : 1° les recettes ; 2° les dépenses : et l'on voit si la différence des deux chiffres correspond à l'augmentation ou à la diminution des espèces en caisse, au commencement et à la fin de cette même semaine. C'est ce qu'on appelle : faire sa caisse.

Au bout de l'année, le cultivateur additionnera toutes ses dépenses et toutes ses recettes. Toutefois l'excès des recettes sur les dépenses ne correspond pas toujours à un gain, de même que l'excès des dépenses sur les recettes ne correspond pas à une perte.

Il faut tenir compte, en effet, de la diminution ou de l'accroissement des *capitaux de culture*.

B. L'INVENTAIRE.

Pour noter les variations de valeur du capital de culture, on doit procéder à un *inventaire* annuel. L'époque choisie est le 31 décembre, parce qu'à ce moment, on a vendu, souvent, les grosses récoltes.

L'*inventaire* est l'état estimatif portant sur les éléments suivants du capital de culture : 1° *Mobilier de ménage* ; 2° *Mobilier de ferme* ; 3° *Bétail* ; 4° *Denrées* DESTINÉES A LA VENTE ; 5° *Denrées de consommation* DU PERSONNEL *et provisions de ménage* ; 5° *Avances aux cultures* ; 7° *Argent en caisse et créances à recouvrer, déduction faite des dettes.*

Nota. — On devra se souvenir qu'un cultivateur *locataire* n'est pas propriétaire des *fumiers*, des *pailles* et des *fourrages*. Le plus souvent, il n'a pas le droit de les vendre, et doit les laisser dans la ferme lors de sa sortie. A l'inventaire, ces objets ne doivent figurer que *pour mémoire.*

Tous les objets relatés sur l'inventaire seront évalués avec modération.

En comparant deux inventaires successifs, le cultivateur voit si sa fortune a diminué ou s'est accrue : quelle forme elle a prise.

Jusqu'ici, nous avons supposé que le cultivateur était locataire. S'il s'agit d'un propriétaire cultivant son domaine, il faudra tenir deux comptes distincts et *faire surtout* deux inventaires.

Modèles de comptabilité.

Côté gauche du registre ouvert. — **Recettes.**   *Côté droit du registre ouvert. —* **Dépenses.**

Année 1897.   **RECETTES**   **DÉPENSES**

MOIS	DATE	ORIGINE DES RECETTES	TOTAL	RECETTES PROVENANT		
				Du bétail.	De la culture	De divers
Mai.	1	En caisse ce jour........	575 60	»	»	»
»	6	Reçu de Benoit, vente génisse...............	220 »	220 »	·	»
»	11	Reçu de Durand, meunier, vente de 20 hectolitres de blé...............	280 »	»	280 »	»
»	14	Reçu de Legrand, vente d'un vieux tombereau.	150 »	»	»	150 »
»	17	Reçu de Simon, vente de 2,000 kilos d'avoine....	300 »	»	300 »	»
»	31	Reçu de Benoit, vente d'une paire de bœufs...	1,050 »	1,050 »	»	»
			2.575 60	1,270 »	580 »	150 »

MOIS	DATE	DESTINATION DES DÉPENSES	TOTAL	DÉPENSES SE RAPPORTANT A				
				Gages et salaires.	Assurances. Bâtiments. Mobilier.	Bétail.	Engrais et semences.	Divers.
Mai	2	Fermage dû à Laurent propriétaire....	575 »	»	»	»	»	575 »
»	8	Achat de 2 veaux à Bertrand......	120 »	»	»	120 »	»	»
»	17	Salaires pour façons aux betteraves .	270 »	270 »	»	»	»	»
»	21	A Carbon, pour nitrate de soude...	590 »	»	»	»	590 »	»
»	27	Gages dus à Lamblin, charretier..	200 »	200 »	»	»	»	»
»	31	Primes d'assurances contre l'incendie et la grêle.	124 »	»	124 »	»	»	»
			1,879 »	470 »	124 »	120 »	590 »	575 »

Le Livre de caisse de l'agriculteur enregistrant chaque jour les recettes et les dépenses en même temps qu'elles sont attribuées aux comptes particuliers qu'elles intéressent.

CÉRÉALES EN MAGASIN OU EN MEULES   FOURRAGES

Année 1897.

DATES	ORIGINE ET DESTINATION	GERBES		GRAINS		PAILLES	
		BLÉ		AVOINE		BLÉ	AVOINE
		Entrée.	Sortie.	Entrée.	Sortie.	Entrée.	Sortie.

Année 1897.

DATES	ORIGINE ET EMPLOI	LUZERNE		TRÈFLE		FOIN DE PRÉS		BETTERAVES FOURRAGÈRES	
		Entrée.	Sortie.	Entrée.	Sortie.	Entrée.	Sortie.	Entrée.	Sortie.
		Bottes.	Bottes.	Bottes.	Bottes.	Bottes.	Bottes.	Quint.	Quint.
	Champ Martin...	5 000	»	»	»	»	»	»	»
	Le grand pré....	»	»	»	»	6 000	»	»	»
Déc.	La remise.......	»	»	»	»	»	»	800	»
4	Bouverie........	»	2 00	»	»	»	300	»	80
11	Vacherie........	»	100	»	»	»	100	»	40
	Totaux......	5 000	300	»	»	»	400	800	120
	Reste en magasin.	»	4 700	»	»	»	5 600	»	680

A   B

Carnets ou Registres de comptabilité-matière. — A, modèle d'une page préparée pour noter l'entrée et la sortie des céréales et de leurs produits. B, exemple d'une page remplie pour la comptabilité-matière des fourrages et racines.

C. — COMPTABILITÉ-MATIÈRES.

Dans les fermes considérables, l'agriculteur ne peut tout faire par lui-même, et notamment, il ne peut présider à la rentrée des récoltes, à la nourriture des animaux, au battage des céréales, etc., etc. Dans ce cas, il est bon de tenir une *comptabilité-matières* au moyen de livres de magasins ainsi disposés :

Examinons, par exemple, le registre relatif aux fourrages. La première colonne se rapporte à la date des entrées ou des sorties du magasin ; la seconde à l'origine des fourrages provenant de telle ou telle pièce de terre, et à la destination des denrées données à la bouverie, à la vacherie, etc., etc. Les colonnes intitulées *luzerne*, *trèfle*, *foin*, *betteraves*, sont divisées en deux autres colonnes ; l'une est réservée aux entrées, la seconde aux sorties.

Au commencement de chaque mois, on indique par un rapport ce qui reste en magasin. Puis, chaque jour ou chaque semaine, on inscrit en bloc le nombre de bottes ou de quintaux donnés aux animaux ou portés au marché. Il suffit, à n'importe quel moment, de faire le total : 1° des entrées ou des restes en magasin ; 2° des sorties, pour savoir ce que l'on doit trouver dans le grenier à fourrages ou dans le silo à betteraves. Le cultivateur peut même procéder à une vérification s'il le juge utile, de façon à prévenir le gaspillage ou les vols. Le domestique ou l'employé préposé aux magasins est responsable de ce qu'il a reçu.

Les mêmes dispositions prises pour les céréales, les grains, les farines, les engrais, assurent la parfaite régularité des comptes-matières relatifs à toutes les denrées qui ne sont pas l'objet d'une vente.

Enfin, si des grains, des fourrages, des pailles sortent des greniers ou magasins pour être vendus, mention est faite de la destination de ces marchandises sur le registre des comptes-matières.

Il suffit, pour cela, de noter dans la colonne *origine et destination :* « Pour la vente à X... », et d'inscrire ces chiffres dans la colonne *sortie*.

Le produit de la vente sera porté au livre de caisse.

Inversement, s'il s'agit d'achat, on inscrira le nombre de bottes ou de quintaux dans la colonne *entrée*, en indiquant que l'*origine* est un achat. Puis, le livre de caisse, au titre des dépenses, portera mention de la valeur correspondante.

Cette méthode de comptabilité est très claire, très simple : elle ne demande au cultivateur qu'un travail de quelques minutes par jour, et elle lui permet d'exercer sur les mouvements de denrée un contrôle aussi facile qu'efficace.

APPENDICE

ENSEIGNEMENT EXPÉRIMENTAL AGRICOLE

L'enseignement agricole dans les écoles primaires n'a pas pour but de former des agronomes ; cette mission incombe aux écoles spéciales et aux instituts agronomiques. Cependant, il est nécessaire de mêler un peu de science à l'enseignement de l'agriculture, et l'on peut même dire que les améliorations et les transformations des méthodes agricoles sont aujourd'hui subordonnées à la connaissance de certaines données scientifiques que le cultivateur ne peut plus ignorer. Il doit pouvoir se rendre compte des phénomènes physiques et chimiques qui exercent une si grande influence sur la végétation ; il lui faut cet esprit d'observation et de recherche qui ne laisse passer aucun de ces phénomènes sans en examiner les causes et les conséquences.

Le programme des **sciences physiques et naturelles** est enseigné à l'école primaire parallèlement à celui de l'agriculture, et les maîtres trouvent facilement dans le premier les notions scientifiques qui doivent compléter le second.

Mais ces explications ne peuvent être rendues fructueuses et attrayantes pour les enfants que si on les présente sous forme d'**expériences**. C'est ce qu'explique parfaitement une notice de **M. le Ministre de l'Instruction publique et des Beaux-Arts**, exposant quelques-unes des diverses expériences à introduire dans l'enseignement de l'agriculture.

L'eau. — *Les trois états des corps. L'eau peut passer par les trois états des corps :*

Liquide, à l'état naturel ;

Solide, sous l'action du froid ;

Gazeuse, sous l'action de la chaleur ;

Il est facile de démontrer expérimentalement la chose :

On verse de l'eau dans un tube en verre mince qu'on plonge dans un mélange réfrigérant ; au bout de quelques minutes, l'eau s'est transformée en un cylindre de glace qu'on peut retirer en tenant le tube quelque temps dans la main pour fondre l'enveloppe extérieure de la glace.

En faisant bouillir de l'eau dans un ballon, on constate qu'elle se transforme en vapeur : si l'on place un corps froid, une assiette, par exemple, au-dessus de la vapeur, celle-ci se condense en gouttelettes et revient à l'état liquide.

L'eau est un dissolvant. — Si l'on plonge un morceau de sucre ou de sel, etc., dans l'eau, ces corps se dissolvent, c'est-à-dire se divisent en parties d'une finesse extrême qui se mêlent à l'eau presque sans en changer l'aspect : l'eau est dite le **dissolvant** de ce corps.

L'eau est le dissolvant d'un grand nombre de sels fertilisants dont elle devient ainsi le véhicule pour les charrier et les introduire par les racines dans les diverses parties des végétaux.

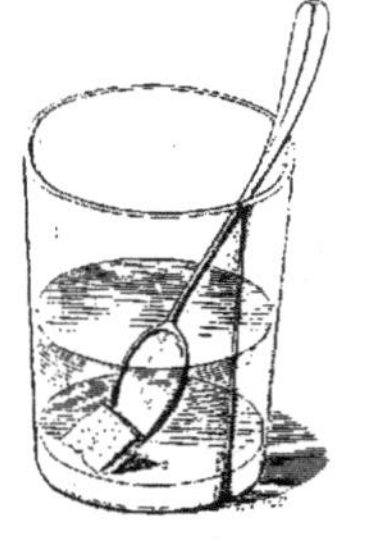

L'air. — *Sa composition : oxygène, azote, acide carbonique.*

L'oxygène. — On peut obtenir facilement l'oxygène avec du chlorate de potasse. Ce gaz se conserve dans des éprouvettes renversées sur une soucoupe contenant une mince couche d'eau qui bouche le flacon.

L'azote. — On obtient l'azote renfermé dans l'air à l'aide de l'expérience ci-contre.

Un morceau de phosphore est placé dans une coupelle de terre posée sur un disque de liège, flottant au-dessus d'une assiette creuse pleine d'eau ; on enflamme le phosphore qui brûle jusqu'au moment où il a consommé l'oxygène renfermé sous la cloche et s'éteint alors. On peut constater que l'eau est montée dans la cloche d'environ un cinquième de sa hauteur. Les autres quatre cinquièmes de la capacité de la cloche sont occupés par l'azote ; si l'on y plonge une allumette enflammée, elle s'éteint aussitôt. Un animal y périrait bientôt. (Pour faire disparaître toute trace d'oxygène, il faut laisser le phosphore tant qu'il brille dans l'obscurité.)

L'expérience précédente prouve que l'air est composé de deux gaz : l'oxygène et l'azote ; ils sont dans la proportion de 20,8 du premier, et 79,2 du second, pour 100.

On peut recueillir l'azote dans une éprouvette, comme on le voit ci-dessous.

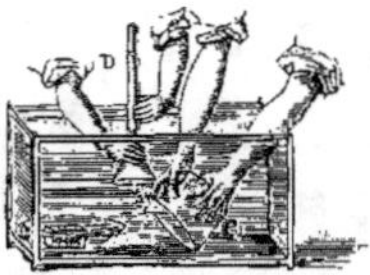

Placer deux charbons allumés dans des verres différents : si l'on ferme hermétiquement l'un de ces verres, le charbon s'éteint, parce que l'oxygène absorbé ne se se renouvelle pas, tandis que l'autre morceau de charbon reste en ignition dans le verre non fermé.

Le carbone. — *L'acide carbonique.* — L'acide carbonique est le produit de la combustion du carbone dans l'air ou l'oxygène.

Préparation de l'acide carbonique. — On a un flacon à deux tubulures plein d'eau ; on y jette des fragments de marbre ; par le tube à entonnoir, on verse de l'acide chlorhydrique. L'effervescence se produit et l'acide carbonique dégagé par le marbre se rend dans l'éprouvette, où on peut le cueillir.

On peut plus simplement produire de l'acide carbonique par l'expérience suivante :

Plonger dans un verre contenant du fort vinaigre ou de l'acide chlorhydrique de la craie concassée, pour faire constater l'effervescence produite par l'acide carbonique qui s'échappe en petites bulles.

Expérience de l'insufflation de l'air expiré dans l'eau de chaux, pour faire constater, dans cet air, la présence de l'acide carbonique.

La plante. — *Pour germer, les plantes ont besoin d'oxygène.*

Si dans un flacon bouché on place des graines humides à une température convenable, elles germent bientôt ; mais la végétation s'arrête dès qu'elle a épuisé l'oxygène de l'air ; en effet, si l'on débouche le flacon et que l'on y plonge rapidement une allumette enflammée, elle s'éteint aussitôt, ce qui indique qu'il n'y a plus d'oxygène.

La lumière est nécessaire au développement et à la végétation des plantes. — La lumière permet aux feuilles et tiges de verdir parce que les cellules vertes à chlorophylle se développent sous son influence. La chlorophylle permet au végétal de décomposer l'acide carbonique de l'air et de s'assimiler le carbone. Dans l'obscurité, la plante s'étiole.

Les plantes transpirent. — La sève, après avoir abandonné dans son parcours la plus grande partie des principes nutritifs qu'elle tenait en dissolution, arrive dans les feuilles et pénètre dans le parenchyme où s'accomplissent les deux phénomènes de l'exhalation ou transpiration et de la respiration.

Une partie de l'eau renfermée dans la sève (environ les deux tiers) se transforme en vapeur qui s'échappe dans l'atmosphère.

Expériences pour faire constater la transpiration des plantes. — On place

sur le plateau d'une balance un pot dans lequel croît une plante bien feuillue (afin de mieux constater le phénomène) et l'on dépose sur l'autre plateau un second pot à fleurs plein de terre et parfaitement équilibré avec le premier ; on a versé dans chaque pot la même quantité d'eau quelques heures avant l'expérience. Si l'on opère en plein soleil, le plateau qui porte la plante remontera, parce qu'il se trouvera allégé de l'eau qui s'est évaporée par les feuilles.

Les plantes respirent. — **Assimilation du carbone.** — Les plantes absorbent de l'oxygène et exhalent de l'acide carbonique (respiration). Ce phénomène est surtout sensible pendant la nuit. Le jour, sous l'influence des rayons solaires, la chlorophylle des organes verts et notamment des feuilles décompose au contraire l'acide carbonique de l'air, fixe du carbone et met de l'oxygène en liberté ; l'expérience suivante le prouve.

Le flacon est rempli d'eau renfermant un peu d'acide carbonique en dissolution. Un rameau bien feuillu, coupé récemment, est introduit dans le flacon qui est exposé aux rayons du soleil. On voit bientôt apparaître de petites bulles de gaz oxygène qui se concentrent en haut du flacon. L'acide carbonique, dissous dans l'eau, a été décomposé en ses deux éléments par les feuilles de la plante qui s'est assimilé le carbone et a rejeté l'oxygène.

Les engrais. — *Appareil distillatoire* très simple qui permet de réaliser un grand nombre d'expériences très intéressantes sur les principes fertilisants renfermés dans les engrais.

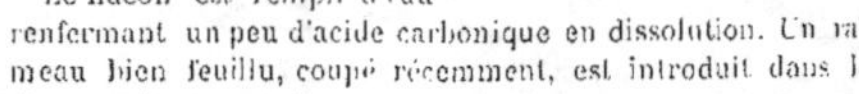

CHAMPS D'ESSAIS

C'est avec raison qu'on a fondé de grandes espérances sur la culture des **Champs d'essais scolaires**. C'est de là que doivent partir, pour se répandre dans la commune, les bons procédés de culture, les résultats d'expériences longuement poursuivies, l'emploi des substances fertilisantes recommandées par les agronomes, la propagation d'espèces nouvelles ou perfectionnées de plantes agricoles, etc., etc.

On ne peut poser des bases fixes pour l'établissement de ces **champs d'expérience** : c'est à l'instituteur d'apprécier la convenance des essais qu'il peut tenter dans l'intérêt de la culture locale. C'est ainsi que dans les pays de céréales des régions du nord, on pourra, au point de vue du rapport et de l'acclimatation, essayer de la culture comparative des **vingt espèces** de froment qu'on y cultive. Dans les pays de betteraves, on essayera simultanément la culture des espèces différentes avec des engrais chimiques variés, en rapportant, à la récolte, le poids à la densité, etc., etc.

En dehors des champs d'expériences, les **cultures démonstratives en pots** sont certainement les plus intéressantes, les plus utiles et les plus convaincantes qu'on puisse faire à l'école.

Comme modèle à suivre, on ne peut trouver rien de mieux que les belles expériences présentées dans la **Notice ministérielle** à laquelle nous avons fait allusion et que nous reproduisons plus loin.

MUSÉE SCOLAIRE AGRICOLE

Une précieuse ressource pour l'enseignement agricole est certainement un **Musée scolaire** bien conçu et bien organisé, pourvu d'instruments de physique et de chimie d'un fonctionnement très simple qui permettent de réaliser un certain nombre d'expériences nécessaires au développement de quelques leçons. Ce musée doit aussi revêtir un caractère local et être approprié au milieu agricole où se trouve l'école. Mais, dans tous les cas, il serait bon qu'il renfermât tous les objets pouvant se rapporter à chaque leçon.

Nous croyons qu'un **musée scolaire agricole** pourrait renfermer tout ou partie des objets suivants :

Matériel pour expériences et démonstrations. — 1. Balance avec ses poids : **petits poids et poids moyens;** mortier avec son pilon; vase en terre émaillée; assiettes; verres à expériences à pied et à bec; lampe à alcool; tubes de verre et tubes en caoutchouc; ballons, goulots et entonnoirs; éprouvettes; pelle en fer ou poêlon, papier à filtrer.

2. Appareil **Mazure** pour l'analyse physique des terrains; thermomètre, baromètre, hygromètre, densimètre, alcoomètre.

3. Herbier scolaire de l'école. (Ses divisions : 1° céréales; 2° plantes fourragères (graminées); 3° plantes fourragères (légumineuses); 4° plantes industrielles; 5° plantes nuisibles à la culture; 6° plantes médicinales; 7° plantes vénéneuses.)

4. Collections entomologiques (habituer les élèves à distinguer les insectes utiles et les insectes nuisibles).

Le sol. — Échantillons de : argiles grise, jaune, rouge; schistes, silex, quarts; sable pur : blanc, jaune, fin, à gros grains; craie, marbre, moellon, pierre à chaux.

2. Un flacon de vinaigre, un autre flacon d'acide chlorhydrique.

L'air, la chaleur, la lumière. — 1. Eau de chaux; eau de savon; morceaux de charbon.

2. Flacon solide avec tubulure (pour l'expérience de la lampe philosophique), ou simplement flacon ordinaire avec bouchon traversé par un petit tube de verre (le premier est préférable); rognures de zinc.

3. Flacon d'acide sulfurique; flacon d'acide azotique; flacon d'ammoniaque.

Les engrais. — 1. Flacons renfermant des échantillons des dix éléments minéraux nécessaires à la nourriture des plantes : phosphore, soufre, chlore, calcium, sodium, potassium, magnésium, silicium, fer, manganèse.

2. Flacons renfermant des échantillons des principaux engrais minéraux ou chimiques (placer sur chaque flacon une étiquette bien apparente, indiquant la teneur en principes fertilisants de chacun d'eux). Ordre de classement : 1° **engrais azotés** : suie, tourteaux, sulfate d'ammoniaque, nitrate ou azotate de soude (salpêtre du Pérou et du Chili), nitrate ou azotate de potasse (salpêtre de l'Inde et de l'Égypte); 2° **engrais phosphatés** : phosphates naturels, phosphate précipité, superphosphate, scories de déphosphoration, os blancs (calcinés), noir des raffineries; 3° **engrais potassiques** : salpêtre ordinaire ou nitrate de potasse (à la fois azoté et potassique), carbonate et sulfate de potasse, chlorure de potassium (sels de Strassfurth), kaïnite, cendres; 4° **engrais animaux** : les échantillons d'engrais animaux se prêtent peu à être conservés dans un musée; cependant on peut avoir des bocaux de guano, de noir animal, de débris de corne torréfiés, de déchets de laine, etc., etc.

4. Sulfate de fer; tourbes, marne, plâtre.

5. Un flacon d'oxalate d'ammoniaque et un autre de citrate d'ammoniaque; papier tournesol.

Le drainage. — Se reporter aux échantillons du sol dont on s'est servi au paragraphe : *le sol.*

2. Spécimens de tuyaux de drainage : simples, avec manchons et emboîtement, etc.

3. Flacons d'alcool, d'éther, de sulfure de carbone.

Le matériel agricole. — Conserver dans le musée les réductions de charrues, herses, rouleaux, etc., qui ont été exécutées par les élèves; en faire étudier et dessiner les différentes parties.

La plante. — 1. Pieds de quelques plantes, avec leurs racines, leurs tiges, etc.

2. Coupe transversale et coupe longitudinale d'une branche d'arbre; écorces d'arbres; une branche de sureau taillée en biseau, etc.; feuilles mortes dont il ne reste que les nervures, etc.

Les céréales. — 1. Collection des principales céréales : montrer leurs caractères distinctifs, port de la plante, épi, grain, etc.

2. Blé, farine de blé, pâtes alimentaires, gluten, granule, semoule, issues, son et rebulet; amidon; orge perlé et orge mondé; avoine et gruau d'avoine; riz, maïs, millet, sarrasin.

3. Céréales avariées ou charbonnées; seigle ergoté; feuilles atteintes par la rouille.

4. Petit pétrin ou maie; levure de bière; levain : donner une preuve de son action, etc.

5. Sulfate de cuivre, chaux vive : démontrer les heureux effets du sulfatage et du chaulage.

Les prairies. — Collection de flacons (soigneusement

étiquetés) renfermant les graines des principales plantes fourragères, en adoptant la classification suivante :

1° Légumineuses. — 2° Graminées..... {
1° Plantes essentielles: 2° plantes secondaires: 3° plantes accidentelles; 4° plantes inutiles: 5° plantes nuisibles aux prairies; 6° plantes nuisibles au bétail.

Les plantes industrielles. — Collection de flacons (soigneusement étiquetés) renfermant les graines des plantes industrielles cultivées dans la région.

2. Dextrine, sucre de fécule (glucose), sirops, mélasse, cassonade, sucre candi, sucre blanc, vinaigre, alcool : montrer les dangers de l'alcoolisme.

3. Spécimens de filasse, chènevotte et allumettes soufrées, cordage, étoupe, fil en pelote.

4. Échantillons de toiles fines et de dentelles, de linge de table, de treillis, de toiles d'emballage, de toiles à voile; étoffes teintes.

5. Tige et capsule du pavot; tige et siliques du colza; tige et silicules de la cameline, de la moutarde : cônes du houblon.

6. Échantillons des principales essences de nos forêts : faire distinguer les différentes espèces de bois, à la vue, par les divers aspects que présentent leurs tranches; usages auxquels chaque espèce est employée.

- - -

APPAREIL MASURE

POUR L'ANALYSE SIMPLE ET PRATIQUE DES ÉLÉMENTS CONSTITUTIFS DU SOL AGRICOLE[1].

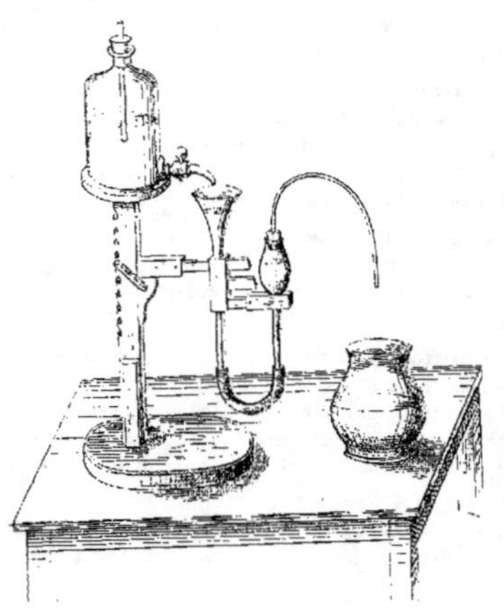

Comment on fait une analyse de terre.

OPÉRATION PRÉPARATOIRE. — Prendre un échantillon de terre; sécher, broyer, peser et opérer sur 100 grammes.

1. Par les mots **éléments constitutifs** nous entendons ici les principes fixes suivants : 1° le **sable** (silice pure ou faiblement mélangée d'autres matières) ; 2° l'**argile** (silicate d'alumine); le **calcaire** (carbonate de chaux); 4° l'**humus** (matières organiques décomposées ou en décomposition).

Voici comment on pratique l'échantillonnage d'un champ:

Choisir les différents points sur lesquels on doit prélever les échantillons (ordinairement aux extrémités et au milieu du champ) ; à l'aide de la pelle, enlever de la surface les végétaux qui couvrent le sol ; creuser un trou carré (à parois verticales) d'une profondeur égale à l'épaisseur de la couche arable ; détacher de l'une des faces une tranche de quelques centimètres d'épaisseur dans le sens de la profondeur.

Réunir toutes les tranches ainsi recueillies ; trier les pierres s'il y a lieu.

2° OPÉRATION : **Rechercher l'humus.** — Mettre ces 100 grammes de terre sur une pelle chauffée au rouge. **L'humus brûle.** Laisser refroidir et peser. Par différence, on a le poids de l'humus.

3° OPÉRATION : **Rechercher la silice.** — Introduire dans l'allonge la terre qui reste ; ouvrir le robinet du laveur. *L'eau coulant dans le siphon formé par le tube à entonnoir et l'allonge délaie et agite sans cesse la terre; la silice reste au fond de l'allonge; l'argile et le calcaire sont entraînés dans le bocal récepteur.* Filtrer, faire sécher la silice et la peser.

4° OPÉRATION : **Rechercher l'argile.** — *L'argile et les sels de chaux forment un dépôt dans le récepteur.* Décanter. Verser de l'acide chlorhydrique sur ce dépôt en agitant avec une baguette. *Les sels de chaux se volatilisent.* Verser sur double filtre ; sécher et peser comme pour la silice. On a le poids de l'argile pure.

CONCLUSION. — Ajouter le poids de l'argile aux poids de l'humus et de la silice ; soustraire la somme de ces trois pesées des 100 grammes de terre analysée, et l'on obtient ainsi le poids des sels de chaux.

I. Culture démonstrative en milieu stérile.
A. terre épuisée sans engrais; — B, verre cassé avec engrais.

Expériences indiquées dans la notice ministérielle.

Semer quelques graines de plantes à croissance rapide, des haricots hâtifs, par exemple (I), d'une part, dans une bonne terre additionnée d'une dose suffisante d'engrais convenable ; d'autre part, dans un milieu stérile tel que de la terre épuisée, du sable, du gravier, ou même du verre cassé de la grosseur de ce dernier. La nécessité des engrais sera ainsi mise en évidence ; on en fera connaître plus tard la composition.

Les premières expériences de cultures démonstratives, très élémentaires, mais fondamentales, se feront en pots ou mieux dans des caisses, avec la participation des enfants. Les figures suivantes reproduisent, d'après des photographies prises sur nature, les dispositions les plus simples réalisées avec succès dans de nombreuses écoles.

L'expérience représentée (II) prouve que les quatre substances dissoutes dans l'eau du flacon suffisent à amener la plante à maturité. Si l'on empêchait l'air de pénétrer dans

II. Culture démonstrative dans l'eau.

La solution renferme les quatre éléments fournis par des produits solubles tels que le nitrate de potasse et le superphosphate de chaux.

III. Effet produit par l'absence ou l'insuffisance d'un élément.

Les deux pots ont été remplis de terre stérile ou épuisée mélangée de superphosphate de chaux et de chlorure de potassium; l'avoine levée, on a donné du nitrate de soude à l'un des pots, l'autre pot ne renferme qu'une proportion infime d'azote, celle de la terre employée.

Après la germination.

Après le tallage.

A la maturité.

IV. Cultures démonstratives en terre stérile ou épuisée.

Le n° 1 est le témoin, sans engrais, le n° 2 a reçu un engrais formé, par kilogramme de terre, de 5 grammes de nitrate de soude (a), 3 grammes de phosphate de chaux (b) et 1 gramme de chlorure de potassium (c); le n° 3 a reçu (a) et (c); le n° 4 (b) et (c); le n° 5 (a) et (b). Le n° 3 a donné plus de paille et moins de grain que le témoin : l'engrais a donc été *nuisible*; il a été *inutile* au n° 5.

l'eau du flacon, l'oxygène indispensable aux racines ferait défaut et la plante périrait.

La figure II indique l'un des moyens les plus simples de prouver que si l'un des éléments nutritifs ne se trouve qu'en très minime quantité (toute terre arable, même la plus pauvre renferme toujours un peu de chacun des quatre éléments), la végétation souffre d'une façon très apparente.

L'expérience représentée par la figure IV est le point de départ du champ de démonstration ; plus compliquée que les précédentes, elle pourra être faite aussi en pots ou en caisses,

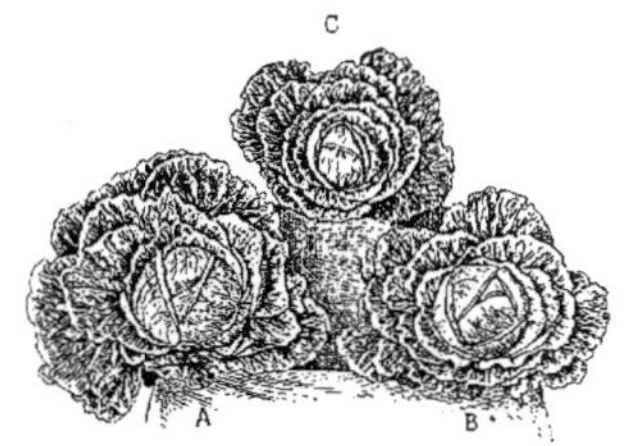

V. Action des divers engrais au jardin.

On a repiqué des choux sur trois sillons : A, au fumier de ferme ; B, au fumier additionné d'engrais minéraux ; C, sans engrais. La figure représente un des choux récoltés sur chacune des trois lignes.

ou mieux dans un carré du jardin si la terre est de bonne qualité physique, mais très appauvrie en éléments nutritifs. Elle est très importante au point de vue de la démonstration des vérités fondamentales rappelées plus haut ; elle montre surtout les différences énormes que peuvent présenter les récoltes dans un même champ, selon que l'engrais employé répond ou non à la composition du sol et aux besoins de la

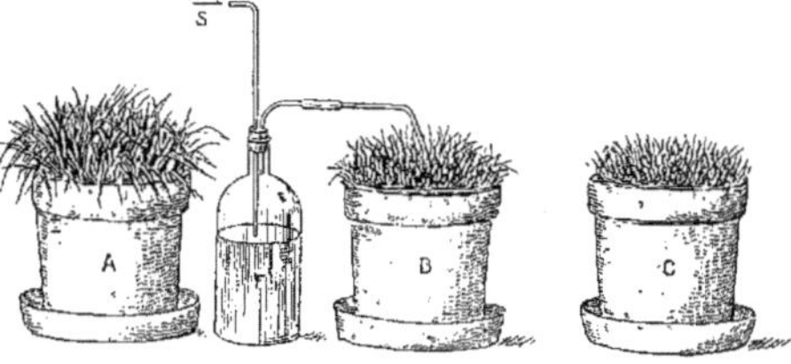

VI. Puissance fertilisante des produits liquides et gazeux du fumier.

Les trois pots sont ensemencés en gazon : A a reçu du purin ; B reçoit le gaz du fumier en fermentation dans la bouteille ; C n'a rien reçu. On renouvelle l'air du flacon S, soit au moyen d'un soufflet relié au tube par un caoutchouc, soit autrement.

plante. Elle ne permet pas d'évaluer les rendements, c'est une expérience qualitative et non quantitative, mais elle suffit à montrer d'une manière frappante que *l'excès d'un élément est aussi nuisible que son insuffisance.*

Parmi les expériences élémentaires à réaliser en pots ou en caisses, il convient d'en signaler deux autres comme très importantes : la première (VI) prouve que les produits liquides et gazeux qui s'échappent du fumier sont doués d'une grande puissance fertilisante ; la seconde (fig. VII) met en évidence le pouvoir absorbant de la terre arable.

Trois pots à fleurs remplis de terre ordinaire presque stérile et ensemencée de gazon ou d'une céréale suffisent à la réalisation de chacune d'elles. L'un des trois pots (C sert de témoin et ne reçoit que de l'eau ordinaire d'arrosage ; le second (B) a reçu du purin ; le troisième selon le groupe reçoit

toujours comme terme de comparaison ce qui se fait dans le pays. C'est ainsi que le plus simple des champs de démonstration devra toujours comporter les trois parcelles suivantes (VIII) :

N° 1. Témoin (sans engrais) ;

N° 2. Fumier seul en dose égale à celle communément

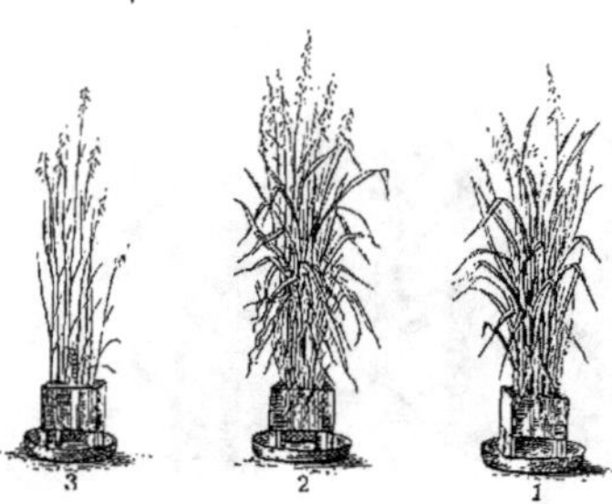

VII. Pouvoir absorbant de la terre arable.

La terre des caisses n°s 1 et 2 a été imbibée de purin : la caisse n° 1 a été ensuite lavée abondamment par la pluie ; le n° 3 n'a rien reçu ; c'est le témoin.

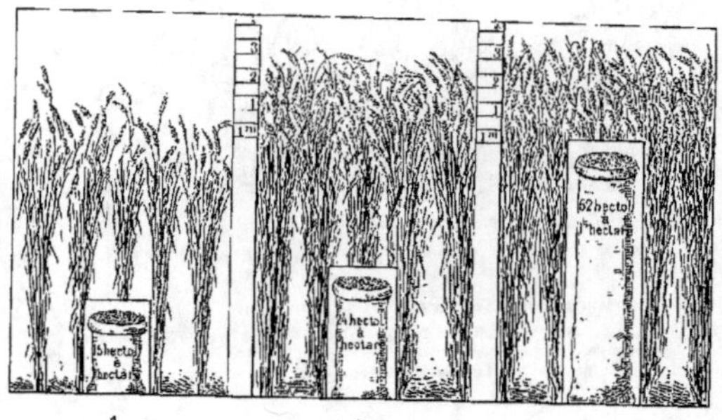

VIII. Champ de démonstration semé en blé d'Alsace.

L'engrais complémentaire ajouté au n° 3 a été déterminé, d'après la connaissance du sol, par le professeur d'agriculture.

seulement les gaz produits par la fermentation du fumier et du purin (fig. VI), puis on le soumet à un lavage très abondant qui ne diminue pas sa fertilité (fig. VII).

La connaissance du sol est donc nécessaire pour la détermination des éléments fertilisants à employer dans les parcelles servant aux expériences ; aussi les maîtres agiront-ils sagement en opérant d'après les conseils d'un professeur spécial ou d'un praticien instruit. Ils devront en tout cas se méfier de l'emploi des doses exagérées d'engrais et prendre

employée dans le pays (de 10 à 30 tonnes à l'hectare) ;

N° 3. Fumier à la même dose, avec addition d'engrais complémentaires dans une proportion déterminée par la nature du sol et par celle des végétaux cultivés.

Dans d'autres parcelles, on pourra, à titre de renseignement supplémentaire, varier la nature de l'engrais de la troisième parcelle en supprimant tel ou tel des éléments composants.

(Extrait de la notice ministérielle :
Enseignement des notions élémentaires d'Agriculture dans les écoles rurales).

LEXIQUE

A

Ados, double plan incliné formé par des bandes de terre adossées l'une contre l'autre en sens inverse. Lorsque l'ados est formé par un certain nombre de raies de charrue donnant une longueur de 1 à 5 mètres, il prend le nom de *billon* : ce genre de labour se pratique dans les sols pauvres et imperméables. On donne aussi le nom d'ados, en terme de jardinage, à un plan incliné simple, adossé à un mur ou exposé au midi, destiné à la culture des primeurs.

Adoucissante, qui calme et adoucit l'inflammation, l'irritation, la douleur. En général, les plantes mucilagineuses fournissent des remèdes adoucissants.

Affleurer, se dit d'une roche qui apparaît à la surface de la terre.

Affûter, aiguiser un outil, le rendre plus tranchant. L'affûtage d'une faux comprend deux opérations : 1° le battage de la lame sur une petite enclume pour amincir le tranchant et le maintenir dans l'inclinaison voulue ; 2° l'aiguisage avec la pierre pour bien affiler le tranchant. (Voir *fig.* 104 et 105.)

Alevin, jeune poisson destiné au repeuplement des étangs et des cours d'eau.

Alluvion, couches du sol formées de dépôts terreux laissés par les eaux. Les terrains d'alluvion sont généralement fertiles.

Alternance (alternat), succession des plantes sur une même sole. (Voir assolement.)

Ameublir, ameublir un sol, le rendre plus léger par des labours fréquents, le diviser de manière à soumettre toutes ses particules aux influences atmosphériques. Certaines cultures, et plus spécialement les plantes racines, réclament particulièrement un sol bien ameubli.

Antiseptique, tout moyen ou toute substance permettant d'arrêter le développement des putréfactions, fermentations, etc., et en général des micro-organismes qui paraissent être la cause d'un grand nombre d'altérations ou de maladies.

Aoûtement, durcissement du bois des jeunes branches.

Aqueux, qui contient de l'eau en abondance. — Une *nourriture aqueuse* est composée d'aliments renfermant beaucoup d'eau.

Arachide, nommée aussi *Pistache de terre*, plante annuelle de la famille des légumineuses, originaire de l'Afrique et de l'Amérique méridionale : les fleurs des rameaux inférieurs donnent une graine qui s'enfonce en terre après la fécondation et achève sa maturité à 8 ou 10 centimètres de profondeur en produisant un fruit de la grosseur d'une noisette ; on en extrait une huile douce comestible aussi employée dans la parfumerie et la savonnerie. Son *tourteau* (voir ce mot), constitue un aliment riche qu'on fait entrer dans les rations des bovidés.

Artificielles (prairies), ainsi nommées par opposition aux prairies naturelles qui croissent spontanément, sont des prairies temporaires formées par des plantes légumineuses, telles que le trèfle, la luzerne, la lupuline, le sainfoin, etc., que l'on cultive dans les champs.

Assimilable, se dit d'une substance qui peut être absorbée par une plante ou un animal et être transformée de façon à les nourrir.

Assolement ou **rotation**, division des terres d'une exploitation agricole en un nombre déterminé de parties ou *soles*, à peu près égales, sur lesquelles les mêmes plantes sont cultivées dans le même ordre au bout d'un certain nombre d'années. Dans l'assolement *triennal*, les mêmes plantes reviennent sur les mêmes soles tous les trois ans ; dans l'assolement *quadriennal*, elles reviennent tous les quatre ans ; dans l'assolement *quinquennal*, elles reviennent tous les cinq ans. L'assolement souvent adopté aujourd'hui en France et en Angleterre est l'assolement quadriennal qu'on peut composer comme suit : 1ʳᵉ année, betteraves ; 2ᵉ année, blé ; 3ᵉ année, trèfle ; 4ᵉ année, avoine ; pour recommencer ainsi dans le même ordre tous les quatre ans. (Voir jachère.)

B

Astringent, remède ou aliment qui a la propriété de resserrer les tissus.

Bactéries, groupe de cryptogames d'une extrême petitesse, se trouvant en abondance dans le sol. Certaines bactéries, en pénétrant dans l'intérieur des cellules des racines des plantes légumineuses, y déterminent de petits renflements tuberculeux nommés *tubercules radiculaires* qui donnent à la plante la faculté de s'assimiler l'azote élémentaire de l'air.

Barbillons. On donne ce nom à un ou deux filaments charnus qui garnissent les côtés et la partie inférieure du bec du coq.

Bisannuelle (plante), qui ne fructifie qu'à la fin de la deuxième année et meurt ensuite ; une plante annuelle fructifie et meurt la première année.

Bouillie bordelaise, cette solution est employée dans un grand nombre de maladies des végétaux, causées par des végétations cryptogamiques (champignons) ou des insectes. En voici la recette : Faire dissoudre 3 kilogrammes de sulfate de cuivre dans 10 litres d'eau chaude, éteindre 2 kilogrammes de chaux dans 10 litres d'eau ; verser, après refroidissement, la chaux dans la solution de sulfate et étendre le mélange d'eau de façon à faire un hectolitre. On répand la bouillie bordelaise sur les tiges et les racines des plantes à l'aide d'un pulvérisateur spécial ou, à son défaut, avec un arrosoir ordinaire. Elle est surtout efficace dans la maladie de la pomme de terre, et de la tomate provoquée par le Phytophtora. On l'emploie aussi contre le Black-rot et le Mildew de la vigne.

Box, mot d'origine anglaise, désignant une loge particulière formée par des cloisons pour isoler un animal dans une étable, une écurie ou une bergerie.

Brasseur, qui fabrique la bière et la vend en gros. Brasser, mêler, agiter en remuant avec les bras.

Butyreux, riche en beurre. On dit qu'un lait est butyreux quand il donne relativement à son volume beaucoup de beurre.

C

Calcination, réduction des pierres calcaires en chaux sous l'action d'un feu violent.

Capillarité, force particulière qui produit l'ascension des liquides dans des tubes très étroits ou *capillaires*. C'est par capillarité que l'humidité du sol remonte à la surface dans les terrains compacts. (Voir page 16, n° 37.)

Carie, maladie qui attaque le grain des céréales. Elle est due à un champignon (*Tilletia caries*) qui se développe dans l'ovaire de chaque fleur et le remplit plus tard d'une poussière noirâtre ayant l'odeur de marée. On prévient la carie par le sulfatage et le chaulage des semences.

Caséine ou **caséum**, substance organique en solution dans le lait (3.22 p. %) dont elle constitue la partie la plus nutritive. Elle se coagule par les acides et la *présure* et forme ainsi la partie la plus importante du fromage.

Cépage, plant ou variété de vigne cultivée.

Charbon, maladie virulente et contagieuse dont sont atteints surtout les animaux de l'espèce bovine et les moutons. On prévient la maladie au moyen de la vaccination charbonneuse.

Charbon des céréales, maladie qui a pour effet d'altérer le grain. Celui-ci se remplit d'une poussière noirâtre constituée par les spores de champignon appelés *ustilago segetum* pour le blé, l'orge et l'avoine, et *ustilago maidis* pour le maïs. Comme remède : sulfater les semences et ne pas faire plusieurs céréales de suite sur le même champ.

14

Charbonnage, exploitation d'une mine de houille.

Châtaignes, petites plaques de corne se trouvant chez le cheval à la partie inférieure et interne de l'avant-bras, et dans les membres postérieures, à la partie supérieure et interne du canon. L'âne n'a de châtaignes qu'à la partie antérieure; sur le mulet, celles des membres postérieurs sont peu apparentes.

Chimiste, savant qui se livre à l'étude et à la pratique de la chimie.

Chlorose ou jaunisse, maladie commune à beaucoup de végétaux et notamment aux poiriers et aux vignes. Elle paraît due soit à un défaut d'engrais, soit à un excès d'humidité, soit à la température trop basse des sols. Les feuilles jaunissent, la plante paraît languir et s'étioler ; parfois elle meurt épuisée.

Remède : fumer plus abondamment, assainir le sol par le drainage, essayer l'emploi du sulfate de fer.

Chlorure de potassium, composé de chlore et de potassium, qu'on retire des cendres de varechs, des eaux-mères de marais salants, etc. Il est employé aujourd'hui comme engrais complémentaire. Les riches gisements de Stassfurth (Allemagne) livrent à l'agriculture des quantités considérables de chlorure de potassium et autres sels de potasse. Le chlorure de potassium s'emploie au printemps à la dose de 150 à 200 kilogrammes par hectare.

Clair (semer), semer en employant peu de semence, par opposition à semer *dru*.

Claustration, action d'enfermer le bétail dans un lieu sombre et isolé pour les soumettre à l'engraissement.

Colorants végétaux, principes colorants extraits des différentes parties de certains végétaux : *la garance*, *le safran* sont des colorants végétaux.

Compost, il en existe de deux sortes : 1° le compost obligé de toute ferme, petite ou grande, placé dans une fosse ou sur une plate-forme dans un endroit retiré de la cour. Il est formé de boues relevées sur la cour, mêlées aux fientes de la volaille, à des débris végétaux de toute espèce ; pour en hâter la décomposition, on y ajoute de temps en temps quelques hectolitres de chaux : 2° les composts ou pâtes pour amendement, qui sont composés spécialement en vue d'amender un terrain. Habituellement, ils sont placés sur le terrain même qu'on veut amender et situés à proximité d'une route dont on peut utiliser les boues, qui sont mêlées à de la chaux, des herbes, des feuilles, etc. Ces derniers composts s'emploient à raison de 30 à 60 hectolitres par hectare, sur les sols argileux ou humides.

Concentrées (rations), qui renferment beaucoup de principes azotés.

Condiments, à proprement parler le sel est le seul condiment usité dans la nourriture des bestiaux ; mais on donne aussi ce nom à certaines plantes destinées à modifier les substances alimentaires peu appétissantes afin de les rendre plus agréables aux bestiaux ou de corriger des aliments qui ont été altérés par une cause quelconque ou ont perdu de leurs qualités. La *patience*, les *oseilles*, le *rumex*, l'*oxalis oseille* (herbe aux bœufs), etc., sont des condiments.

Condimentaires, qui a rapport aux condiments ; les plantes condimentaires ou d'assaisonnement utilisées dans l'alimentation de l'homme sont celles qui, par leur saveur acidulée, amère ou piquante, leur odeur prononcée, mais toujours agréable, relèvent les mets d'un goût fade ou stimulent l'appétit, etc. (Voir page 76, n° 254.)

Cornailles, râpures et débris de cornes employés comme engrais.

Cosmétiques, préparations employées pour entretenir la souplesse et la beauté de la peau.

Couvain, larves écloses des œufs des abeilles renfermés dans des cellules. Le couvain d'ouvrières emploie 21 jours pour ses diverses transformations avant d'arriver à l'état d'insecte parfait.

Couverture (en), un engrais est dit employé *en couverture* quand il est répandu sur les végétaux déjà en herbe.

Croisement, union de reproducteurs d'animaux du même genre, mais de races différentes, pour obtenir des sujets améliorés quant à la conformation, ou aux aptitudes spéciales. Les produits ainsi obtenus s'appellent *métis* et participent ordinairement des qualités des deux reproducteurs.

Cupriques (traitements) à base de sels de cuivre ; la bouillie bordelaise est une solution cuprique.

D

Débouchés, lieu, pays où l'on trouve facilement à vendre et à placer certains produits.

Déchaumage, action de déchaumer, déraciner les chaumes des céréales et extirper les mauvaises herbes après la moisson, à l'aide de l'extirpateur. Le déchaumage doit être pratiqué par un temps sec afin de faire périr promptement les racines des plantes vivaces en les exposant aux ardeurs du soleil.

Décolleter, terme d'agriculture, séparer une racine de sa tige en la coupant au collet.

Défoncement (labour de), défoncer un terrain, c'est lui donner un labour profond (de 40 à 50 centimètres ou plus), soit pour mêler la terre du sous-sol à celle de la couche arable, soit pour extraire des racines, des cailloux ou des roches. On peut aussi défoncer un terrain à l'aide de la charrue fouilleuse (*fig*. 81) sans ramener à la surface la terre du sous-sol, simplement dans le but de rendre ce dernier plus perméable.

Délaiter, enlever le lait que renferme le beurre au sortir de la baratte.

Déliter (se), se lever par écailles, se réduire en poussière, sous l'action de la gelée ou de l'humidité. La chaux se délite sous l'influence de l'humidité.

Démariage, terme d'agriculture, action de démarier, éclaircir méthodiquement un semis ou un plant trop serré.

Dérobée (culture), culture de racines ou de fourrages immédiatement après une récolte principale.

Dextrine, matière gommeuse qu'on extrait de la fécule de pomme de terre. La dextrine entre dans la préparation du pain, de la bière ; elle sert aussi en teinturerie.

Dru (semer), semer serré, en employant beaucoup de semence. (Voir *clair*.)

E

Écimer, enlever la cime, le sommet de certains végétaux, soit pour les débarrasser des pucerons qui envahissent leurs extrémités, soit pour ramener à la base de la plante l'excès de végétation.

Édulcorer, additionner une certaine quantité de sucre, de miel ou de sirop à une substance pour en corriger l'amertume ou masquer un goût désagréable.

Efflorescence, substance pulvérulente dessinant des lignes sur les différentes parties de la vigne, s'entrecroisant comme les mailles d'un filet. Ne pas confondre *efflorescence* avec *inflorescence*. (Voir page 6, n° 18.)

Émollients, substances ou plantes qui ont la propriété de relâcher et de ramollir les parties enflammées. La décoction de graine de lin constitue une boisson émolliente pour les bestiaux.

Émousser, enlever les mousses qui couvrent les prairies et étouffent la végétation des graminées.

Encaustique, peinture préparée avec de la cire fondue, mélange de cire jaune et d'essence de térébenthine pour frotter les meubles et les parquets.

Étanches, qui retiennent bien les liquides. Une citerne à purin est étanche quand elle ne laisse pas échapper le purin qu'elle renferme.

Étiolement, défaut de vigueur d'un végétal qui souffre du manque d'air, d'engrais, etc. L'étiolement peut résulter des maladies cryptogamiques ou autres et de toute cause qui nuit à la nutrition de la plante.

F

Fanon, long pli de la peau pendant sous la gorge des animaux de l'espèce bovine.

Fécales (matières), déjections, excréments de l'homme ou des animaux.

Fécule ou **amidon**, poudre blanche composée de granules microscopiques de grosseur variable, que l'on rencontre dans les cellules d'un grand nombre de plantes, de graines et de tubercules. On donne plus particulièrement le nom d'amidon à la matière amylacée des grains de céréales, de graminées et de légumineuses, tandis qu'on réserve le nom de fécule à celle qui existe dans les cellules de la pomme de terre, de l'igname, de la patate, etc. On extrait en grand la fécule de la pomme de terre.

Fenil, lieu où l'on rentre et conserve les foins.

Ferrugineux (terrains), qui contiennent des oxydes de fer. Les eaux qui traversent ces terrains en sortent chargées d'oxyde de fer qu'elles charrient souvent sous forme de rouille.

Flacherie, maladie contagieuse des vers à soie dont le corps devient mou, prend une teinte noire et se décompose en exhalant une odeur infecte aussitôt après la mort. La maladie paraît due à un micro-organisme qui arrête les fonctions digestives et altère gravement les parois des intestins du ver. Les remèdes sont uniquement préventifs et consistent à isoler les vers malades et à nettoyer la magnanerie avec soin.

Frais (terrains), argileux et humides.

Froids (fumiers), on donne ce nom aux fumiers des espèces bovine et porcine parce que leur action est plus lente et moins énergique que les fumiers de cheval et de mouton qui sont appelés *fumiers chauds*.

G

Goémon, varech ou plante marine de la famille des algues : est utilisé comme engrais.

Gras (tomber ou tourner au), se dit du cidre ou du vin qui s'altère en prenant une apparence huileuse. Cette maladie a pour cause la pauvreté de ces liquides en alcool et en tanin.

Grège (soie), soie que l'on tire directement du cocon et qui n'a subi aucune préparation.

Gruaux, fragments non broyés de l'amande du grain.

H

Haras, établissements dans lesquels on entretient les étalons reproducteurs de la race chevaline que l'État met à la disposition des éleveurs.

Homogène (pâte), dans laquelle la farine est bien mêlée et sans grumeaux.

Hortillonnage, transformation d'un marais en jardin maraîcher. *Canaux d'hortillonnage*, canaux de desséchement entre les planches cultivées du marais.

I — J

Identique, semblable à un autre, le même.

Incisives (dents), dents tranchantes placées à la partie antérieure de chaque mâchoire, au nombre de huit chez l'homme, de six chez le cheval et l'âne et de huit à la mâchoire inférieure seulement dans les espèces bovine et ovine. La disposition des incisives chez l'âne et le cheval leur permet de brouter plus facilement l'herbe courte que les espèces bovine et ovine.

Incorporer, unir, mêler à la terre arable, de manière à ne plus former qu'un seul corps.

Indigènes (aliments), originaires du pays. Des aliments indigènes pour les bestiaux sont des plantes ou des racines que l'on récolte non loin de la ferme.

Infiltration, action des liquides qui pénètrent à travers des corps peu denses. Le purin peut pénétrer par infiltration à travers le sol et corrompre les eaux qui alimentent un puits placé à proximité.

Jachère, état d'une terre labourable qu'on laisse sans porter de récoltes pendant une année. La jachère est la base des assolements biennal et triennal; *assolement biennal* (de deux ans) : 1re année, jachère; 2e année, céréales. *Assolement triennal* (de trois ans) : 1re année, jachère; 2e année, froment; 3e année, avoine. Aujourd'hui, la jachère n'est en usage que dans les pays pauvres : les engrais complémentaires et un assolement rationnel permettent de supprimer la jachère à peu près dans tous les sols. Quand on est obligé de soumettre un terrain à la jachère, il faut lui donner un léger labour pour favoriser la végétation des mauvaises herbes; quand celles-ci sont bien levées, on donne un second labour pour les enterrer.

Jalousies, châssis formés de planchettes minces assemblées parallèlement qu'on peut relever ou abaisser pour laisser entrer la lumière ou produire l'obscurité, ou établir ou supprimer des courants d'air.

L

Laboratoire, local spécial où l'on exécute les expériences et opérations de chimie, physique, physiologie, etc.

Lacis, en forme de réseau ou de filet. (Voir le mot *efflorescence*).

Ladrerie (du porc), maladie particulière à l'espèce porcine, caractérisée par le développement dans les muscles de vésicules produites par un ver parasitaire, nommé *cysticerque*. La viande du porc ladre est nuisible à la santé; mangée sans avoir subi une cuisson parfaite, elle peut communiquer à l'homme le *ténia* ou *ver solitaire*.

Légumineuses, grande famille de végétaux caractérisée par la fructification en gousse. La plupart des légumineuses sont alimentaires, comme le pois, le haricot, la lentille, la fève; ou fourragères, telles que la gesce, la vesce, le trèfle, la luzerne, le sainfoin; quelques-unes sont industrielles, comme l'indigotier, le campêche, etc.

Lithographiques (crayons), crayons gras pour dessiner sur pierre.

Liturgiques (cierges), dont on fait usage dans les cérémonies religieuses.

M

Magnanerie, local affecté spécialement à l'élevage des vers à soie. Les dimensions de la magnanerie varient selon la quantité de vers à soie que l'on veut élever, mais, dans tous les cas, elle doit toujours réunir deux conditions indispensables à sa destination : une température convenable et régulière et une ventilation constante. (Voir *fig.* 392.)

Maquignonnage, métier de maquignon, de marchand de chevaux. On donne aussi le nom de maquignonnage aux moyens employés par les maquignons pour faire paraître leurs chevaux meilleurs qu'ils ne le sont.

Médianes (incisives), ou *mitoyennes*, les deux dents incisives du cheval placées entre les *pinces* et les *coins*, à chaque mâchoire (*fig.* 319), et les quatre incisives de la vache, également placées entre les pinces et les coins (*fig.* 325).

Mellifères, plantes ou insectes servant à la production du miel.

Meuble (terre), terre qui se divise facilement d'elle-même ou qui a été bien divisée par des labours.

Miellat ou **rouille (du lin)**, maladie qui se traduit par l'apparition d'une matière visqueuse qui paraît suinter des feuilles sous l'action de la morsure des pucerons.

Molaires (dents), ainsi appelées parce qu'elles servent à broyer les aliments comme les *meules* (mola) broient les grains; elles sont au nombre de vingt chez l'homme, cinq à chaque extrémité des deux mâchoires; le cheval en a trente-deux, huit aux extrémités de chaque mâchoire, et la vache vingt-quatre.

Monochromatique, qui donne une seule couleur. La lampe monochromatique à flamme d'alcool contenant du sel marin donne une teinte jaune uniforme.

Mors, ensemble des pièces de harnais qui servent à brider un cheval; il se dit aussi de l'embouchure seule ou partie en fer qui se met dans la bouche du cheval.
Mors est la pièce de la bride que l'on place dans la bouche du cheval pour le diriger.

N

Nitrification, transformation en *nitrates* des matières azotées de la terre. Cette transformation paraît due à l'action de ferments spéciaux, dits ferments nitrificateurs.

Nodosité, nœud, protubérance.

O

Oculaire, verre qui renvoie à l'œil de l'observateur les rayons rassemblés par l'objectif.

Œilletons, rejetons que poussent au printemps les racines de l'artichaut et d'autres plantes qui servent à la propagation du végétal.

Œsophagienne (sonde), sonde ou poussoir qu'on introduit

dans l'œsophage pour en chasser des corps étrangers qui provoqueraient la suffocation.

Oléagineux (graines ou fruits), dont on extrait de l'huile ; les graines de lin, de chanvre, d'œillette, de cameline, de colza sont des graines oléagineuses ; l'olive, la noisette, la faîne, l'arachide, etc., sont des fruits oléagineux.

Oreillon (des poules), petite protubérance charnue qui recouvre l'oreille.

P

Palonnier, pièce de bois, armée d'un crochet ou d'un anneau au milieu, à laquelle sont attachés les traits du cheval.

Paradis (pommier de), espèce de pommier nain employé comme sujet de greffage pour les variétés de pommiers aux petites formes, soit en cordon, soit en buisson. Ses greffons produisent en peu de temps de fort beaux fruits.

Parasites (plantes), qui vivent aux dépens de la sève élaborée par d'autres végétaux, en fixant, sur la racine de ceux-ci, les crochets qui terminent la base de leurs tiges.

Paturon (du cheval), partie de la jambe située entre le *boulet* et le *sabot*.

Perméabilité, un sol est perméable quand il se laisse traverser par l'eau, l'air et la chaleur.

Perméable. (Voir *perméabilité*.)

Polarisation. La lumière est dite polarisée lorsque ses vibrations sont toutes parallèles à un même plan. Lorsque la lumière polarisée traverse certaines substances, le plan de polarisation tourne.

Toutes les fois qu'une substance ayant ce pouvoir est en dissolution dans un liquide inactif (tel que l'eau), la rotation du plan de polarisation est proportionnelle à la quantité de substance dissoute. C'est par l'application de cette dernière loi qu'on arrive, par exemple, à déterminer la quantité de sucre contenue dans les betteraves (*saccharimétrie*). L'appareil employé dans ce cas se nomme *saccharimètre*.

Ponction, opération chirurgicale par laquelle on ouvre une cavité naturelle ou accidentelle pour extraire un liquide, ou donner passage à un gaz, comme c'est le cas dans la ponction du rumen chez les bovidés atteints de météorisation.

Poudrette, excréments humains desséchés et réduits en poudre pour servir d'engrais.

Présure, substance extraite de la caillette (voir *fig.* 324) d'un veau de trois à quatre semaines exclusivement nourri au lait. Quand le veau est ouvert, on en extrait la caillette ou quatrième estomac, on détache les grumeaux de lait qu'il renferme, on les lave légèrement à l'eau froide, on les essuie et on les sale, puis on les renferme dans la caillette que l'on fait sécher à un feu modéré. Pour faire la présure, on découpe la caillette dans un litre de petit-lait légèrement salé : c'est ce liquide qui constitue la présure. Les vases dans lesquels on a mis cailler du fromage par la présure doivent être nettoyés énergiquement à l'eau bouillante pour détruire toute trace de présure.

Primeur, fruit ou légume obtenu avant l'époque ordinaire de maturité par une culture forcée, ou apporté d'un pays chaud dans un autre à climat plus rigoureux au moment où la végétation ne permet pas encore de récolter ces produits.

Pulpes, résidus de la betterave râpée dont on a extrait la matière saccharine ou le sucre. Les pulpes de betteraves constituent un aliment rafraîchissant pour les animaux de l'espèce bovine.

Pulvérisée, réduite en poudre.

Pulvérulent, qui est à l'état de poussière. Les phosphates moulus, le plâtre, etc., etc., constituent d'excellents engrais pulvérulents.

Q

Quartz. Cristaux de silice durs et transparents.

R

Rabattre, rabattre un sarment ou un rameau sur deux ou trois yeux, c'est en retrancher toute la partie au-dessus des trois bourgeons les plus rapprochés de la base.

Rassis (sol), tassé, durci par les pluies ou le vent.

Repiquer, transporter un végétal du lieu où il a crû spontanément ou a été semé en pépinière, dans l'endroit où il doit achever sa croissance.

Rotation. (Voir *assolement*.)

Rouget (des porcs), maladie éruptive du porc constituant une espèce de rougeole. Comme cette maladie est contagieuse, il faut isoler les animaux attaqués.

Routoir, marais ou pièce d'eau où l'on opère le rouissage du chanvre.

Ruminants, les *ruminants* appartiennent à une classe très nombreuse de mammifères herbivores dont font partie les bovidés. Les ruminants sont surtout caractérisés par la faculté de faire revenir du premier compartiment (rumen) de l'estomac à la bouche les aliments mâchés imparfaitement pour les soumettre à une seconde mastication et à l'insalivation, cette fonction s'appelle *rumination* : de là le nom de ruminants donné à cette classe d'animaux.

S

Saccharine (plante), qui contient du sucre.

Sécher (les cônes du houblon), pour cela, on les transporte dans un séchoir bien aéré où ils sont étendus sur des claies ; si le temps est sec et chaud et que les cônes soient bien exposés, quatre à six jours suffisent pour opérer la dessiccation. Dans la région du nord de la France, on n'obtient une dessiccation complète qu'à l'aide de calorifères dont on règle la température selon le plus ou moins d'avancement de dessiccation.

Sélection, choix judicieux de reproducteurs possédant les qualités spéciales que l'éleveur désire obtenir dans une variété animale ou végétale qu'il veut créer.

Sésame, plante oléagineuse, cultivée en Orient. Les résidus de sésame donnent un tourteau gris-blanc qui vient immédiatement après le tourteau de lin comme nourriture des bovidés.

Silésie, province de l'Allemagne dont une partie du sol est très favorable à la culture d'une espèce de betterave fort riche en sucre.

Spath, carbonate de chaux cristallisé.

Spatule, espèce de cuiller plate, en bois, pour les laiteries ; en métal pour les autres usages.

Stabulation, séjour, entretien ou engraissement des bestiaux à l'étable.

Stagnantes (eaux), qui n'ont pas d'écoulement, telles que les mares et les flaques.

Stimulants (breuvages), qui ont la propriété d'exciter les fonctions organiques des divers systèmes de l'économie ; par exemple d'aider à la digestion des aliments.

Stratification. (Voir page 68, n° 226.)

Sulfate de cuivre, composé d'acide sulfurique et de cuivre, sous forme de cristaux d'un beau bleu, solubles dans l'eau. Il sert de base à la *bouillie bordelaise*, à la solution pour tremper les grains de céréales avant l'ensemencement ; on lui attribue la propriété de détruire les végétations cryptogamiques (des champignons microscopiques) qui envahissent les plantes. C'est un poison.

T

Tallage, quantité plus ou moins grande de tiges que donne un seul pied de céréales.

Tannée, vieux tan qui a servi à tanner les peaux.

Tourteaux, sortes de grandes galettes formées du résidu de certains fruits ou graines dont on a extrait l'huile et dont plusieurs espèces servent à la nourriture des bestiaux ou à la fumure des terrains ; tels sont les tourteaux de lin, de sésame, de coton, de ricin, etc. (Voir *arachide*.)

Trichinose (des porcs), maladie du porc causée par un ver parasite, nommé *trichine*, qui envahit les muscles de l'animal. Cette terrible maladie peut se transmettre à l'homme par l'ingestion de la viande imparfaitement cuite du porc malade.

Tuteur, longue perche fichée en terre au pied des plantes de houblon et autour de laquelle s'enroulent leurs tiges volubiles. (Voir *fig.* 25.)

V

Véraison, travail de maturation de la grappe de raisin qui la fait passer au noir.

Vivace (plante), qui vit plus de deux années.

TABLE DES MATIÈRES

(Renvois aux pages des chapitres et aux numéros d'ordre des paragraphes).

www.ingramcontent.com/pod-product-compliance
Lightning Source LLC
LaVergne TN
LVHW020207030726
842520LV00003B/933